Physics Writing

$E=mc^2$

# 物理教师写作指南：

## 从阅读、研究到发表

方　伟◎著

上海教育出版社
SHANGHAI EDUCATIONAL
PUBLISHING HOUSE

**图书在版编目（CIP）数据**

物理教师写作指南：从阅读、研究到发表 / 方伟著.
上海：上海教育出版社，2024.8. — ISBN 978-7-5720-2932-5

Ⅰ. O4-62

中国国家版本馆CIP数据核字第20245UV947号

责任编辑　陈月姣
封面设计　周　亚

**物理教师写作指南：从阅读、研究到发表**
**方　伟　著**

---

出版发行　上海教育出版社有限公司
官　　网　www.seph.com.cn
地　　址　上海市闵行区号景路159弄C座
邮　　编　201101
印　　刷　上海普顺印刷包装有限公司
开　　本　700 × 1000　1/16　印张 17.5
字　　数　360 千字
版　　次　2024年8月第1版
印　　次　2024年8月第1次印刷
书　　号　ISBN 978-7-5720-2932-5/G·2592
定　　价　96.00 元

---

如发现质量问题，读者可向本社调换　电话：021-64373213

谨以此书献给我的父亲（1941—2014）

我与方伟老师认识已有多年，记得十多年前，在上海师范大学物理课程教学论与学科教育硕士研究生论文的答辩会上，我们初次有了接触。当时他给我的印象是年轻有为，热爱物理教育事业，在指导物理教学论与学科教育研究生方面有着独到的见解。在当时的背景下，能把物理教育及学科教学研究作为自己的主要研究重心，是难能可贵的。

之前，我曾在反映华东师范大学物理系70年发展历程的《传承——物理学科发展纪事（1951-2020）》一书中，回顾了物理学科教学论专业发展的由来：随着80年代初期教育改革和基础教育发展的需要，各个学校迫切需要充实高校基础教育的师资力量。当时，各高校从事基础物理教学的一批老教授们意识到需要在培养基础课教师方面做些工作，于是就提出了要培养基础物理教育研究生的想法。该设想得到了上级部门的支持和批准，于是1984年国务院学位办授权首先在华东师范大学、北京师范大学、首都师范大学、东北师范大学、华南师范大学、西南师范大学等师范院校，以及东南大学、湖南大学、合肥工业大学等工科院校，共十二所高校设置了“大学物理教育研究”方向硕士点。但是，当时各高校设置的名称不完全相同，有的学校叫“大学物理教育研究专业”，有的叫“基础物理教育研究”“基础物理实验研究”“中学物理教材教法研究”，也有叫“中学物理教育研究”的。1995年，教育部和国务院学位办统一将“大学物理教育研究专业”的名称改为“学科教学论”。“物理学科教学论”的正式命名，为物理学科教学论专业的发展提供了有利的机会。但与此对应的是，参与物理学科教学论专业指导研究生的教师严重不足，而且教师的来源基本上都是原先从事基础物理教学的老师，他们在物理专业方面都积累了丰富的经验，但对如何有效地指导该专业的研究生还是有所欠缺，迫切需要有一批具有一定学科研究背景的年轻人加入。因此，具有博士学历背景的方伟等老师们的加入，无疑增添了一股新生力量，为物理学科教学论专业的发展注入了新鲜血液，这也是我十余年来每年都乐于参与他们的硕士论文答辩会的原因之一。

目前，基本上所有的师范院校以及综合性大学等都已设有物理学科教学论专业硕士点，从事物理学科教学论研究的队伍不断壮大。但随之而来的一些问题也引起了广泛的关注：如何进行物理教育的研究？物理学科教学研究的论文如何写作？如何撰写一篇高质量的物理教育论文？这一系列问题都是值得深入探讨的。物理学科教育论文的主题可以非常广泛，例如，我们可以探讨如何改进物理教学方法，如何提高学生的物理学习兴趣，或者如何通过物理学科教育来培养学生的科学精神和创新能力，如何在教学实践中落实新课标所提出培养学生的核心素养，如何提升学生科学探究能力等。特别是当前，伴随着新修订的高、初中物理课程标准的颁布以及高、初中物理新教材的使用，基础教育不断深化，教育所面临的问题也越来越多，值得每一个物理教师和研究生去思考。正是在这些背景以及所面临的问题启示下，方伟老师撰写了关于《物理教师写作指南：从阅读、研究到发表》这本书，从各个不同的方面和角度回应了这些问题。

这本由方伟老师多年来开展的研究课题积累而撰写的书稿，是他多年来不懈努力、潜心研究心血的结晶，也是物理课程与教学论专业教育教学改革的新成果。在第一章中，他首先从“物理教师为何要写作”说起，他认为“作为教师，在整个职业生涯中，若没有公开发表过一篇文章或教研论文，是不太完美的。”由此引出了“教师即研究者，强调教师必须是教学的研究者”的观点。循着这一思路，方伟老师从“写作是与自己深度对话”“写作是在守成中提高”的角度展开了论述。在第二章中，该书安排了“物理教师如何开始写作”，从博览群书、阅读启航、精读策略、选题艺术等角度，给出了方法论上的建议。第三章是关于“期刊论文写作”，第四章是“学位论文写作之路”，最后在第五章中，结合“教学案例撰写”，对案例教学的定义、物理教学案例精选与分析、教学案例撰写实践与技巧等详细进行了叙述。纵观全书，处处都体现了方伟老师对这些问题的深入思考，这对于当前面对基础教育改革的深入和发展都是非常有参考价值的。

物理教育研究涉及物理学、心理学和教育学等多门学科，是一门交叉学科。近年来，新理论的引进与吸收，促使国内加快了教育研究步伐。以往的物理教育研究的层次和功能，多停留在描述物理教育现象和在较浅层次上解释物理教育现象的水平上，多采用观察法、调查法、文献查阅法等经验型的定性和半定量的方法。随着教育研究方法理论的发展，一些科学的、定量的研究法逐渐被引用到物理教育研究中来，比如实验法、准实验法、测量法、统计分析法等已被逐渐引用，这些科学研究方法的引入，使物理教育研究逐步走上了科学的、正规的轨道，推动了物理教育科学及其研究的发展。

随着基础教育研究的深入发展，有越来越多的中学物理教师和研究生自觉地加入到研究队伍中来，他们以自己丰富的一线教学经验为基础，展开了大量的具有实用价值的物理教育应用研究。而方伟老师所撰写的《物理教师写作指南：从阅读、研究到发表》一书的出版，恰好可以为广大物理教师和师范生提供理解物理教育研究的基本方法的新视野，并作为他们如何完成论文写作及适当将自己的研究成果以论文形式发表的参考，不断提升物理教育研究的学术性和专业性，同时也促进物理课程与教学论学科地位的不断提高。

本书作者力图在阐述上深入浅出，所述内容充分借鉴了国内外物理教育研究的最新研究成果，同时也展现了作者本人基于教学实践的探索成果。所有这些努力，都在推进着物理教育研究的进步，彰显着我国物理教育学者的探究精神。衷心祝愿方伟老师在未来的研究道路上能够百尺竿头，更进一步，为物理学科教学论研究的深入与发展作出更大的贡献。

胡炳元

于华东师范大学

2024 年 8 月 3 日

# 目录
CONTENTS

# 第一章　物理教师为何要写作

作为教师，在整个职业生涯中，若没有公开发表过一篇文章或教研论文，是不太完美的。新晋教师在刚参加工作的三五年内，经验有限，接触到的学生学情不同，接触到的同事性格各异，接触到的家长来自五湖四海，要如林黛玉初进大观园一样，步步留心，时时在意，此时写作可以帮助记录各种问题困惑和成长的心路历程。

过了这个新晋期，教师在教学的各项事务中基本能够得心应手、游刃有余了，此时有时间沉下心来思索一些深层次的教育教学问题，有了更多的教学体会，常有些奇思妙想，也不乏真知灼见。但若不及时记录，好的想法会稍纵即逝，很难从记忆中寻回。此时写作可以拓展，让好的点子从星星之火成燎原之势，这些思考和实践会慢慢让你不断蜕变，从同行中脱颖而出。

很快过了七年之痒，教书育人十来年了，如果是本科毕业直接加入教师队伍的，刚过而立之年不久；如果是硕士研究生甚至是博士研究生毕业后工作的，也只是临近不惑。人生最年富力强、最有创造力的时期才刚刚开始，职业生涯也只过去了不到三分之一。可是令人不寒而栗的真相是，很多老师其实已经走到了职业生涯的尽头而不自觉。这是职业的倦怠期，但也是再出发的新起点，是你和同行开始渐行渐远的分水岭。继续耕耘者，不断向上，成为骨干型教师、专家型教师；只满足于完成基本工作量者，貌似还能维持横盘前行，但实为逆水行舟，不进则退。不日进，则日退。此时，包括教研论文、教研课题、著书等相关的写作就是一个契机、一扇门，引导你走向职业生涯真正的腾飞期。没有谁天生就是个学者型教师，而走向学者型教师的路上，必离不开写作。

## 1.1　教师即研究者

英国著名学者、课程论专家斯腾豪斯（L. Stenhouse）曾经提出一个观点：教师即研究者（teacher as researcher），强调教师必须是教学的研究者。可能是世界上最早专门论述教育教学的《学记》中也说："记问之学，不足以为人师。"教师不应该仅是知识的传递者，作为教师需要研究的内容有很多。他必须要研究学科知识本身及其前沿发展，要研究教材体系，研究课程标准，研究学生和学习规律，研究社会发展和科技进步，甚至还要研究教师自身。教育是一个多方参与、多方相互作用的复杂的育人系统，变量很多。我们往往把教育只看成了是教育的问题，甚至只看成了是学校和教师教学的问题，而忽视了决定教育的社会因素。从更大范围、更长时间的宏观来看，学校和教师能决定的因素很小。但从微观和对学生个人成长的角度来看，学校和教师又起到了相当重要的影响作用，因此教师唯有以研究者的行动来实践教学，才能不负师者使命。

中国科学界“三钱”之一、著名科学家、教育家、上海大学老校长钱伟长院士曾说过：“大学必须拆除教学与科研之间的高墙，教学没有科研做底蕴，就是一种没有观点的教育，没有灵魂的教育”；“你不上课，就不是老师；你不搞科研就不是好老师。教学是必要的要求，而不是充分的要求，充分的要求是科研。”此观点不仅适合大学教师，也同样适合中学各学科教师，其中包括物理教师。当然此处的科研在此处要拓展成教学上的科学研究。但凡中学里的名师、教学上的能手，少有不进行教学研究的。

教师作为研究者，还是“双新”“双减”的新一轮教育改革下的必然要求。新一轮教育改革开始于十年前，可以说是改革开放以来最大力度的基础教育改革，涉及课程课标、教材、招生、考试等各个方面，至今方兴未艾。如此大范围、高强度的改革，教师如果不能以研究者的心态投入教学，将很难立在时代的潮头之上而不被时代的巨浪冲走。

2014 年 4 月，教育部发布《关于全面深化课程改革落实立德树人根本任务的意见》，拉开了新一轮教育改革的序幕。意见中明确提出要加快推进考试招生制度改革。同年 9 月，国务院发布《关于深化考试招生制度改革的实施意见》，掀起了自 1977 年恢复高考以来的力度最大的新一轮高考改革。该意见提出在 2014 年启动考试招生制度改革试点，2017 年全面推进，到 2020 年基本建立中国特色现代教育考试招生制度，形成分类考试、综合评价、多元录取的考试招生模式。不久，上海、浙江率先推出“3+3”选考科目改革，除了语数外三门主科必选外，考生可以在 6 门 [ 浙江多了一门技术（含通用技术和信息技术）] 中任选 3 门。2017 年第二批启动改革的北京、山东、天津、海南，也采用“3+3”选科模式。

由于“3+3”模式的双刃剑效应非常明显，基于前两批省份先行先试的经验和教训，2018 年第三批启动改革的河北、辽宁、江苏、福建、湖北、湖南、广东、重庆等 8 省份的选科模式调整为“3+1+2”，“3”仍然为语数外，但“1”必须在物理和历史 2 门中选择 1 门。随后吉林、黑龙江、安徽、江西、广西、贵州、甘肃等 7 省份于 2021 年启动第四批高考改革，山西、内蒙古、河南、四川、云南、陕西、青海、宁夏等 8 省份于 2022 年启动第五批高考改革，这些省份实行的也都是“3+1+2”选科模式，说明“3+1+2”模式已经在实践中被广泛认可和接受。实际上，随着教育部办公厅印发《普通高校本科招生专业选考科目要求指引（通用版）》等文件，教育部门已经分别从高中出口和大学入口两个角度发力，使得前两批改革的“3+3”模式与“3+1+2”模式趋同，新高考改革的选科模式基本稳定且定型，这有利于引导学生理性选科，也对国家的人才培养和需求起到积极引导作用，为进一步实现科教强国奠定基础。

截至2024年3月份，全国23个省、5个自治区、4个直辖市以及香港和澳门两个特别行政区里，除了新疆、西藏两个自治区以及自成招生体系的港、澳、台地区外，全国其他29个省份均已启动了新高考改革。

2014年颁布的《关于全面深化课程改革落实立德树人根本任务的意见》还明确提出要研究制订学生发展核心素养体系和学业质量标准，修订课程方案和课程标准，编写、修订高校和中小学相关学科教材等。2016年9月，中国学生发展核心素养研究成果发布会在北京师范大学举行。该课题组自2013年5月接受教育部关于研究中国学生发展核心素养的任务，历时三年多，研制出包括三大领域（文化基础、自主发展、社会参与）、六种素养（人文底蕴、科学精神、学会学习、健康生活、责任担当、实践创新）、十八个要点（人文积淀、人文情怀、审美情趣、理性思维、批判质疑、勇于探究、乐学善学、勤于反思、信息意识、珍爱生命、健全人格、自我管理、社会责任、国家认同、国际理解、劳动意识、问题解决、技术应用）的中国学生发展核心素养。之后教育部于2018年元月印发了2017年版的普通高中课程方案和语文等20个学科的课程标准，并于2020年5月印发了2017年版2020年修订的普通高中课程方案和语文等20个学科的课程标准，其中普通高中课程方案以及思想政治、语文、历史和生物学课程标准的修订涉及前言及正文部分，其他学科课程标准的修订仅涉及前言部分。在各个学科的课程标准中，分别给出了各个学科的核心素养，它们共同支持中国学生发展核心素养的达成。

在新课程、新教材的“双新”背景下，为了整治中小学生教学中的负担重、短视化、功利性问题，并治理校外学科培训过热、超前超标培训、培训收费过高等问题，2021年7月，中共中央办公厅、国务院办公厅印发了《关于进一步减轻义务教育阶段学生作业负担和校外培训负担的意见》（简称“双减”）。显然，减负的最终目的不是为了降低教育质量。但是如何做到减负不减效呢？这显然又是教师需要研究的课题。2023年5月，教育部等十八部门联合发布《关于加强新时代中小学科学教育工作的意见》，着力在教育“双减”中做好科学教育加法，一体化推进教育、科技、人才高质量发展。

## 1.2 写作是与自己深度对话

苏联教育大家苏霍姆林斯基在《给教师的建议》中写道，“我建议每一位教师都来写教育日记。教育日记并不是什么对它提出某些格式要求的官方文献，而是一种个人的随笔记录”。如果说教育日记是教师的内心独白和对教书育人的深度思考，那么写作并公开发表物理教研论文则是教师可以对外公开的“内心独白”，是与同行的“心灵对话”，更是自我修养的提升。想一想，一辈子从事教育事业的老教师，形成了自己课堂教学的独特风格，积累了自己育人过程中的丰富经验和诸多案例，有着对物理教育的深刻理解，形成了自己的完整育人理念，当他退休之后，这些都要随着他的离开而烟消云散，这是多么巨大的文化财富损失？还记得自己的第一篇教研论文见刊成铅字的时候，自己那种难以言表的激动心情。尽管那个时候笔者已经发表了多篇 SCI 收录的宇宙天文学领域的专业英文文章，但还是难掩激动。我甚至还跟同事戏称，尽管这是一个从级别上来看连核心期刊都不是的中学物理的主流教研期刊，但比我发一篇一区或二区的宇宙天文学领域的 SCI 论文还要让我开心，因为这对我个人的职业发展来说，是一个里程碑式的时刻，是自己步入物理教育领域的处女作。这种心情，恐怕只有公开发表过教研论文的老师才能理解。

我们在科研、教研或备课过程中，常能检索到几十年前甚至上百年前的文献，文献的作者或已过世，但他们的作品仍然留世，供后来人阅读，其思想还在与后来人交流，并启发着后来人。“今人不见古时月，今月曾经照古人”，文章又何尝不是那个明月呢？在时空中，我们与作者神交。“千古文章事，得失寸心知”，我们回不到作者写这篇文章的那个年代，但这篇文章却能带我们回到写文章的那个年代。这篇文章是作者在那个年代逐字逐句改出来的，受到了那个时代的影响。多年以后，你我也可能作古，但关于物理教育的论文还在启迪着后来人，那我们又何曾离开？

## 1.3　写作是在守成中提高

没有人是天生会写作的。据说莫言一开始写作，被各大出版社退稿，四处碰壁。余华一开始也是不分昼夜地写作，写完之后就给杂志社投稿，但稿子也一直被退。但他们后来都成了著名作家。物理学教研论文写作也是如此，需要在守成积累中提高，不开始写，研究型教师的养成之路就永远不可能有开始。读者在本书中将能看到笔者从写作第一篇中文论文开始，一路走来，不断摸索，逐步提高。

不著书立说的人，并不一定水平不高，比如孔子、释迦牟尼、王阳明等，都是不立文字，述而不作，但这些都是集大成者，对于普通教师，要想做一名研究型、学者型的教师，必须要不断记录、钻研与写作。我们在教学中常有心得体会，也常有奇思妙想，但常常会稍纵即逝。好的教学点子只是一个火苗，需要继续耕耘，继续“添油加柴”，写作就是这样一个契机，而教师个人的职业素养也就在写作中提高。孔子曰：“生而知之者，上也；学而知之者，次也。”但孔子认为他自己都是“非生而知之者”“好古，敏以求之者也”，唐代文学大家韩愈则直接否定生而知之者的存在，认为人“非生而知之者”，所以我们需要在做中提高。

比如一个教师在教学中认识到，问题式教学对提高学生的学习效果很有帮助，但如何提问和如何设问是件挺有难度的事情，里面学问很多。这位教师如果只是到这一步止步，没有进一步的行动钻研下去，那他只能停留在此。若事事都是如此，那他一辈子的职业高度也就这样了，属于半只脚还在门外的非研究型教师。但如果他想进一步深入研究问题式教学，那么他可能发现里面是别有洞天。首先在于如何设问，怎么样设计好的问题，这是个大学问。笔者在指导教学技能实训或听课时，发现教师的很多问题本身就有问题。不是句尾带有“吗”的就是个问题，有些问题低级无趣，有些问题跳跃性太大，学生不知从何答起。问题要能引发思考，激发学生进一步钻研下去的兴趣。问题可以分成事实性知识问题、概念性知识问题、程序性知识问题和元认知知识问题；问题还可以分为激活旧知识的问题、聚焦于事实和概念及程序的细节性问题、解释性问题、推理性问题、策略性问题、探索性问题、相关性问题、拓展性问题、迁移性问题、反思性问题、自我评价性问题等。其次在于如何提问，苏格拉底曾说，人类最高级的智慧就是向自己或向别人提问。提问的关键在于如何创设问题的情境，如何设置好问题链，进行苏格拉底式提问。比如有些学生问的问题，以这个学生现有的知识储备和能力范围，是有能力自己独立得到答案的，但是他自己不知道。此时有经验的老师不会去直接告诉他答案，而是通过层层剥茧，将学生的问题分解为多个学生能够回答的问题，等问完之后，学生所需的答案就会自现，学生的问题已被教师的“化骨绵掌”化于无形。如何设问和如何提问就像是武林高手锻造旷世宝剑与修炼绝世剑法一样，都很重要。《学记》中说，“善问者，如攻坚木，先其易者，后其节目”，先易后难，而“善待问者如撞钟，叩之以小者则小鸣，叩之以大者则大鸣”，教师要根据学生的反应来决定问题答案的深度。

该教师如能对如何提问和如何设问进行如上的深入调研、思考和教学实践，他的教学教研能力必能有大的提升。当他的教师职业生涯中不断有新问题去深入研究，并形成文字，那么这些一个个的洞天、一个个的山村，最终会成就他进入一片广阔的天地，研究型、学者型教师就会慢慢养成。为何“取次花丛懒回顾”？只是因为已见识过沧海的波澜壮阔和巫山的云雨妙曼。笔者曾经游览过风景名胜天柱山，此山有一处百步云梯，俗称“梯子关”，直上直下，异常陡峭。当你开始攀登时，你也许会羡慕并赞叹已经爬到顶的游客，并且对自己能否爬到那么高而心存疑问。可当你自己开始一步步爬山时，你会发现，并没有你想象得那么难，只要调整好呼吸，握好扶手，你也能达到那个刚刚令你赞叹的高度，生活中何尝不是如此？你看到的是积累，敬仰的也是积累的存量，而实际上的难度在于增量，但很小的增量，本身并不难。现在新能源电车很看重的一个参数是百公里加速时间，性能很好的电车可以达到在二三秒以内加速到百千米每小时的速度。折合成加速度，大约是一个地球重力加速度( $g$ )的大小——10 $m/s^2$。但即便是加速度只有一个地球重力加速度的1%，一小时后你能超过声速，一百年后，如果不考虑相对论效应，你甚至能“超”过光速！所以说，不怕慢，就怕停，坚持十年，我们都可以成为物理教育领域的专家。

# 第二章 物理教师如何开始写作

常常有学科教学（物理）研究生来问我：“老师，我为什么就想不出一个好的选题来开始撰写我的教研论文呢？对于将要动笔的硕士学位论文，我也是没有任何头绪。”为什么是这样呢？我常常反问他：“你告诉我，你读过了多少篇物理教研论文？”他们常常支支吾吾，说是读了几篇吧。

天下万物生于有，有生于无，但这个“无”并非一无所有，即便从宇宙起源的角度来看，宇宙大尺度结构也是来源于宇宙早期的微小量子涨落。因此说，不读书、不思考，是不可能凭空就有奇思妙想的。创新产生于已有知识间的联结，连牛顿也说自己是站在巨人的肩膀上，排除有人怀疑这句话是暗讽其老对手胡克外，这句话其实是很有道理的。博览群书，开卷有益。唐代大诗人杜甫说：“读书破万卷，下笔如有神。”熟读唐诗三百首，不会作诗也会吟。

## 2.1 博览群书：奠定写作基石

我们先来陈述如下问题：物理教育类研究生，在两三年的求学生涯之中，应该读哪些书？笔者建议，从入学开始，物理教育类研究生就应该读**五“本”**书。**第一“本”**是物理之书，普通物理之力、热、电磁、光、原子物理都应该好好研读，在此基础之上，可以研读赵凯华先生的《定性与半定量物理学》、费曼的《费曼物理学讲义》，将大学里分科的物理学知识融会贯通，形成经典物理和现代物理的体系。作为中学物理教师，要熟读经典物理，深入了解现代物理框架，夯实物理学科基础。**第二“本”**是教育学著作，如中国古代的《学记》、苏联教育家苏霍姆林斯基的《给教师的100条建议》、美国安奈特·L. 布鲁肖的《给教师的101条建议》、施良方的《学习论》《课程理论》等，教育学的专业素养和物理学科基础同等重要。物理基础和教育基础夯实之后，再来读一些物理天文大咖写的高级物理学科普和天文学科普这**两“本”**书。这些书对于拓宽知识面，学习如何用最简洁、最吸引人的语言向同学们讲解物理知识，很有益处，如《物理学与生活》《天文学与生活》《七堂极简物理课》《极简天文学》《给世界的答案》，等等。最后**一“本”**书，看似与物理无关，但是对于提升物理教师的人文素养大有益处，它们是人文艺术类书籍，如《天文与人文》《物理与艺术》《人间词话》《中国古代文化常识》《沉思录》《毛泽东诗词》，等等。腹有诗书气自华，国内很多物理学家或物理教育大家，其诗词功底都是很强的。中学物理教师，如果有较深厚的人文艺术功底，能增加其物理课堂的韵味。另外，中国古诗词中蕴含有非常丰富的物理学知识，这是一个巨大的宝藏。笔者曾经在读到唐朝杜甫的“迟日江山丽，春风花草香。泥融飞燕子，沙暖睡鸳鸯”时感悟到，晴朗的春日，温暖的沙子里睡着鸳鸯，这是石头的比热容较低、温度升高较快所致，脑海里突然闪过宋朝苏轼的《卜算子》，其中有句词“拣尽寒枝不肯栖，寂寞沙洲冷”也是可以联想到沙子的比热容：一个暖，一个冷，一个白天，一个夜晚，现象不同，但物理内涵一样，即沙子的比热容较小，同样条件下，升温、降温都比较明显。

上面讲的是物理教育类研究生需要阅读的五“本”书，聚焦到本节，多读而后方能写，此处所说的多读则专指教研类学术论文。目前比较主流的六大中学物理教研类杂志有《物理教师》《中学物理》《物理教学》《物理通报》《物理教学探讨》《中学物理教学参考》，还有《物理之友》《湖南中学物理》等杂志。另有一本白皮书杂志《中学物理教与学》，由中国人民大学书报资料中心主办，转载物理教育类各主流杂志新近出版的优秀中学物理教研论文，很有代表性，反映当前研究热点。对于学有余力的学生，还可以研读英文的 *Physical Review Physics Education Research*、*The Physics Teacher*（TPT）等期刊，其中 TPT 文章短小易读，上面的论文趣味性、创新性都很强，对中学物理教学很有启发。

## 2.2 阅读启航：高效方法入门

如果把写作物理教研论文看成是输出（output），那么阅读就是输入（input），如何高效地阅读教研论文是万里长征的第一步，十分关键。作为初学者，第一篇物理教研论文应该如何阅读？

首先，可以凭借自己的兴趣或直觉选择一篇你对其题目特别感兴趣的论文，或者请自己的导师推荐一篇学术论文。选定文章之后，第一篇论文一定要这样读：要细细通篇全文的每一句话，每一个词，地毯式、无死角地通读。如果在选定了自己感兴趣的题目之后，发现这篇论文的内容其实并不是自己感兴趣的，或者文章里有很多地方自己都读不懂，但此时请务必记住，一定要硬着头皮坚持阅读下去。正所谓自己选择的，含着泪，也得读完。

有同学可能会说，我了解到的高效论文阅读方法并不是这样的。高效阅读一篇论文，应该先浏览一下摘要，再看看论文的主要结论，半小时一篇论文足矣。若对论文的题目、方法或结论特别感兴趣，有产生创新点、新思路的可能，再去细读论文中的方法和思路。

确实，对于有经验的学者，高效阅读论文的方法如上所述。但是对于初学者，必须要消化论文中的每一块硬骨头，碾过论文中的每一个荆棘地，才能学有所获。如果初学者像老成者一样，囫囵吞枣，浅尝辄止，将会一无所获。初学者精研论文每一点的原因很简单，学术论文不是武侠小说，其中有很多概念、方法和思想，并且是基于大量的前人工作撰写的。初读论文，必须要对这些陌生的概念、方法、思想以及前人的工作逐一弄懂弄清，由点及线，由线成面，最终才能熟悉这个领域的发展沿革和主流趋势。因此初学者深读一篇论文，他真正读完的不仅仅是这篇论文，还包括这篇论文中的参考文献以及论文中所有他不明白的概念、方法、思想所牵涉的文献。因此，深读一篇论文，撬动的论文阅读量至少是 10 篇。新入学的物理教育类研究生，如果能在第一学期如前所述地深读 30 篇左右的教研论文，那么其撬动的真实阅读量在百篇以上，他就能在半年内迅速进入研究生的学术状态。与此同时，若有认真负责导师的悉心指导，他将会渐入佳境，研究生阶段会有质的提高。

笔者仍然清楚记得读研阶段导师让笔者研读的第一篇论文。我的导师是理论物理方向的教授，第一学期主要以上课为主，因此第一篇学术论文是寒假回家之前导师交给我的，是一篇发表在美国物理学会旗下的 *Physical Review D* 杂志上的英文文献，两位作者分别是来自美国罗切斯特大学和费米国家加速器实验室的教授，题目是关于耦合杨 - 米尔斯场轴子系统中的虫洞解。作为一个大学本科刚毕业半年的研究生来说，对这个题目完全不懂，但是笔者花了整整一个寒假的时间地毯式、逐字逐句地研读并翻译了这篇文章，对每一个不懂的词汇和概念，都尽力去查阅，写下了数页阅读笔记，之后硕博学习阶段仍延续这一学习方法，对认真研读的每一篇文献记录笔记，进行编号，看着不断摞高的一篇篇论文，成就感倍增，学习的积极性也更强。相比前沿理论物理研究，物理教育研究上手较快，毕竟这些论文所涉及的大部分物理知识最高只在普通物理层面。但也正是因为如此，越简单的事情越难以做到优秀，因为相对门槛较低。

前几篇论文的研读可能是耗时很长的，过程也是很辛苦的，但是当你坚持研读十来篇之后，你会发现阅读论文越来越轻松，阅读速度也会不断加快，此时你就可以像有经验的学者那样，尝试一下高效论文阅读法。从第一篇论文出发，由一点出发，多点成线，不同维度的线成为立体网，网越张越大，你脑海里的知识结构就不断地构建起来。直到此刻，你就会感受到从“衣带渐宽”到“灯火阑珊”的欣慰与喜悦。

有一个著名的“一万小时定律”，说一个人若在某个领域辛苦耕耘一万个小时，他就能成为这个领域的专家。但“一万年太久，只争朝夕”，相比“一万小时定律”，其实“一百小时法则”更具操作性。如果在某一项技能、某一个选题上认认真真投入 100 个小时，你就能比其他人更好地掌握这项技能，更深入地了解这个选题。“一百小时法则”非常适合学术论文阅读、学位论文开题、公开课准备等情况，是普通人能够在同行中脱颖而出的法宝。做科研的研究生将会发现，如果你就自己极其感兴趣的某个选题全身心投入调研，大量阅读文献，深入思考，每天工作 8 小时，两三个礼拜也就是 100 个小时之后，单就这个选题的领域来说，你的理解和领悟很大可能是超过了自己的研究生导师，此刻在这个小选题上，你就是个小导师、小专家。

## 2.3 精读策略：审稿人与写作者视角

（一）高效阅读论文要学会以审稿人的身份阅读论文。

**一看**题目、摘要和结论，论文是否有创新性，对读者是否有较大参考价值。**二看**参考文献，首先看引用的参考文献相比论文发表时间，是否很陈旧，其次看参考文献是否书籍居多而期刊论文很少，再次看参考文献发表的期刊档次如何。如果这三点都是负面的，那么这篇论文舍之可也。以笔者多年的审稿经验来看，若一篇论文的参考文献这三点都是负面的，则这篇论文大概率质量不高。**三看**论文是否言之有物，每一节内容是否支撑其节标题，节与节之间的逻辑关系如何，是否有逻辑混乱的情况，节与节能否共同支撑论文主题。**四看**引言和摘要行文是否漂亮。写好论文的引言并不易，有很多课题组在写科研论文时，具体过程、方法和结论可能由做实验的研究生写成，但是引言和摘要则是导师具体操刀。引言要高处着眼、低处着笔，既要讲清历史沿革、来龙去脉，又要讲清动机缘起和意义价值。只有对该领域发展了如指掌，对自己的研究工作清楚明白，才能赶鸡入笼，从大处入手，综述现状，讲好故事，突出问题，最终将读者慢慢引向这篇论文的主体部分。而摘要的撰写则是另一种风格。笔者在指导本科生和研究生的学位论文时，发现很多学生将正文的结论部分直接拷贝到摘要处作为摘要的内容，这显然是不对的。摘要行文风格与正文完全不同，摘要语言需要高度凝练，措辞需要十分精准，将研究的背景、问题、过程、结论、意义写出来。**最后**，还要从审稿人的角度来思考，这篇论文的优缺点在哪里。若写得好，好在哪里；若写得不好，哪里需要改进。要用批判的眼光去阅读论文，并不是说见刊的论文就一定好，其实公开发表的论文里，言之无物的也多的是，要有鉴别能力，多读优质经典论文，别被劣质论文带偏了路线，拉低了自己的水准。

（二）高效阅读论文要学会以写作者的身份阅读论文。

**首先**，在看到论文标题的时候，不要急于阅读论文全文，而是闭上眼睛想一想，如果导师将这样的选题交给你，你能做吗？怎样做？花三五分钟试着去列出论文的提纲，之后再去研读论文，看看自己在多大程度上和论文作者“英雄所见略同”。**其次**，在研读论文时，要揣测作者的行文逻辑：作者为什么要写这篇论文？动机是什么？做了什么工作？解决了什么问题？此篇论文将问题推进到了哪一步？后续还可以继续做点什么？从什么角度来阐述论文，能最大限度地引起读者的兴趣？论文的内容框架充分诠释了论文主题吗？论文标题中的关键词恰当概括了论文的主要内容吗？……多问几个为什么，反复推敲。

## 2.4 选题艺术：从兴趣到热点

在大量研读物理教研论文之后，物理教育类研究生们对当前的研究热点问题有了一定的了解，开始有一些心得和体会，内心开始跃跃欲试。对于中学一线物理教师来说，教学中会遇到诸多实际问题，积累诸多想法，这些都可以凝练出选题。

（一）选题要从个人兴趣出发。

兴趣是最好的老师，兴趣也是在困难中驱动你前行的动力，兴趣是事半功倍的保证。有同学可能会说，我自己都不知道我的兴趣点在哪里。其实每个人都有相对喜好，只是你没有静心观察自己而已。前面已经教会你如何大量阅读教研论文，当你去学校阅览室拿到新一期的《物理教师》《物理通报》等杂志时，一般情况下，你不会老老实实地从第一页开始看到最后一页。你应该会习惯性地先看目录，自觉不自觉地挑选你想看的文章去看。此刻，你可以分身二人，“一个人”在翻看当期的几本主流中学物理教研杂志，“另一个人”记录你每本期刊中最先阅读的那几篇文章。前文至少介绍了七八本中学物理教研类主流期刊，每本圈出两三篇你凭直觉最先阅读的论文，这样就有二十多篇教研论文。仔细分析研究这些论文的共性，你的兴趣点很可能就隐藏在其中。

（二）选题要基于已有期刊论文。

作为初学者，很少有凭空想出一个题目写成一篇优质论文而发表的，研究生阶段或教师生涯中的第一篇论文最好能基于一篇已有论文，在这个论文的基础上发展出一篇论文。这篇已有论文发表的期刊在业内要比较著名或为主流期刊，其次这篇论文的主题本身要比较有意思，再次论文的内容要有继续拓展的空间。有人说，优秀的学术论文分为两类，一类是彻底完美地解决了问题，后续无需继续研究，当然引用率也不会高。还有一类优秀论文是可以引出很多有意义的问题。这个观点其实是我国著名物理学家杨振宁先生在一次演讲中形容狄拉克和海森堡两位著名物理学家的不同风格时讲的。杨先生说两位科学家的文章的独创性都很强，狄拉克的文章清楚直接，没有渣滓，给人“秋水文章不染尘”的感觉，直达深处，直达宇宙的奥秘，而海森堡写的文章则是朦胧绕弯，有渣滓。不过狄拉克的文章由于“太干净”“不染尘”，让人看了之后没有什么可以再做的了，因为那个方向凡是可以讲的话，狄拉克都已经讲了，走进去不会有什么新的发现，但是海森堡的文章，对的和不对的混杂在一起，如果你有能力分辨出不对的地方并且把不对的纠正过来，你就可以成为重要的物理学家。

笔者曾经研读了一篇发表在《大学物理》上的论文，研究的是如何计算分形物体的转动惯量。该篇论文的思路则是来源于发表在美国老牌物理教研类杂志《美国物理杂志》（*American Journal of Physics*）上的一篇文章。这篇文章利用量纲分析的方法，对诸如细棒、平面体（三角形、矩形、等腰梯形、正多边形、扇形、圆形等）、长方体等具有一定对称性且质量分布均匀的物体进行标度变换，再结合平行轴定理，进而可以在不用微积分等繁杂运算的情况下求出物体的转动惯量。笔者曾经给全校学生开过一门通识选修课，其中讲到过混沌与分形，知道诸如谢尔宾斯三角形（分形三角形）、门格海绵（分形立方体）、谢尔宾斯四面体（分形四面体）等分形物体的质量为零。如果质量为零，何谈转动惯量？因此我们基于这两篇文章的思路和方法，首先对物理分形与数学分形进行了界定，然后利用递推法求出了物理分形物体的转动惯量，巧妙地解决了问题，而且物理图像也很清晰，论文完成后，很快就被《大学物理》杂志接受。之后我们让几个物理教育的研究生练练手，利用这个递推法求解了其他几个分形物体的转动惯量，在《物理通报》上发表了另外一篇论文。

（三）选题宜小不宜大。

根据选题大小和研究的深入程度，可以将其极端地分为大题大作、大题小作、小题大作、小题小作。小题小作自然不够研究论文的级别，最多是一篇要求不高的课程作业，暂且不提。大题大作可能是国家重大、重点课题，集结庞大研究团队，如中国学生发展核心素养的研制，初高中物理学科核心素养的研制，等等，也不在我们的讨论之列。单看大题小作和小题大作，显然是后者更有意义。大题小作不可取，小题大作要盛行。大的选题普通人难以驾驭，只能泛泛而谈，没有针对性，不解决具体问题，或问题解决得不深、不彻底，对读者参考意义不大，大题小作是好高骛远的一个表现。相比之下，小题大作则很有意义，大作的研究必然深刻、全面、彻底，能解决实际问题，论文的方法结论对读者有参考价值。与此同时，小的选题又是小题大作得以进行的充分保证，使得研究者有足够的精力进行深入研究。另外，单从论文发表难易程度的角度，小题大作也是有相对性的。一开始的大作可能不用太深太细，但随着时间的推移，研究的深入，大作必须向深耕细作进发，这也许是科研、教研工作者要第一时间抢抓热点的部分原因所在。在 2017 年高中物理学科核心素养刚刚颁布之初，很多论文是基于物理学科核心素养开展研究的，但随着研究的不断深入，必须要更多地考虑物理学科核心素养的每一个内涵。因为物理学科核心素养是一个很宏大的系统，有物理观念、科学思维、科学探究、科学态度与责任，这四个板块下面又有二级元素，每一个也都值得深入研究，比如单就物理观念下面的“物质观”，单就科学思维下面的“科学推理”，单就科学探究下面的“问题”，单就科学态度与责任下的“科学本质”，都是可以深入研究且大有文章可作的。笔者以“核心素养”为主题，以“物理”为全部字段检索论文，以“2018 年—2019 年”为年度范围，发现论文数从 5069 篇减少到以“2022 年—2023 年”为年度范围的 2956 篇，但以“科学思维”为主题，以“物理”为全部字段的论文则从 376 篇增加到 515 篇，这很好地佐证了笔者的这个观点。

（四）选题要关注研究重点与热点。

教育是百年大计，是永恒的主题，但教育也是个时代课题，不同年代有不同的研究重点与热点，初学者需要正确把握，不要踏错脚步。十多年前的论文主题可以聚焦三维目标，如果现在仍然聚焦三维目标，论文投稿后肯定会处处碰壁。当然这并不是说三维目标在核心素养提出后，就完全没有了价值和启发意义，只是说从做论文和课题的角度，已经不是研究重点与热点了。

人大复印报刊资料《中学物理教与学》每年初会公布上一年度各中学物理杂志的全文转载量排名，从中可以看出哪些杂志是中学物理教育研究的主流杂志，方便在投稿时作为参考。近些年的《物理教学》期刊都会在每年的第2期杂志中，发表一篇基于《中学物理教与学》论文转载情况分析而做的上一年度的中学物理教育教学研究综述，仔细研读这篇论文及其中提到的论文，可以对过去一年的中学物理教育研究重点与热点有一个准确把握，从而可以对下一年的物理教研重点和热点有自己的研判。另外，《中学物理教与学》每年初还会公布对当年度的研究重点展望。通过上一年度的中学物理教育教学研究综述，可以充分了解上一年度的中学物理教育教学重点和热点，再深入研究当年度的研究重点展望，无论对物理教研论文的选题，还是对研究生学位论文的开题，亦或是中学物理教研课题，都是大有帮助的。只有正确把握住当前的研究重点与热点，才能把握物理教育的时代脉搏，融入中学物理教育的研究主流。分析对比最近两三年度的研究重点展望，得到的信息会更有参考价值。笔者将2022—2024年度《中学物理教与学》公布的研究重点展望进行了对比，见下表。表格以2023年内容和顺序为基准，2022年为研究重点但2023年删除的以及2024年新增的，均单独列在表格第一列和最后一列。

**表　2022—2024年《中学物理教与学》研究重点展望对比**

| 2022 | 2023 | 2024 |
|---|---|---|
| 2022年出现2023年删除：1.新版义务教育课标解读与实施；2.新教材教学适应性研究；8.科学探究；11.学科育人价值的深度挖掘；14.基于实证的学情分析 | | |
| | 1.核心素养导向的教学目标设计 | |
| 4.跨学科实践 | 2.跨学科实践 | 8.跨学科实践 |
| 5.大概念教学；7.单元教学 | 3.大概念教学 | 7.大概念教学（大单元教学） |
| | 4.概念转变研究 | 6.迷思概念测查与转化 |
| 9.科学建模 | 5.科学建模 | 2.科学建模 |
| | 6.科学推理与论证 | 3.科学推理与论证 |
| | 7.科学态度与责任 | 5.科学态度与责任 |
| | 8.批判性思维培养 | 4.创新能力培养（批判性思维、创造性体验等） |
| | 9.资优生培养 | |
| | 10.学习心理研究 | |

续表

| 2022 | 2023 | 2024 |
| --- | --- | --- |
| 13. 教师专业发展与教研团队建设 | 11. 教师专业发展 | 16. 教师专业发展（校本教研，数字素养提升，教师胜任力研究，教科研论文写作，名师成长路径探寻等） |
| 3.“双减”下的作业设计 | 12.“双减”背景下的教学改革 | 19. 作业与习题教学改革 |
| | 13.HPS 融入物理教学 | |
| 10. 信息技术与教学深度融合 | 14. 信息技术与物理教学融合 | |
| 15. 中高考改革研究与试题评析；16. 中高考复习备考研究 | 15. 中高考解析与备考指导 | 18. 中高考改革及命题研究 |
| 6. 学习进阶与路径设计 | | 12. 学习进阶视域下的初高中衔接 |
| 12. 物理实验 | | 14. 实验教学与评价 |
| 2024 年新增：1. 物理思想与科学方法；9. 项目式学习；10. 真实情境创设；11. 教学评一致性；13. 数字化教学；15. 物理做中学的有效性；17. 中华优秀传统文化融入教学 | | |

通过对 2022—2024 年《中学物理教与学》研究重点展望的对比分析，发现三年的研究重点分别为 16 条、15 条和 19 条。前后两年的研究重点既有传承，也有较多更新。有些研究重点能保持三年，可谓是常青树，比如跨学科、大概念、教师专业发展、中高考相关研究。还有一些跳过一年，即未被列为 2023 年研究重点的却在 2022 年和 2024 年都出现了，如学习进阶、物理实验等。2024 年全新出现的几个领域需重点关注，如物理思想与科学方法、项目式学习、真实情境创设、教学评一致性、数字化教学、物理做中学的有效性、中华优秀传统文化融入教学等。除了人大复印报刊资料的这个展望外，有些物理教研杂志如《中学物理》也会定期或不定期地发布类似的选题重点。这些研究重点展望的变和不变都反映了每年的中学物理教育研究的重点和热点，物理教育类研究生和中学物理教师应该对此有所把握。

上面讲的主要是每年的研究重点，有志于物理教育研究的老师和同学，须着重把握。至于追踪研究热点，不同的研究者有不同的看法。总体来说，需要追踪热点，但不可以为了热点而去追踪热点。学术研究讲究一定的定力，十年磨一剑，板凳要坐十年冷，久久为功，深挖下去才能有所成。如果热衷于追热点、蹭热度，最终可能成为烧不开的水、挖不出能出水的井，这是学术研究的大忌。学术研究有“热门冷做”“冷门热做”之说。“热门冷做”是指如果要去追踪热点，尽量选择热点中较少引起人关注的冷问题去做，热门保证了课题关注度，而冷问题又让你能避开“万人挤独木桥”的情况。“冷门热做”是指如果选择自己感兴趣的冷门问题，做好了“十年磨一剑”的打算，需要选择冷门中有可能成为热点的问题去做，而对于冷门中无人问津的冷问题，一定要慎重。当然如何能做到“热门冷做”“冷门热做”，需要个人的积累、直觉及导师等高人的指点，有时候还有一点运气的成分。

## 2.5 读者至上：科教研写作的核心原则

学术论文作为交流的工具，是向同仁交流自己的学术成果，宣传自己的学术思想，更重要的是希望通过交流让更多的人能从自己的学术成果中获益。从读者的角度来写作，要求论文易懂、易读、对读者有用。

（一）论文易懂，要求作者以读者为中心。

也就是说，把读者看成一个没有任何基础的门外汉。很多作者因为长期在自己的研究领域耕耘，对领域内的问题非常了解，就天真地以为读者也和自己一样。但实际上隔行如隔山，很多你以为是常识的概念对别人来说都是全新的，当你以为一马平川、一泻千里的时候，殊不知你踩在脚底下的石子和坑洼，对别人来说，都可能是不可逾越的高山和鸿沟。

（二）论文易读，要求论文的可读性强。

要求文章整体篇幅和各节匀称优美，文字表达精准凝练，文笔自然流畅，文章结构严密，逻辑框架清晰，有头有尾，首尾呼应。写作无冗余繁琐，行文连贯无大跳跃。比如有些人写的论文的节标题直接是一句有主谓宾的话，且同一级别的标题长短不一、格式不同，使得论文极其不美观。同级标题一般应该是并列关系或者递进关系，但有些论文的标题则逻辑混乱，杂糅在一起，“叔侄”之间乱了辈分。同级标题要求字数相同或相近，不能长短不一，参差不齐。同级标题一般需要在同一维度上叙事，标题要尽量对仗，句式相同，如主谓结构、动宾结构、并列结构等。标题之间要有内在逻辑，共同支撑上一级标题。本书中有一些论文案例，读者可以自行去体味。

（三）论文对读者有用，要求从买方视角做卖方的事。

**一是**教研论文本身有较高的学术价值，**二是**在既有学术价值的前提下，如何充分挖掘教研论文对中学物理教师教学的直接帮助或启发作用。这需要在写论文时从教学角度去思考问题，需要作者在整个论文写作中，以读者为中心来阐述整个论文的思路。比如我们发表过多篇 DIS 数字化实验的教研论文，在论文的写作过程中，我们始终都是从读者的角度来写作的。笔者在指导相关研究生写作时，不断引导他们：DIS 实验本身只是一个载体，我们写出的论文不是一篇单纯的介绍实验步骤、实验内容和实验结果的论文，而是告诉读者如何通过实验启迪科学思维、引导科学探究。一位教育硕士研究生利用 DIS 实验装置设计了一个探究绳物模型的速度分解问题的实验，测得了一些数据，写成了论文初稿，起初的论文题目大意是基于 DIS 实验装置的绳速度分解模型研究，论文仅着重于介绍实验本身。经过笔者与研究生近两个月的反复修改，数易其稿，最终是以绳速度分解模型为例，从 DIS 实验助力科学思维里的模型建构的角度重构论文。另有三位教育硕士研究生在做“用 DIS 验证玻意耳定律实验”中发现了系统误差，于是进行了深入分析，写成了“‘用 DIS 验证玻意耳定律实验’的问题、分析与改进”的初稿。该文主要分析了实验的系统误差来源和改进方法，纯粹是一篇实验论文。笔者在阅读了论文初稿之后，发现三位研究生在分析各种系统误差来源，不断提出想法并做实验收集数据的过程中，较好地运用了科学论证的思维，并且体现了科学探究的问题和证据意识。相比这个实验本身，读者可能更想从论文中读到如何通过设计，以实验为载体，培养学生的问题证据意识和科学论证能力。于是，笔者操刀，对论文结构进行重新架构，指导三位研究生再次设计实验方案、动手操作和数据收集，经过近三个月的磨稿、修改，最终以验证玻意耳定律的 DIS 实验为例，写出了题目为“遍寻误差来源，培养问题证据意识和科学论证能力”的教研论文，发表在《大学物理》杂志上。

# 第三章　期刊论文写作之旅

万事开头难，写作亦是如此。在科研与教学的旅途中，每一次灵感的闪现都可能成为一篇论文的起点。也许今天的你已看不上多年前的首篇论文，但那是你实现0到1的跨越，是每个人成长必需的阶梯之一。回首多篇期刊论文的诞生记，充满的是探索与发现，揭示的是物理教研论文的写作奥妙。从无心插柳的第一篇中文论文，到基于教学实践与问题探讨的教研论文，再到自制教具与DIS实验研究的创新尝试，每一步都展现了作者对物理教育的一份热爱与执着。要始终关注中学物理教育一线的真实问题，以科研的态度和方法去思考这些问题，通过不断的探索与实践，最终将教研心得转化为对中学物理教育有学术参考价值的科研成果，这是物理教研论文写作的核心所在。

## 3.1　无心插柳：第一篇中文论文的诞生

笔者的第一篇中文论文实为无意之作，也非物理教研论文，但也是兴趣使然、多人合作的典型写作案例。

这篇论文的缘起非常有意思。笔者所读大学2007年首次在研究生学生会中设置博士生部，笔者有幸成为首届博士生部部长。其成立初衷是考虑博士生作为一个学历最高的学生群体，有其特殊性和复杂性，是一支重要的学生科研力量，单独设置博士生部充分体现了学校对博士研究生群体的重视。笔者成为博士生部部长之后，一直在思索，我要做点什么有意义的事情？这个事情必须是无私且利他的，同时要对博士生群体和学校都有益处。

自己作为博士研究生，认识很多博士生的同学，深知博士生群体的特殊性，如博士生年纪一般都比较大，社交面窄，科研压力大，经济压力大。那时候全国的博士生每月津贴只有300多元，连每月最朴素的餐费都不够，也就是说博士生的学习生存状况不容乐观，如果能开展一项针对博士研究生的调研，为学校领导提供第一手参考资料，并把真实问题展现出来，引起国家和社会对博士研究生的关注，进而提高博士研究生的待遇，将是一件非常有意义的事情。

有了这个想法之后，笔者马上着手开展这个工作。想法很好，但需要专业助力，当时有一位博士生好友是社会学博士研究生，她是著名社会学家邓伟志先生的高徒，现在早已是社会学方面的知名教授。她对笔者的想法非常认同，于是欣然加入调研活动，正式工作从当年6月初开始，调研及报告撰写主要在暑假里完成。

一项调研的成功与否取决于调研问卷的设计。我们的调研问卷设计大约花费了1个月的时间，其间查阅了大量已有文献，征求了身边数十位博士研究生同学、学校分管研究生校领导的意见和建议，进行了试测，数易其稿，最终形成了涵盖学习科研、生活娱乐、情感婚恋、就业期望等四个方面的50道题目。

我们在6月底完成问卷的编制后，向全校所有博士生发放、收集问卷，分析数据，最终于7月底形成一份1.9万字的翔实报告。报告得到了当时的分管副校长叶志明教授的肯定，叶校长在邮件中回复道："你有没有看到最近国务院学位委员会、教育部、人事部发布了关于我国博士研究生培养质量的调查通知的事情，登录教育部网站上可以找到。最近全国即将开展这项调查工作。你们的文章正好从学生的角度做了一点工作，所以应该是非常适时的。我已经把你们的文章推荐给了《中国研究生》教育杂志社，请他们审定。有什么结果，我会及时告知你们。谢谢你们为我国的博士生培养做了一件有意义的工作，而且是超前的。"

调研成果除了发表在教育部学位与研究生教育发展中心主办的《中国研究生》杂志之外，还引起了当时的上海文汇报李雪林记者的兴趣。她在看了学校校园网上的报道之后，联系到笔者，有意在文汇报上发表三四千字的长文，报道相关调研结果。只是最终由于各种考虑而作罢。

作为当初还是一位博士研究生的笔者，自发开展的这项研究，能受到如此大的关注，是始料未及的。但如前所述，我们做这个调研的初衷完全是个人的朴素想法和兴趣，但能够超前"预判"到教育部关于博士研究生培养质量的调查，能受到各方的关注，从中也能启发读者，即论文选题的思路，不是要去关注结果如何或刻意追踪某个热点，而是要抓住真实的问题，解决真实的问题。我们在计划调研之初，没有想着要在期刊上发表学术论文，没有想到有可能被文汇报报道。不求名来名自扬，你若盛开，清风自来。写作教研论文同样如此，一定要关注来源于中学物理教育一线的真实问题，着力于解决中学一线的真实问题。

如今近20年过去，国家和学校对博士研究生的重视程度已经大为增加，博士研究生的待遇已今非昔比，有时想来还是有些许欣慰。若要总结和反思当初的这个工作，有三点启示：一是关注真实问题不问最终结果；二是初步学会了调查问卷设计的一般方法和需要注意的方方面面；三是当初这个调研工作只是针对一个学校，尽管能管中窥豹，但毕竟数据样本有限，如果那时顺势拓展到全国，应该是不错的工作，引起的关注会更大，但这并不是我们的初衷，因此当时也就没有继续推进。

调研问卷应该如何设计，这是物理教育类研究生和中学物理教师都需要掌握的基本技能。

### （一）问卷设计需要框架的顶层设计。

你要研究的问题是什么，你想要通过调研得到什么信息，这些问题和信息可以由哪些版块或哪些维度组成，每个维度大概需要几个问卷题目来支撑。以我们当初设计的博士研究生现状调研问卷为例，其目的是全方位了解在读博士生当时的生活、情感、学习、科研、就业等方方面面，经过多方讨论，最终形成了学习科研、生活娱乐、情感婚恋、就业期望等四个版块，题目的分布分别为14题、9题、12题和8题，各有侧重，不完全平均。

因此，必须先有顶层框架的设计，然后再编制题目。比如LCTSR科学推理能力测试量表，一共包括24道题，从质量和体积守恒、比例推理、控制变量、概率推理、相关推理、假设演绎推理等六个维度来设计，每个维度下设计若干题目来实现，但前提是编制者需要解构科学推理能力的内涵。再比如热力学概念量表TCS，一共35道题，由温度和热传递（1—7）、理想气体［等压过程（8—12）、绝热过程（13—16）］、热力学第一定律［绝热过程（17—19）、等压过程（20—21）、等温过程（22—23）、等容过程（24）、循环过程（26—31）、*p-V*图（25，32—35）］组成。编制者首先需要解构热力学概念，有哪些热力学的大概念等。比如我们要研究科学思维里的模型建构，想研究如何培养和提高学生的模型建构能力，需要编制一个测量学生模型建构能力的量表。这样一个课题给到你，你不可能马上就着手编制具体的题目，而是要把模型建构能力研究透彻，尽力去解构模型建构能力，将其分为不同模块或维度，之后再去研究如何编制题目的问题。若前期解构得不对，题目编制得再好，都是在错误的道路上奔走。

（二）问卷编制需要以受访者为中心。

涉及具体的问题编制时，要考虑到调研对象群体的阅读水平、文化特征，问题本身不能有引起受访者不快的冒犯成分，也不能出现涉及社会禁忌、个人隐私、性别、种族、宗教信仰等歧视的问题，更不能有挑战社会公序良俗的题目。问题题干要简短易懂，不引起歧义。对于每一个问题，是单选还是多选，是封闭性问题还是开放性问题，都是有讲究的。每一题的选项设置决定着调研数据的价值和真实性，必须要非常慎重对待。我们有些学生设计问卷非常潦草，半天就能设计一份问卷，不考虑选项是否完备、是否互斥、是否带有预设性的观点或者有诱导性的问题。选项设计不经过调研，显得非常随意，最终得不到想要的结果，也就不奇怪了。问卷必须要经过试测，试测后进行访谈，你会发现有些问题在受访者看来很傻，没有意义；有些问题在受访者看来则被曲解成了另外一个意思，有些单选问题的不同选项不是互斥的，导致两个选项都可以选，受访者不知道如何选择；还有些选项含有两个及两个以上的内容，受访者只符合前半部分或后半部分；还有些问题的选项不够完备，没有穷尽所有可能。问卷在发放之前要逐字逐句检查每一个细节，因为同样问卷一般是不可能重新再做的。如果你的问卷在发放后发现有误，重新修改后，是没办法再给之前的受访者再做一次的，只能选择其他的受访者。这在某些特殊情况下，会导致调研样本的减少，甚至导致调研工作的失败。

（三）要明确一般性问卷与量表的区别。

我们发现有很多本科生、研究生在学位论文中，将自己的问卷命名为量表，这是错误的。量表可以被看成是广义的问卷，但大部分问卷不是量表。一个简单的例子就是，一些旨在了解态度、观点倾向性或收集信息、看法的问卷，受访者可以答非所问，给出与真实想法完全相悖的选项，但是受访者能在国际学生评估项目（PISA）、智力测试量表、Lawson 科学推理能力量表中给出超出个人能力预期的选项吗？显然不能。

问卷是一种多元化的信息收集工具，用于收集各类主客观信息，其中可能也有一些量化问题，但总体而言，问卷的目的是尽可能多地获取信息。相比问卷，编制量表的要求则更高，耗时更长，难度更大。顾名思义，量表是一把尺子，用于精确度量与定量评估，因此量表的编制要求更专业。物理专业的读者应该很清楚，如果尺子本身有问题，那就有了系统误差，如果这个系统误差太大，这把尺子就无法使用，就不可以称为尺子，其量出来的结果也是错误的。因此，量表必须要经过信效度的分析和检验。如果设计一份高质量问卷所花时间以 10 天为计，量表则需要以 100 天为计。单单设计一份好的量表，其工作量可能就是一篇博士论文的分量。值得注意的是，不可以将量表的题目作为考试来用，因为量表是计时的，如果反复答阅同一份量表，其得分一定会有改善。果若如此，这种反复刷题会使这份量表无效。因此一般量表的答案是不会公开的。美国物理教师协会（AAPT）主办的 physport.org 网站收集了各类物理教学研究量表共 117 份。笔者曾和本、硕师范生一起，将其中与热学相关的 Heat and Temperature Conceptual Evaluation（HTCE）、Thermodynamic Concept Survey（TCS）、Survey of Thermodynamic Processes and First and Second Laws（STPFaSL）等 3 个热力学概念测试量表翻译汉化，其中文版本已被 physport.org 官网采纳，可在官网上下载。

# 上海大学在读博士研究生专项调研问卷

问卷编号：□□□

亲爱的博士生同学：您好！

我们想了解我校在读博士研究生目前的生活、情感、学习、科研、就业等方面的状况，这次调研是随机抽样，问卷中所有问题的回答无对错、好坏之分，且是匿名的，请您按实际情况回答问题即可。

感谢您的支持与协助！

上海大学研究生工作党委

上海大学研究生联合会博士生部

2007 年 6 月

注：请在选项前面的□中打“√”，或在______上如实填答；

除非注明，否则均为单选题；竖线右边请勿填写。

---

**Ⅰ．背 景 问 题**

1．您的年级：____ 级 ① □一年级 ②□二年级 ③□ 三年级 v01___

2．您的年龄：____（实）岁

3．您的性别：① □男 ② □女 v02___

4．您所属的专业： v03___

① □理学 ②□工学 ③ □社会科学（包括文学、史学、哲学、法学、政治学、经济学、社会学、人类学） ④□艺术学 ⑤□医学 ⑥□其他（请注明）________ v04___

5．您的录取类别：

①□非定向公费录取 ②□非定向自费录取 ③□定向录取 ④□委培 ⑤□其他 v05___

6．您的家乡是：①□城市 ②□农村 ③□郊县

**Ⅱ．学 习 科 研** v06___

7．您对我校的博士生公共英语课是否满意?

①□听力课满意，阅读课不满意 ②□阅读课满意，听力课不满意 ③□都不满意 ④□都满意 ⑤□都一般 ⑥□说不清 v07___

---

续表

| | |
|---|---|
| 8. 您对我校的博士生公共政治课是否满意？<br>①□很满意 ②□比较满意 ③□一般 ④□不满意 ⑤□很不满意 ⑥□说不清 | v08___ |
| 9. 您是否主动去听我校一些好的老师给硕士生、本科生上的课？<br>①□去过 ②□没有去过 ③□准备去 ④□不想去 | v09___ |
| 10. 同类档次的学校，如果给您再选择的机会，您还会选择到上海大学来读博士吗？<br>①□不会 ②□会 ③□说不清 | v10___ |
| 11. 总体上，您对我们学校提供的科研条件（如实验仪器，期刊数据库订阅、图书馆资料文献等）是否满意？<br>①□很满意 ②□比较满意 ③□一般 ④□不满意 ⑤□很不满意 ⑥□说不清 | v11___ |
| 12. 读博士以来，您是否参加过各级学术会议？（可多选）<br>①□参加过国际性的学术会议 ②□参加过全国性的学术会议<br>③□参加过省市级学术会议<br>④□参加过校内学术会议 ⑤□从未参加过学术会议 | v121___<br>v122___<br>v123___ |
| 13. 目前您的科研压力主要来自什么？<br>①□在校期间发表文章 ②□博士论文的顺利通过 ③□自己长远的科研潜质 ④□其他（请注明）________ | v13___ |
| 14. 在科研方面，您最希望学校提供哪些帮助？（最多选2项）<br>①□小额科研经费 ②□对外交流的机会（比如短期境外学习）<br>③□国内外学术交流的信息 ④□最新的、充分的文献资源<br>⑤□请业内名家来校讲座或授课 ⑥□其他（请注明）________ | v141___<br>v142___ |
| 15. 您对您的导师满意吗？<br>①□很满意 ②□比较满意 ③□一般 ④□不满意 ⑤□很不满意 ⑥□说不清 | v15___ |
| 16. 您和您的导师平均多长时间见一次面？<br>①□每星期都能见到 ②□每半个月见一次面 ③□每月见一次面 ④□几个月见一次 ⑤□半年以上才能见一次 ⑥□有事或方便的时候见面，无固定时间 ⑦□几乎没见过面 | v16___ |
| 17. 您目前最期望从导师那里获得什么帮助？（最多选2项）<br>①□专业知识 / 理论指导 ②□实践机会 / 课题机会 ③□论文选题 / 撰写的指导 ④□推荐发表文章 ⑤□出国机会 / 就业推荐 ⑥□科研经费资助 ⑦□参加学术会议的机会 ⑧□其他（请注 | v171___<br>v172___ |

续表

| | |
|---|---|
| 明）________ | |
| 18. 您认为您读博的最大收获在于什么？<br>①□掌握了科学研究的一般方法和程序 ②□获得了所研究方向的专业高深知识 ③□获取了博士学位 ④□没想过，不清楚 ⑤□其他（请注明）________ | v18___ |
| 19. 您认为对理工科博士生毕业要求发表若干篇 SCI、EI 或者 ISTP 论文，文科博士生要求发表若干篇中文核心期刊论文的做法是否合理？<br>①□合理 ②□没有更好的评价方法，比较合理 ③□不合理<br>④□说不清 | v19___ |
| 20. 您认为自己目前在学习上遇到的最大问题是什么？<br>①□理论水平不够 ②□科研实践不够（比如做课题的机会不多）<br>③□导师指导不够 ④□专业资源的获得途径不够（包括信息资源、文献资源等） ⑤跨专业，基础较差 ⑥□其他（请注明）<br>________ | v20___ |
| Ⅲ. 生 活 娱 乐 | |
| 21. 您平均每月大致的生活开销有多少？<br>①□ 500 元及以下 ②□ 501 ~ 1000 元 ③□ 1001 ~ 1500 元<br>④□ 1501 ~ 2000 元 ⑤□ 2001 元以上 | v21___ |
| 22. 您的导师是否每月给您一定的补助？<br>①□没有 ②□ 100 ~ 200 元 ③□ 300 ~ 400 元<br>④□ 500 ~ 800 元 ⑤□ 800 元及以上 | v22___ |
| 23. 在读博士期间，您可供自己支配的闲暇时间多吗？<br>①□很多 ②□比较多 ③□一般 ④□比较少 ⑤□很少<br>⑥□说不清 | v23___ |
| 24. 如果学校组织更多的针对博士研究生的活动，您期望是哪些方面的？（最多选 3 项）<br>①□学术交流和学术讲座 ②□娱乐类活动（如集体出游、周末舞会等） ③□体育类活动（如举行乒乓球、羽毛球、篮球比赛）<br>④□与校外博士生交流 ⑤□其他（请注明）________ | v241___<br>v242___<br>v243___ |
| 25. 您对自己的交往圈子宽窄的感受如何？<br>①□很宽 ②□比较宽 ③□一般 ④□比较窄 ⑤□很窄<br>⑥□说不清 | v25___ |
| 26. 您认为您的身体素质状况如何？<br>①□很好 ②□比较好 ③□一般 ④□比较差 ⑤□很差 | v26___ |

续表

| | |
|---|---|
| ⑥□说不清 | |
| 27. 您平均多长时间锻炼一次？<br>①□每星期两次以上 ②□每星期一次 ③□每半月一次 ④□每月一次 ⑤□基本不锻炼 | v27___ |
| 28. 您最经常的体育锻炼方式是__________。<br>①□跑步 ②□游泳 ③□打羽毛球 ④□打乒乓球 ⑤□到健身房健身 ⑥□打篮球 ⑦□打网球 ⑧□跳舞 ⑨□其他（请注明）________ | v28___ |
| 29. 周末的闲暇时间里，你生活最主要的方式是________，其次是________。<br>①□和平时没什么两样，科研学习 ②□独自上网闲逛 / 聊天 ③□体育锻炼 ④□旅游 / 逛街 ⑤□看小说、休闲类期刊 ⑥□唱歌跳舞 ⑦□和同学、朋友交流 ⑧□其他（请注明）_______ | v291___<br>v292___ |
| **Ⅳ．情感婚恋** | |
| 30. 以下择偶标准，您最看重的前三项是：第一________，第二________，第三________。<br>①□相貌（如身高，长相） ②□人品 ③□学历 ④□能力 ⑤□性格 ⑥□对方家庭背景和经济基础 ⑦□爱好 / 兴趣相投 ⑧人生观价值观相合 ⑨□其他（请注明）__________ | v301___<br>v302___<br>v303___ |
| 31. 你愿意接受的伴侣的学历是__________。<br>①□不低于大专学位 ②□不低于本科 ③□不低于硕士 ④□也是博士学位 ⑤□视具体情况而定 ⑥□无所谓 | v31___ |
| 32. 在以下七个生活价值目标中，您最希望您拥有的是：第一________，第二________，第三________。<br>①□健康 ②□美貌 ③□诚信 ④□才华 ⑤□金钱 ⑥□荣誉 ⑦□地位 | v32___ |
| 33. 您感到过苦闷、孤独或压抑吗？<br>①□经常感到 ②□偶尔会有这种感觉 ③□一直感觉比较良好 ④□说不清 | v33___ |
| 34. 目前困扰您的问题有哪些？（最多选 3 项）<br>①□还没有对象 ②□与恋人或者配偶分开在两地 ③□牵挂父母 ④□交友面比较狭窄 ⑤□家人或者恋人不支持我读博 ⑥□就业压力 ⑦□科研压力 ⑧□业余生活不丰富 ⑨□身体健康问题 ⑩□没有不如意 ⑪□其他（请注明）_______ | v341___<br>v342___<br>v343___ |

续表

| | |
|---|---|
| 35．遇到生活或情感危机时，您通常如何缓解？<br>①□自己解决，积极面对　②□独自消沉，不知道怎么办　③□向好朋友、同学倾诉并寻求解决方法　④□寻求心理咨询的帮助　⑤□向学校、导师寻求帮助　⑥□找陌生人（如网友）倾诉　⑦□向父母亲人倾诉　⑧□其他（请注明）__________ | v35___ |
| 36．如果工作与家庭或个人情感发生冲突，您会怎么处理？<br>①□优先考虑工作前途　②□优先考虑家庭或个人情感　③□很难说 | v36___ |
| 37．您的婚姻或情感状况是怎样的？<br>①□还没有男（女）朋友，正在努力寻找　②□有男（女）朋友　③□安心科研，等毕业了再说　④□已婚　⑤□离异　⑥□丧偶　⑦□其他（请注明）________ | v37___ |
| 38.（未婚或已婚有子者跳答39题）您在读博期间是否考虑要孩子？<br>①□不打算　②□有此打算　③□顺其自然　④□说不清 | v38___ |
| 39．您对作为人际交往方式的网络交友、网络恋爱的态度是怎样的？<br>①□不容易被外表所迷惑，更容易深入对方的灵魂，比现实的人际交往更纯洁，更真实<br>②□没有实际的接触和面对面的交流，这种对对方的感觉太虚幻，不可信<br>③□这是网络时代出现的新事物，可以作为交友、恋爱的有效途径和工具<br>④□偶有成功，可以尝试，但不要太投入<br>⑤□其他（请注明）__________ | v39___ |
| 40．您通过什么方式认识了您的（男）女朋友（或妻子）或者你正在尝试用什么方式来寻找？<br>①□在过去或现在的同学中寻找　②□通过同学朋友同事介绍认识　③□通过家人或者亲戚介绍认识　④□通过网络聊天来交友发展　⑤□通过婚介征婚等机构（包括网络婚介机构）认识　⑥□在同事中寻找　⑦□旅途偶遇或邂逅　⑧□其他（请注明）____________ | v40___ |
| 41．目前社会上关于女性博士有很多不同的看法，您作为博士群体中的一员，如何看待？<br>①□是新时代知识女性，有知识，有智慧，比较佩服 | v41___ |

续表

| | |
|---|---|
| ②□只是学历高而已，与普通女性没多大差别，没什么特别的感觉<br>③□过于学术，缺乏生活情调；清高，傲慢，不好亲近<br>④□不懂得照顾别人，不温柔体贴，与传统女性形象有一定差距<br>⑤□现在社会上对女性博士的诸多看法（如称女博士是灭绝师太或是第三类人等），不少是偏见<br>⑥□其他（请注明）__________ | |
| **Ⅴ.就 业 期 望** | |
| 42．对于您目前所研究专业的发展和前景，您有信心吗？<br>①□很有信心 ②□比较有信心 ③□一般 ④□没信心 ⑤□很没信心 ⑥□说不清 | v42___ |
| 43．对于未来的就业，您最看重的是什么？<br>①□薪资待遇 ②□社会地位 ③□个人志向、兴趣 ④□专业对口 ⑤□发展前景 ⑥□工作轻松、稳定 ⑦其他（请注明）____________ | v43___ |
| 44．您期望您博士毕业后的月收入（税前）最低要保证多少？<br>①□ 3000~4000 元 ②□ 4001~5000 元 ③□ 5001~8000 元 ④□ 8001 元以上 | v44___ |
| 45．您觉得博士毕业生要找到一份满意的工作主要看什么？<br>①□所属的专业 ②□博士期间所做的工作 ③□导师的推荐作用 ④□学校的量级 ⑤□自己的社会交往能力 ⑥□其他（请注明）__________ | v45___ |
| 46．您觉得目前影响您就业的因素主要有哪些？（最多选 3 项）<br>①□专业限制 ②□学历（比如偏高） ③□年龄（比如偏大）<br>④□性别歧视 ⑤□社交能力 ⑥□个人心态 ⑦□户籍限制<br>⑧□社会关系和背景 ⑨□其他（请注明）__________ | v46___ |
| 47．您认为您的就业优势在哪里？<br>①□高学历 ②□丰富的工作经验 ③□工作能力 ④□科研能力 ⑤□人际关系广 ⑥□其他（请注明）________ | v47___ |
| 48．毕业后您准备的去向如何？<br>①□高校或研究所/院 ②□国家机关/政府部门 ③□各类企业<br>④□自主创业 ⑤□自由职业 ⑥□在国内做博士后 ⑦□到中国香港或国外做博士后/访问 ⑧说不准，看情况 ⑨□其他（请注明）__________ | v48___ |

续表

| | |
|---|---|
| 49．您将来找工作或考虑换工作首选的地点是哪里？<br>①□上海或江浙地区　②□家乡或家乡省会城市　③□大中型经济发达城市　④□其他省会城市　⑤□中西部城市　⑥□港、澳地区或国外　⑦□无所谓<br>50．对于如何提高在读博士生科研、学习、生活的质量和水平，您对学校管理层有何意见和建议？<br>____________________<br>____________________<br>____________________ | v49___ |

# 上海大学在读博士研究生专项调查报告

自1999年以来，我国研究生教育进入了迅速发展时期。按照教育部的规划，到2010年，中国授予博士学位的人数将达到5万人，跃居世界第一。与此同时，博士研究生教育和博士研究生群体中的诸多问题不断显露出来。中国的博士研究生教育模式和博士研究生质量正在承受着越来越多的压力和质疑，处于学历教育顶尖的博士生群体其真实的生存状况和境遇也少为社会所了解。

为了增进社会各界及博士生群体自身对博士生这样一个特殊群体的了解，同时也为推进博士研究生教育提供第一手资料，2007年6月25日—7月6日，上海大学研究生联合会博士生部针对上海大学的在读博士生进行了一次专项调研。调研采用分层概率抽样的办法，兼顾性别和专业比重，调查内容涉及在读博士生的学习科研、生活娱乐、情感婚恋、就业期望等诸多方面。

## 一、学习科研

**科研条件** 大多数受调查者认为学校在学习科研条件提供方面不尽如人意，首先表现在参加各级学术会议的人数比例不高，还有20.8%的受调查者从未参加过任何学术会议，这从一个侧面反映学生能够获得的参加学术会议的机会不多；其次，对本校提供的诸如实验仪器、期刊数据订阅、图书馆资料文献等科研条件的评价有相当一部分受调查者感觉“一般”，尤其是社会科学专业受调查者的满意度明显低于理工学专业；再次，较多博士生反映最希望学校能在对外交流机会（如短期境外学习）和最新的、充分的文献资源等方面提供帮助，从侧面反映学校在给学生提供对外学术交流以及文献资源供给等方面与学生的需求存在一定的差距。

**科研学习的态度、观点** 受调查者目前在学习上遇到的最大问题位列前三位的是：理论水平不够（41.9%）、科研实践不够（比如做课题的机会不多）（30.0%）、专业资源的获得途径不够（包括信息资源、文献资源等）（15.6%）。博士生承受的科研压力个体间差异很大，大致来说压力来自在校期间发表文章、顺利通过博士论文、长远科研潜质的培养，分别各占三分之一。不管处于主动还是被动，近六成的受调查者能够接受将发表论文作为毕业条件之一的做法。大多数人能以学习专业理论知识视为在读期间的主要任务，并将学习目的放在掌握科学研究一般方法和程序的掌握上，同时期望学校和导师能尽可能地在实践机会、科研经费的提供方面给予适当的帮助。

**师生关系与互动** 受调查者大部分都能处理好与导师的关系。绝大多数人对导师表示满意，每星期或半个月都能见到导师，尤其是理工科专业的与导师的互动相对频繁，大多数受调查者都以获得导师专业知识和理论指导作为在读期间的最大希望。相比而言，文科社会科学类的和导师面对面交流次数的相对较少。在对导师的期望方面，博士生最期望从导师那里获得的帮助位列前三位的是：专业知识/理论指导（51.2%）、论文选题/撰写的指导（31.2%）、实践机会/课题机会（25.6%）。在专业差异方面，理学（56%、38%）和社会科学（65.8%、36.6%）专业的受调查者希望导师能在专业知识/理论以及论文选题/撰写方面给予指导明显高于工学专业；而工学专业的受调查者希望导师能在出国机会/就业推荐（24.2%）以及科研经费资助（21.2%）方面提供帮助的比例明显高于理学和社会科学专业；社会科学专业的受调查者希望导师能提供实践/课题机会（29.3%）的比例在三个专业中是最高的。

**学习科研情况的性别和专业差异**　男生比女生更重视在校学习机会，比女生更着眼于长远的发展、关注在读期间长远科研潜质的培养和科学研究一般方法程序的掌握，而女生较多关注的只是博士论文的顺利通过和在校期间发表文章。社会科学专业的受调查学者对文献资料和科研经费的提供方面比其他专业有着更高的需求；而工学专业的受调查者则希望学校和导师能在对外学习交流方面提供一定的帮助。

## 二、生活娱乐

**在读期间的收入和支出**　全部受调查者中得到导师每月补助的人数比例为45.6%，其中22.5%得到的补助金在300~400元之间。在校博士生月消费低，在校生活节俭，月平均消费额为804元，83.0%的受调查者每月支出在1000元以内，其中近六成（59.1%）受调查者月支出在501~1000元之间，如表1所示。以他们的最低月平均支出计算，博士研究生从学校和导师处获得的收入尚不能维持他们的基本月消费。

**社会交往、闲暇时间、闲暇活动安排**　大多数博士生交往圈子较窄，生活节奏相对平缓，有一定的可供自己自由支配的闲暇时间，但是休闲方式单一，相当一部分受调查者周末生活与平时没什么两样，仍旧是科研和学习。大多数受调查者认为身体素质状况较好，且能有规律地坚持体育锻炼。体育锻炼方式以跑步和各类球类运动为主。

**生活娱乐的性别和专业差异**　女生的生活消费支出高于男生，闲暇时间也略多于男生，在闲暇活动方式中女生选择逛街和与同学、朋友交流的方式的比例明显多于男生。另一方面，男生身体素质比女生好；男生坚持锻炼的人数和次数都比女生多。女生和理工科专业的交往圈子相对较窄。

**表1　月生活支出**

| 性别 | 500元及以下 | 501~1000元 | 1001~1500元 | 1501~2000元 | 2001元及以上 | 合计 |
|---|---|---|---|---|---|---|
| 男 | 32<br>（27.1%） | 74<br>（62.7%） | 10<br>（8.5%） | 1<br>（0.8%） | 1<br>（0.8%） | 118<br>（100.0%） |

续表

| 性别 | 500 元及以下 | 501~1000 元 | 1001~1500 元 | 1501~2000 元 | 2001 元及以上 | 合计 |
|---|---|---|---|---|---|---|
| 女 | 6（14.6%） | 20（48.8%） | 9（22.0%） | 4（9.8%） | 2（4.9%） | 41（100.0%） |
| 合计 | 38（23.9%） | 94（59.1%） | 19（11.9%） | 5（3.1%） | 3（1.9%） | 159（100.0%） |

## 三、情感婚恋

**择偶标准、途径、婚恋状况与生育计划** 人品、性格和相貌成为博士生择偶的主要标准。如果突出学历标准，一半以上受调查者希望伴侣的学历在本科或本科以上，但大多数人没有要求伴侣也为博士学位，如表 2 所示。接近七成的受调查者是或尝试通过在同学中或通过同学、同事、朋友介绍认识的途径择偶。如果突出作为择偶途径的网络交友和网络恋爱，一半的受调查者持接受和尝试的理性态度，如表 3 所示。七成以上受调查者已婚或有了男（女）朋友。由于大多数博士生正处于婚育的黄金时间，我们对已婚博士生的生育态度进行了调查。已婚的受调查者中有 60.3% 的明确表示在读博期间不打算生孩子，有 33.8% 的受调查者则有此打算或表示会顺其自然。在性别差异方面，女博士生（72.7%）表示不会在读博期间要孩子的比例超过男博士生（54.3%），男博士生（23.9%）更多持顺其自然的态度，如表 4 所示。

表 2 能接受的伴侣学历

| 性别 | 不低于大专 | 不低于本科 | 不低于硕士 | 也是博士学位 | 视具体情况而定 | 无所谓 | 合计 |
|---|---|---|---|---|---|---|---|
| 男 | 21（30.7%） | 51（40.4%） | 8（7.0%） | 3（8.8%） | 18（1.8%） | 15（12.9%） | 116（100.0%） |
| 女 | 1（2.4%） | 11（26.8%） | 10（24.4%） | 3（7.3%） | 10（24.4%） | 6（14.6%） | 41（100.0%） |
| 合计 | 22（14.0%） | 62（39.5%） | 18（11.5%） | 6（3.8%） | 28（17.8%） | 21（13.4%） | 157（100.0%） |

表 3 择偶途径

| 性别 | 在过去或现在的同学中寻找 | 通过同学、朋友、同事介绍认识 | 通过家人或亲戚介绍认识 | 通过网络聊天来交友发展 | 通过网络机构（包括网络婚介机构认识） | 在同事中寻找 | 旅途偶遇或邂逅 | 其他 | 合计 |
|---|---|---|---|---|---|---|---|---|---|
| 男 | 35（30.7%） | 46（40.4%） | 8（7.0%） | 10（8.8%） | 2（1.8%） |  | 5（4.4%） | 8（7.0%） | 114（100.0%） |
| 女 | 20（50.0%） | 6（15.0%） | 3（7.5%） | 1（2.5%） | 1（2.5%） | 1（2.5%） | 4（10.0%） | 4（10.0%） | 40（100.0%） |
| 合计 | 55（35.7%） | 52（33.8%） | 11（7.1%） | 11（7.1%） | 3（1.9%） | 1（0.6%） | 9（5.8%） | 12（7.8%） | 154（100.0%） |

**表 4　读博期间是否要孩子**

| 性别 | 不打算 | 有此打算 | 顺其自然 | 说不清 | 合计 |
|---|---|---|---|---|---|
| 男 | 25<br>（54.3%） | 6<br>（13.0%） | 11<br>（23.9%） | 4<br>（8.7%） | 46<br>（100.0%） |
| 女 | 16<br>（72.7%） | 3<br>（13.6%） | 3<br>（13.6%） | | 22<br>（100.0%） |
| 合计 | 41<br>（60.3%） | 9<br>（13.2%） | 14<br>（20.6%） | 4<br>（5.9%） | 68<br>（100.0%） |

**生活价值取向**　健康、才华、诚信和金钱是大多数受调查者的主流选择。当工作事业和婚姻家庭发生冲突时，一半的受调查者表示会以婚姻家庭为重。对于越来越多的女性接受博士高等教育，博士生群体大多是以平常心或欣赏的态度来看待。相比而言，女博士生的自我认知要高于男博士生对女博士生的认知。

**心理健康**　受调查者的心理健康状况并没有像生理健康状况那样乐观，近九成的受调查者偶尔或经常有苦闷、压抑和孤独的感觉。而引起这种不良情绪的主要原因是科研、就业压力和与恋人或配偶分开两地。值得注意的是，受调查者博士生压力和危机的缓解途径相对单一，六成以上人选择独自面对，如表 5 所示。

**表 5　如何缓解生活或情感危机**

| 性别 | 自己解决，积极面对 | 独自消沉，不知道怎么办 | 向好朋友、同学倾诉并寻求解决办法 | 寻求心理咨询倾诉 | 向学校、导师寻求帮助 | 找陌生人（如网友）倾诉 | 向父母亲倾诉 | 合计 |
|---|---|---|---|---|---|---|---|---|
| 男 | 77<br>（65.3%） | 8<br>（6.8%） | 25<br>（21.2%） | 1<br>（0.8%） | 1<br>（0.8%） | 3<br>（2.5%） | 3<br>（2.5%） | 118<br>（100.0%） |
| 女 | 21<br>（51.2%） | | 16<br>（39.0%） | | 1<br>（2.4%） | | 3<br>（7.3%） | 41<br>（100.0%） |
| 合计 | 98<br>（61.6%） | 8<br>（5.0%） | 41<br>（25.8%） | 1<br>（0.6%） | 2<br>（1.3%） | 3<br>（1.9%） | 6<br>（3.8%） | 159<br>（100.0%） |

**情感婚恋**　不同性别或专业存在着一定的差异，择偶标准上女生重能力，男生看相貌的现象比较突出。女生对伴侣的学历要求要高于男生，仅有 2.4% 的女生能接受大专学历的伴侣。女生在择偶途径上表现出比男生更多的主动性，主要表现在女生中通过在同学中寻找或旅途中邂逅择偶的比例远高于男生，而男生不少是通过介绍认识或网络聊天发展来择偶。在婚姻状况上，女生已婚和有朋友的比例均高于男生。但在读博期间，女生表示无生育计划的比例远高于男生。对于接受博士教育，女生对自我的认知和评价均高于男生。女生承受科研压力的比例较大，而男生中因为与恋人或配偶分开两地而感到苦闷的比例较大。社会科学专业的受调查者在科研和就业两方面均承受着较大的压力。在压力和危机的缓解方面，男生大多选择独自

承担，女生则会通过倾诉去寻求解决。

## 四、就业期望

**专业信心**　受调查者对自己专业的发展和前景较有信心。

**就业综合期望和收入期望**　奔“前”程和“钱”程是大多数博士生的首要选择，发展前景、薪资待遇和个人志向、兴趣成为就业的主要考虑因素。受调查者对毕业后的税前月薪期望均值为 6282.5 元。考虑性别和专业差异，男生和女生的税前月薪期望值分别为 6486.0 元和 5726.5 元，工学、理学和社会科学专业的税前月薪期望值分别为 7185.0 元、5860.0 元、5372.1 元。

**对就业的积极和消极影响因素的认知**　较多人认为在读期间所做的工作和所属专业是找到满意工作的关键。专业限制、社会关系和背景以及年龄被认为是影响就业的主要消极因素。高学历、科研和工作能力则被认为是找到满意工作的主要积极因素，如表 6 所示。

**表 6　找到满意工作主要看**

| 性别 | 所属专业 | 博士期间所做的工作 | 导师的推荐作用 | 学校的量级 | 自己的社会交往能力 | 其他 | 合计 |
|---|---|---|---|---|---|---|---|
| 男 | 34（28.8%） | 55（46.6%） | 8（6.8%） | 8（6.8%） | 10（8.5%） | 3（2.5%） | 118（100.0%） |
| 女 | 10（24.4%） | 20（48.8%） | 1（2.4%） | 3（7.3%） | 5（12.2%） | 2（4.9%） | 41（100.0%） |
| 合计 | 44（27.7%） | 75（47.2%） | 9（5.7%） | 11（6.9%） | 15（9.4%） | 5（3.1%） | 159（100.0%） |

| 专业 | 所属专业 | 博士期间所做的工作 | 导师的推荐作用 | 学校的量级 | 自己的社会交往能力 | 其他 | 合计 |
|---|---|---|---|---|---|---|---|
| 理学 | 11（22.0%） | 28（56.0%） | 2（4.0%） | 2（4.0%） | 6（12.0%） | 1（2.0%） | 50（100.0%） |
| 工学 | 20（29.9%） | 36（53.7%） | 2（3.0%） | 2（3.0%） | 7（10.4%） |  | 67（100.0%） |
| 社会科学 | 14（34.1%） | 11（26.8%） | 4（9.8%） | 7（17.1%） | 1（2.4%） | 4（9.8%） | 41（100.0%） |
| 艺术学 |  |  | 1（50.0%） |  | 1（50.0%） |  | 2（100.0%） |
| 合计 | 45（28.1%） | 75（46.9%） | 9（5.6%） | 11（6.9%） | 15（9.4%） | 5（3.1%） | 160（100.0%） |

**对就业的个人优势认知**　38.6% 的受调查者认为是高学历，22.8% 的认为是科研能力，21.5% 的认为是工作能力。在性别差异方面，男生更多地认为自己的优势

在于工作（24.8%）和科研（24.8%）能力；女生则更多地以高学历（60%）为自己最大的优势。

**就业的行业、地域期望**　六成以上的受调查者将高校或研究所 / 院作为就业去向，准备继续读博后的在一成左右，如表 7 所示。近一半的受调查者以上海或江浙地区作为首选工作地点，如表 8 所示。

表 7　毕业后去向

| 性别 | 高校或研究院 / 所 | 国家机关 / 政府部门 | 各类企业 | 自主创业 | 在国内做博士后 | 到中国或国外做博士后 | 说不准，看情况 | 其他 | 合计 |
|---|---|---|---|---|---|---|---|---|---|
| 男 | 66（56.4%） | 7（6.0%） | 15（13.0%） | 2（1.7%） | 4（3.4%） | 8（6.8%） | 14（12.0%） | 1（0.9%） | 117（100.0%） |
| 女 | 31（75.6%） | 2（4.9） | 1（2.4%） |  |  | 2（4.9%） | 5（12.2%） |  | 41（100.0%） |
| 合计 | 97（61.4%） | 9（5.7%） | 16（10.0%） | 2（1.3%） | 4（2.5%） | 10（6.3%） | 19（12.0%） | 1（0.6%） | 158（100.0%） |

表 8　工作首选地点

| 性别 | 上海或江浙地区 | 家乡或家乡省会城市 | 大中型经济发达城市 | 其他省会城市 | 中西部城市 | 港澳台或国外 | 无所谓 | 合计 |
|---|---|---|---|---|---|---|---|---|
| 男 | 53（44.9%） | 26（22.0%） | 16（13.6%） | 2（1.7%） | 4（3.4%） | 4（3.4%） | 13（11.0%） | 118（100.0%） |
| 女 | 26（63.4%） | 4（9.8%） | 6（14.6%） | 2（4.9%） |  |  | 3（7.3%） | 41（100.0%） |
| 合计 | 79（49.7%） | 30（18.9%） | 22（13.8%） | 4（2.5%） | 4（2.5%） | 4（2.5%） | 16（10.0%） | 159（100.0%） |

**就业期望有关性别、专业差别**　理学专业受调查者显得信心不足。在就业综合期望方面，男生重发展前景和薪资待遇，女生重工作轻松、稳定和个人兴趣、志向。在就业收入期望方面，男生比女生的月薪期望值高，工学专业的收入期望值最高，社会科学专业的收入期望值最低。在影响就业的消极因素方面，男生（尤其是理学专业的男生）大多认为是专业限制，而女生则认为是性别歧视。女生将找到满意工作的筹码押在高学历上，而男生更注重的是科研和工作能力。七成以上女生选择去高校或科研院所就业，男生则比女生更多地倾向去各类企业。理学和社会科学的受调查者去高校的比例相对较大，工学专业的去企业的比例相对较大。男生比女生更倾向于回家乡或家乡省会城市就业，女生比男生更倾向于在上海或江浙地区就业。

**结语**　我们的调研结束了，但是关于博士研究生教育的思考却没有停止。博士研究生的培养涉及诸多方面的因素，既与学校能提供的科研条件、导师水平、入学、毕业考核机制等方面情况有关，也和我国整个学术界的大环境息息相关。我们需要给予博士生群体的不仅要有一流的科研条件，更要有宽松和谐的人文环境。希望此次调研能够引起有关方面更加客观、理性、全面地关注博士生群体生存状况，能够为博士研究生教育改革提供有益的素材和参考。

（本文发表于《中国研究生》2007 年第九期，P.40–42，作者为严志兰、方伟）

## 3.2 教研初探：首篇教研论文的撰写经历

上文提到的第一篇中文论文尽管与教育有一点点关系，但与物理教研无关。笔者第一篇真正意义上的物理教研论文完成于 2013 年，发表在 2014 年的《物理教学》杂志上。这篇论文的发表也是蛮有意思的。与上一篇论文一样，这也不是计划之中的论文，而是基于学生线上问题请教和讨论引发的。

笔者给物理系本科生教授普通物理《热学》课程，因此会有高年级或已毕业的学生在遇到相关问题时来找到笔者讨论。如果是线下口头讨论，可能不会留下文字痕迹，也不会有多次反复探讨。但笔者于 2013 年 4 月到 2014 年 4 月在美国哈佛 – 史密森天体物理中心（CfA）访学，有一位 2010 级徐姓高年级同学在 QQ 上向笔者请教对温度、内能等相关知识概念的理解，印象中我们的线上讨论断断续续持续了好几天，讨论的内容也不断拓展与加深，从一开始的温度、内能拓展到蒸发与热传递的关系，更是讨论到了上海高中物理教材中的一个问题的答案是否合理，还由此讨论了其他的公开考卷中存在的类似问题。

这样的讨论之后，笔者突然想到，既然存在这些问题，那可能在中学一线课堂教学中也存在这些问题，何不将其成文试着投稿？于是将这个写作任务交给小徐同学，经过约十稿的来回修改，其间还将论文初稿发给物理系的朱炯明教授和笔者的大学同学丁成祥博士（现已是安徽工业大学教授）对本文提出修改意见，最终于 2013 年 8 月 23 日定稿，投给《物理教学》杂志，并最终发表。现在想来，那段教研讨论还是很有纪念意义的，师生之间相隔广阔的太平洋日夜颠倒（中美时差 12 小时）地讨论物理教学问题，并能见刊，实属难得。之后笔者建议小徐同学将本科毕业论文选择为热学方向，继续深耕，最终该生的毕业论文也拿到了当年的优秀本科毕业论文。这位同学也在几年后再次考回本校的学科教学（物理）专业读研，现已是一名中学物理教师。

# 蒸发与热传递关系辨析

[摘要]通过对“写在纸上的墨水干了,其内能的改变是通过什么方式实现的？”这一问题的一系列分析和研究，厘清蒸发、热传递、内能改变等知识点及它们之间的联系和区别。提醒广大物理教师要注重物理教学的科学性和严谨性。

[关键词]热学　热传递　蒸发　内能　湿度

## 一、引言

在高中二年级物理课本（上海科技出版社）中第七章第一节“物体的内能”的“自主活动”中有这样一个问题：指出下列各例中内能的改变是通过什么方式实现的？其中有一小例是问“写在纸上的墨水干了”是通过什么方式实现的。“标准答案”为热传递。很多学生对于这一题的认识通常都是内能变化的两个途径是做功和热传递。墨水干了显然不是由于做功，那只能是通过热传递了，很多教师也是基于这种非此即彼的解释忽略了对问题的深入分析和讲解，给学生留下了疑惑。

既然题目问内能的改变（墨水变干）是通过什么方式实现的，那我们可以理解为标准答案认为“纸上的墨水变干是通过热传递方式实现的”。果真如此吗？那我们要问到底是通过热传递中的哪一种或哪几种实现墨水变干的？热传递发生需要温差，如果墨水温度和环境温度不存在温差，墨水就不会变干吗？相反，如果环境温度远高于墨水温度，墨水就一定能变干吗？再有，墨水变干过程中内能就一定发生改变了吗？

类似题目不仅出现在书本上，也出现在试卷上。下面是上海市浦东新区2012—2013学年高二物理上学期期末质量抽测试卷中填空题的第②小题，现有下列四个物理过程：①池水在阳光照射下温度升高；②用锤子敲击钉子，钉子变热；③写在纸上的墨水干了；④用锉刀锉铁块，铁块变热。其中通过做功改变物体内能的过程有<u>② ④</u>，通过热传递改变物体内能的过程有<u>① ③</u>。另外一道是上海市徐汇区2011年第一次模拟考试选择题的第6题：下列改变物体内能的物理过程中，通过热传递的方法来改变物体内能的有（A）。

A. 写在纸上的墨水干了

B. 用锯子锯木料，锯条温度升高

C. 搓搓手就感觉手暖和些

D. 擦火柴时，火柴头燃烧起来

看来此问题相当普遍，值得我们去深入分析并做出一定的澄清。写在纸上的墨水变干是常见的蒸发现象，而热传递则是另一个常见的物理现象，要分析清楚这一问题，我们应该先厘清蒸发和热传递现象的联系、区别及发生条件，再去深入分析题目的科学性和严谨性。

## 二、名词解释

### （一）内能

从热力学的角度来看，内能是系统内所有分子无规则热运动动能和分子间相互作用势能的总和[1]。温度是对分子热运动剧烈程度的定量描述[2]。分子势能则是由于系统内的分子之间存在相互作用力而具有的。相同情况下，分子势能的大小取决于分子间距，因此它和物质的体积及状态有关[2]。

### （二）热传递

只要物体之间或同一物体的不同部分之间存在温度差，就会发生热传递，直到温度相同为止。发生热传递的唯一条件是存在温差，与物体的状态、物体间是否接触等无关[4]。热传递有三种不同形式，分别为热传导、对流和热辐射[3]。热传递过程中发生的是能量的转移而非转换。

### （三）蒸发

蒸发是在任意温度之下均可发生在液体表面的物质从液态缓慢转化为气态的现象。从微观上解释，即便液体温度很低，任何时刻总有一些分子具有足够大的动能来克服液体内分子对它的吸引而脱离液面变成气体[5]，所以蒸发可在任何温度下进行。当然，飞出的分子也有可能由于相互碰撞而重回液体，当飞出液面的分子多于飞回的时候，液体就在蒸发。蒸发的快慢与温度高低、表面积大小及空气流动的快慢有关，但蒸发能否发生却是由空气中的水蒸气含量有没有达到饱和来决定的，即与空气湿度有关，与其他因素无关。

### （四）湿度

湿度有绝对湿度（Absolute humidity）和相对湿度（Relative humidity）两个概念。绝对湿度是指单位体积的气体中所含水分的质量，一般用 mg/L 来衡量。相对湿度是指绝对湿度与该温度下大气中所含水蒸气的饱和量之比，显示了水蒸气的饱和度有多高，用百分数表示。空气中容纳水蒸气的能力（最高湿度）随温度的增加而增加。相对湿度为 100% 的空气是水蒸气饱和的空气，此时逃离液面的分子与返回液面的分子数相同，蒸发不再发生[6]，对应此时的温度称为露点。夏天，在气温相同的情况下，沿海地区会显得比内陆地区更加闷热。部分原因是沿海地区的空气湿度比内陆地区要高很多，在相对湿度较高的情况下，蒸发较难进行。

## 三、题目分析

有了以上知识介绍，我们再来讨论引言中的问题：蒸发与热传递的关系。我们以问答的形式给出问题和我们的解释。

### （一）蒸发（墨水变干）是由于热传递吗？

任何时刻液体中都有分子离开液面，空气中也有液体分子回到液体中，但宏观上的蒸发是个自发的不可逆过程。只要空气中的相对湿度没有达到100%（饱和），蒸发就一定会发生，与热传递无必然联系，但蒸发往往会导致热传递。比如当液体与外界温度相同时，由于蒸发导致液体温度降低，因而会使液体与外界出现温度差，从而发生热传递[7]。另一方面，热传递会加快蒸发。若给液体或液体上方的空气加热，都能加快蒸发过程。因为温度越高，大气的相对湿度越低，蒸发越快。相反，在梅雨季节，空气湿度一般较大，蒸发难以进行，晾晒衣物难以变干；人会觉得身上粘粘的，因为汗液难以蒸发。不仅如此，有时候甚至会出现湿度接近100%的情况，此时大气中水蒸气饱和，蒸发无法进行，在玻璃墙面及瓷砖地面上会出现凝结成水滴的现象。

### （二）蒸发过程一定吸热吗？

前面提到，能克服液体表层分子的吸引而跑出来的分子具有的动能比系统的分子平均动能大，因此留存在液体内部的分子所具有的平均动能必然变小，若外界不给液体补充能量，液体的温度必然下降，这就是常说的蒸发制冷效应，蒸发会带走热量。但是这并不代表所有的蒸发都一定会吸热。在某些情况下，蒸发过程可以不吸热。现在我们分三种情况进行讨论（此三种情况均在蒸发能够正常进行的前提下，即空气中的水蒸气没有达到饱和）：

**1. 液体温度高于环境温度**　此种情况对应冬天的一杯热水。先不考虑蒸发，由于存在温度差，液体与外界发生热传递，向外放热，自身温度降低。同时，由于大气中的水蒸气未达饱和，蒸发也在同时进行，它也使得存留液体的温度降低，即蒸发与热传递现象同时发生，它们不互为因果，共同加快液体的冷却。这也启示我们，要加速冷却热水，让其迅速达到室温，打开杯盖是个正确的选择。注意此种情况下，由于环境温度低于液体温度，液体在蒸发过程中不仅没有从外界环境中吸热，反而要向外放热。因此对于液体温度高于环境温度的情况，液体一边蒸发一边向外放热。放热不是因为蒸发，但蒸发反过来会加快液体的冷却。最终结果是液体温度会不断下降，直至液体温度等于环境温度。

**2. 液体温度等于环境温度**　若不考虑蒸发，则不会发生热传递。由于空气中水蒸气未达饱和，液体自发蒸发，温度降低。这时，液体温度便低于环境温度，从外界吸热，使周围物体冷却，这就是我们所说的蒸发吸热效应了。但此处要注意：是蒸发的自发进行导致液体温度的降低，进而导致热传递现象的发生（吸热），而不是热传递导致蒸发。

**3. 液体温度低于环境温度**　此种情况对应夏天的一杯凉水。先不考虑蒸发，由于液体温度低于周围物体，存在温差，因此会通过热传递从外界吸热，其趋势是使液体温度升高。与此同时，由于液体的蒸发能发生在任何温度下，因此液体蒸发也在进行，其趋势是从液体内部吸热，导致液体温度降低，总体效应是此时的蒸发延缓凉水在空气中的升温。由前面的分析可知，若此时将杯壁换成绝热材料，那么凉水的蒸发速度必将变慢，也就是此时的热传递可以加速蒸发的进行。我们也同样得到启示，要想让这杯凉水尽快升温，达到周围环境的温度（如室温），应该把杯口盖上。这和想让热水尽快达到室温凉下来的方法正好相反，但其物理本质是一样的。

综上分析得出结论，蒸发过程不仅可以伴随着吸热，也可以伴随放热，但蒸发现象的发生与否却不是由这种吸热或放热的热传递引起的。

### （三）蒸发（墨水变干）过程液体的内能一定改变吗?

引言中提到的三个题目均问到内能的改变是通过什么方式实现的，也就是说出题人默认蒸发过程中（“写在纸上的墨水干了”）液体的内能一定改变了，其实也不尽然，下面就此问题做一讨论。

讨论以下一个理想实验，考察一杯水和一大瓶干燥空气，温度同处于室温。现把这杯水放入装干燥空气的这个大瓶中，且将该瓶密封并与外界绝热。显然，水马上开始蒸发，水温开始降低。等足够长的时间以后，蒸发就会停止，此时空气与水会达到一个共同的温度，且该温度一定略低于室温。由于水和空气密封且与外界绝热，它们的总内能并没有发生改变，那为何温度降低呢？原来内能是分子动能和分子势能之和，水和空气的温度（分子平均动能）降低了，但是有部分液态水变成水蒸气，分子势能增加了，而它们的总和却没有改变。若此时让大瓶与外界不绝热（但继续密封），则容器开始从外界吸热（发生热传递），蒸发继续，水的内能不断增加，直到容器内系统的温度与室温相同，水蒸气达到饱和，蒸发再次停止。此时若进一步将此瓶口敞开，由于外界大气一般都不会达到饱和，因此蒸发又将继续，水也不断从外界吸热，水的内能不断增加，直至所有的液态水均蒸发为水蒸气。

综上分析可见，蒸发过程中，水的内能并不一定总是增加，如果与外界绝热，蒸发过程中水的总内能可以保持不变。尽管在现实生活中不存在绝热的情况，按照上面的分析，水蒸发导致液体温度降低，必然会从环境中吸热，因而水的内能确实会增加；把上面讨论中涉及的水换成“纸上的墨水”，结论同样成立。但是让我们考虑一种特殊情况。若墨水的温度本就比环境温度高，也就是在绝热密封情况下，墨水蒸发降温过程中与大瓶中的空气达到的最终温度等于甚至是高于外界的温度，此时即便是大瓶与外界不绝热，外界也不可能传递热量给瓶内的墨水，因此墨水与变成水蒸气部分的水的总内能不可能增加。此种情况在现实中也并非不可能。寒冬腊月在户外用刚从温暖的室内拿出来的墨水写对联，此时写好的对联上的墨水变干即属于此种情况。当然此种情况似有钻牛角尖之嫌，但学术讨论只讲究正确性，需要容其所有可能。

## 四、结论

综上讨论得出结论，说“纸上的墨水变干是通过热传递的方式改变内能的”这一说法至少是不严谨的。其一，墨水变干内能并不总是会改变的；其二，此种说法容易让学生误以为墨水变干（蒸发）的原因是热传递。墨水变干的本质是蒸发问题，而蒸发并不是热传递导致的。恰恰相反，蒸发过程往往会导致热传递。不过，根据初始条件的不同，蒸发导致的热传递既可以是吸热的，也可以是放热的。同样由于初始条件的不同，蒸发过程中液体的内能也不总是增加的，在某些情况下它可以不变，甚至还可以减少。如果在此类题目的题干中增加“在阳光下”或者“加热的情况下”这个前提，就不会引起争议。由此可见，我们应该非常慎重地出好每一道题目，让其经得起学术上的推敲，特别是教科书上的题目更是如此。我们发现在中考试卷中出现类似考点的考题时均加上了前面提到的前提条件，避免了题目可能出现的争议，但在出平时的练习题时也应该加以注意。作为一线教师，也应该对可能出现的疑点深入推敲，向学生讲透彻，不放过一点蛛丝马迹。由于知识的广度和深度等问题，本文对正在学习该知识的中学生来说可能太过繁琐，但是对于一线的中学教师和师范院校物理系的学生而言，具有一定的参考价值。

## 参考文献

[1] 秦允豪 . 普通物理学教程 . 热学 [M]. 北京：高等教育出版社，2011：203–204.

[2] 张越，徐在新 . 高级中学课本　物理（高二年级第一学期）[M]. 上海：上海科学技术出版社，2012：2–3.

[3] 张越，徐在新 . 九年级义务教育课本　物理（八年级第二学期）[M]. 上海：上海教育出版社，2011：37–38.

[4] 王竹溪 . 热力学 [M]. 北京：高等教育出版社，1955：58.

[5] 葛永宁 . 蒸发、吸热与内能的关系 [J]. 考试（初中版），2005（5）.

[6] 张红霞 . 热工基础 [M]. 北京：机械工业出版社，2011：181–182.

[7] 范迎春 . 蒸发吸热及其致冷 [J]. 初中生世界，1994（1）.

（本文发表于《物理教学》2014 年第一期，P.35–37，作者为徐梦莎、方伟）

## 3.3 从“错误”中寻觅：在批判中发现研究契机

前文中的两篇论文均是“无心插柳之作”，但开启了笔者的大学和中学物理教研之路。2014 年访学回国后，笔者开始对物理教育研究（Physics Education Research，PER）很感兴趣。此时距笔者首次参加工作已有五年多，不再受困于物理教学内容，有了更多精力去关注和思考育人、教研和教学改革的内容。这其实也是所有中学物理教师面临的问题，在工作五年左右之后，从一开始课堂教学的匆忙面对，到逐渐地得心应手，但个人的职业生涯瓶颈期也将到来，继续重复教学的积累所产出的边际效益在不断递减。此刻，教师实际上也迎来了从“经验型教师”向“研究型教师”过渡的契机。若能走上教研之路，职业生涯会在瓶颈期后迎来再一次腾飞；反之，则进入“不日进则日退”的泥淖。

从已发表的物理教研文献中发现可能继续深入讨论的生长点，是快速进入物理教研、快速发表文章的好方法，笔者接下来的两篇论文均与此相关，是为“有心之作”。

如何能从已有的论文中寻找继续讨论的生长点呢？可以从如下几个角度来思索。一看该论文的内容和结论本身是否有商榷之处，或对结论的解释是否存在其他可能？二看论文中的问题是否有其他的方法来解决？三看该论文中的方法是否可以迁移应用到其他问题的解决中？四看论文中的问题是否有限制条件？如果扩展一下，会有什么新的结论？

此处的“四看”其实就是教研论文写作的创新和借鉴，科学研究都是站在巨人的肩膀上前行、不断接力的。每人一点小创新，整个科研共同体汇聚的力量就会很大。有句颇具争议的话是“天下文章一大抄”，但是从教研、科研的角度来看，完全可以很正面地理解这句话。此处的抄就是借鉴，借鉴他人的方法、他人的思路去解决另一个新问题，这就是创新。钱锺书曾经说过：“要自己的作品能够收列在图书馆的书里，就得先把图书馆的书安放在自己的作品里。”这句话很好地诠释了传承与借鉴的关系，也是笔者一再强调要多读而后方能写的原因。有一个较为极端的例子，王国维先生在其名著《人间词话》中说，古今之成大事业、大学问者，必经过三种之境界，分别是“昨夜西风凋碧树，独上高楼，望尽天涯路”“衣带渐宽终不悔，为伊消得人憔悴”“众里寻他千百度，蓦然回首，那人却在，灯火阑珊处”。这三重境界说显然是王国维先生的独创，这三句唯美的词完美地诠释了王国维先生的三重境界说，放在一起毫无违和感，简直妙不可言。但这三句词并非王国维先生为他的三种境界说所作的新词，而是分别摘自晏殊、柳永和辛弃疾的已有作品，前两位著名词人生活在北宋，最后一位生活在南宋，时间跨度近 200 年。但王国维先生将三句词“抄”在了一起，俨然已是一首新作。我们能说这三重境界说是抄袭之作吗？不仅不能，而且这个“新词”和三重境界说的独创性还相当高。

2014 年，笔者读到《物理教学》上的一篇论文，探究气态变化椭圆图像成立的条件。笔者一直进行普通物理热学课程的教学，对热学相关问题格外关注。在阅读完该论文之后，觉得作者所用的数学技巧较为巧妙，但是认为其在解释得到的气态变化椭圆形图像成立的条件后，并没有给出足够的解释，有意犹未尽的感觉，遂和同事一起，讨论了圆形可逆循环过程中的温度极值问题。我们发现 $p$-$V$ 图上圆形循环过程对应的最低温度并不一定就是之前以为的离原点最近的那个唯一点，很可能有两个温度极小值点，且两个温度极小值关于 $p=V$ 直线对称。在这种情况下，论文中的答案需要更新。我们由此撰写的论文最终于 2015 年发表在《物理通报》杂志上。循着这篇论文的思路，笔者还将其拓展成物理师范本科生的毕业论文题目。

前章提到，笔者于 2015 年研读到一篇发表在《大学物理》上的论文，内容是如何计算分形物体的转动惯量。这篇论文拓展了《美国物理杂志》上的一篇文章的思路，利用量纲分析、标度变换、平行轴定理等，不用微积分，即可求得某些分形物体的转动惯量。这篇论文思路巧妙，方法简单，物理图像清晰。但笔者注意到，数学上的分形，有些是长度无穷但面积为零的，有些是表面积无穷但体积为零的，这种分形物体的质量显然为零，何来转动惯量？这就是找到了沿着这个文章继续讨论的切入点。这两篇文章的出发点没错，方法也没错，那问题出在哪里？因此，我们沿着这两篇文章的思路和方法，首先对真实的物理分形物体与理论上的数学分形进行了概念界定和区分，然后利用递推法求出了真实的物理分形物体的转动惯量，所得结论在趋向理论上的数学分形时，能回到已有文章的结论，巧妙地解决了这个问题，而且物理图像也很清晰。

我们的工作完成后，很快就被《大学物理》杂志接受。这里也告诉读者一个技巧，当你能真正找到某一期刊论文的可以拓展的重要创新点之后，你接下来的工作和成果大概率能发表在这个期刊之上，因为你所讨论问题的起点就已经达到了该期刊的水平，此时相当于拿捏住了七寸，只要结论正确、写作没有问题，可以说杂志此时是不得不发的。试想一下，你如果发现 *Physical Review Letters*（PRL）杂志上的一篇论文的问题（非打印、排版等小错误）和可以拓展的创新点之后，你依此写出的论文很可能能发在这个期刊上，即便发不了 PRL，至少可以发表在 *Physical Review* 系列的杂志上。这是笔者第一篇发表在《大学物理》上的杂志，当时还是很高兴的。因为《大学物理》期刊是国内关于大学物理教学研究的最好期刊，也是笔者在大学读书时喜欢看的期刊，其上所发表的论文完全可以与国际上同类刊物相媲美。尽管从科研考核来看，在《大学物理》上发的这篇论文只是核心，其“价值”甚至都比不上 SIC 四区和 EI 论文，但当时觉得比笔者发一篇“*Physical Review D*”文章还要高兴，因为这是个人研究领域从 $n$ 维向 $n+1$ 维的扩展，意义不同。之后笔者指导几个研究生继续利用这个递推方法，求解了其他几个分形物体的转动惯量，又发表了一篇文章，当然此篇论文的创新性相比前篇就小了一些。

初高中有多版教材，对教材的研究也是教研论文的重要方向。比如，不同版本教材的对比研究、新教材与新课标一致性研究、教材各栏目的深入分析等等。由于笔者长期给大学生教授普通物理课程，因此对初高中教材的科学性、严谨性尤为关注，在研究初高中教材时，就会格外关注到相关问题，因而也有了一些教研成果。

笔者在研读初中教材时，发现不少教材将比热容简称为比热，深究这个“比”“热容”“热”的概念，会发现需要厘清这些概念的区别。于是笔者指导研究生一起追根溯源，对比热和比热容的概念变迁做了深入而全面的梳理，最后笔者对教材编写者和中学物理教师提出建议：须弃用“比热”一词，在所有的初高中教材以及授课中，凡涉及比热容这一概念时，都严格表述为“比热容”，而不要简称为“比热”。同时为避免引起混淆，在物理名词翻译中把 specific heat 和 specific heat capacity 都翻译成“比热容”，不能因为前者省略了单词 capacity，就直译成“比热”。

笔者研读了 2017 年版新课标颁布后新编的六版高中物理教材，发现部分教材呈现的分子速率分布图像不利于学生正确理解其物理意义。问题的根源在于编写者认为学生对速率概率密度函数的理解是个难点，因此做了一些简单处理，但编写者其实忽略了一个事实，即在数学学科，学生早已建立了频数分布直方图和频率分布直方图的概念，这两个概念的建立对学生理解分子速率分布做了很好的铺垫，使得学生对理解分子速率分布不存在太大困难。基于此，笔者和学生一起，发表了相关论文，在论文中着重强调不同学科之间进行融合创新和知识类比迁移的重要性。

笔者发现，中学物理教学有时候相当教条。比如有些省份的初中实验测量不要求估读，这其实是有问题的。是测量估读的难度超过了初二学生的理解和认知范围吗？显然不至于。实验的估读是一个可有可无可被忽略的存在吗？显然更不是。从核心素养的角度来看，估读的深层含义是承认任何实验都存在误差，我们没办法测到真实值，只能不断提高精确度，不断接近真实值。这里体现的是科学的严谨性，涉及的是核心素养的科学态度与责任。正如科学理论永远不可能是绝对真理一样，我们现在所学的物理理论在未来有可能被证明是错误的，但这并不影响它是科学的理论，因为我们是在不断地接近绝对真理，基于更精确的观测和更精密的仪器测量，不断完善和更新我们的科学理论。

笔者曾经参与过某市普通高中合格考评卷中心组的工作，其中遇到一个问题，一个雨滴从屋檐上自由下落，正好被教室内的同学透过窗户看见，不考虑空气阻力，问该同学看到的运动是什么运动？标准答案是匀加速直线运动，如果试卷上的答案写成是自由落体运动，则是错误答案。中学教师给出的理由在于：国内教材中对于自由落体运动的定义是，“在物理学中，把物体只在重力作用下从静止开始下落的运动称为自由落体运动（free fall motion）”，有初速度为零这个条件。甲同学在教室外看见雨滴从屋檐上下落，这是自由落体运动，但乙同学在教室内看见同样的雨滴通过窗户下落，这段运动的初速度不为零，此时若说这个雨滴在做自由落体运动，则是错误的。这道题及其标准答案的设定是想考查学生对概念的理解并培养学生的严谨精神吗？看似蛮有道理的，但在笔者看来难免有些教条和僵化，这样的教学怎能培养具有创新性的人才？其实对自由落体运动的定义很简单，就是只在引力作用下的运动就是自由落体运动，甚至都没有要求重力加速度为常数。因为从理论上说，不同高度的地方，哪怕相差 1 cm，重力加速度的大小理论上也是不同的。只是由于地球半径几千千米，而在地球表面人类活动的万米高空以内，重力加速度几乎是常数而已，这里涉及模型建构的问题。当时笔者想就此问题深入探讨，也做过一些调研，包括查阅国外和国内各版本教材关于自由落体运动的定义等，但后来调研发现，《湖南中学物理》在 2019 年第 5 期已有文章就此进行过阐述。尽管论文没写成，但至少说明这个论文选题的角度是正确的，已经有人关注到这个问题。读者们以后会慢慢体会到，在做教科研的时候，常常会发现自己刚想出的点子已经有人做过甚至已经公开发表了文章，这其实是好现象，无须为此感到遗憾，说明你已经入了物理教研的门道。

# 理想气体在圆形可逆循环过程中温度极值的讨论

［摘要］本文讨论了在 $p$-$V$ 图上圆形循环过程的理想气体的温度极值问题。结果显示，循环过程中的最高及最低温度和圆心坐标与圆的半径的比值有关。当该比值 $a \geqslant \sqrt{2}$ 时，循环过程中的最高及最低温度分别位于圆上离开原点最远和最近的点；而当 $a < \sqrt{2}$ 时，圆上会出现两个温度不同的极大值及两个温度相同的极小值，且两个温度极小值关于 $p=V$ 直线对称，其具体位置与 $a$ 的大小有关。

［关键字］$p$-$V$ 图　温度　极值　等温线

理想气体的压强随体积变化的关系，可在 $p$-$V$ 图上直观表示。由理想气体各参量所满足的函数关系，还可以推断出其温度变化。在中学物理竞赛或普通物理热学课程中常常碰到这样的试题：某理想气体状态的变化过程在 $p$-$V$ 图上是一个圆，求循环过程中的最高温度和最低温度各是多少？这类题目通常是通过等温线与圆有一切点并利用一元二次方程两根相等来求解，但是由于等温线与圆相切的情况有时比较复杂，因此这种解法实际上是有适用范围的。本文通过分析一道中学物理竞赛题目来讨论圆形可逆循环过程的温度极值问题。

## 一、问题的引出

### （一）原题及参考解答

第 15 届全国中学生物理竞赛预赛第七题如下：1 mol 理想气体缓慢地经历一个循环过程，在 $p$-$V$ 图中这一过程是一个椭圆，如图 1（a）所示。已知此气体若处在与椭圆中心 $O$ 点所对应的状态时，其温度 $T_0$=300 K，则在整个循环过程中气体的最高温度 $T_1$ 和最低温度 $T_2$ 各是多少 [1]？

如图 1 所示为理想气体在 $p$-$V$ 图上的可逆循环，其中图（a）为一般情况下的椭圆形式，图（b）为坐标归一化后的圆形，方便定量研究。

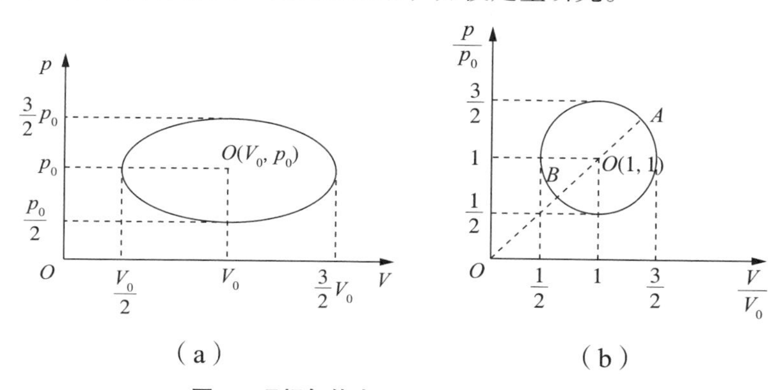


**图 1　理想气体在 $p$-$V$ 图上的可逆循环**

此题参考解答如下：图 1（a）给出的椭圆方程为：

$$\frac{(V-V_0)^2}{\left(\frac{V_0}{2}\right)^2}+\frac{(p-p_0)^2}{\left(\frac{p_0}{2}\right)^2}=1 \tag{1}$$

整理后可得：

$$\left(\frac{V}{V_0}-1\right)^2+\left(\frac{p}{p_0}-1\right)^2=\frac{1}{4} \tag{2}$$

方程（1）到（2）的变形相当于将图 1（a）所示的坐标轴归一化，得到如图 1（b）所示的圆。根据等温线离原点越近温度越低及等温线与圆相切时温度取极值，结合理想气体的状态方程 $pV=nRT$，最终可得到关于 $\frac{V}{V_0}$ 的二次方程（详细解答可见参考文献 1）：

$$\left(\frac{V}{V_0}\right)^2-\left(1+\sqrt{\frac{2T}{T_0}-\frac{3}{4}}\right)\frac{V}{V_0}+\frac{T}{T_0}=0 \tag{3}$$

等温线与椭圆相切时，温度取最大或最小值，所以上式两个根相等时温度取极值，即：

$$\left(1+\sqrt{\frac{2T}{T_0}-\frac{3}{4}}\right)^2-4\frac{T}{T_0}=0 \tag{4}$$

由方程（4）可得关于 $\frac{T}{T_0}$ 的一元二次方程：

$$4\left(\frac{T}{T_0}\right)^2-9\frac{T}{T_0}+\frac{49}{16}=0 \tag{5}$$

上式的两个解则分别对应最高温度 $T_1$ 与最低温度 $T_2$：

$$\frac{T_1}{T_0}=\frac{9+4\sqrt{2}}{8}，\quad \frac{T_2}{T_0}=\frac{9-4\sqrt{2}}{8} \tag{6}$$

### （二）极值温度在 p-V 图上的位置

结合图 1（b）可以发现，方程（6）中的最高与最低温度分别对应图（b）中的 $A$ 点及 $B$ 点，即圆与直线 $\frac{p}{p_0}=\frac{V}{V_0}$ 的两个交点。根据直线 $\frac{p}{p_0}=\frac{V}{V_0}$ 与横轴夹角等于 $\frac{\pi}{4}$ 及图 1（b）圆的半径等于 $\frac{1}{2}$ 可立即得到其坐标分别为：$A\left(\frac{p_A}{p_0}，\frac{V_A}{V_0}\right)$ 和 $B\left(\frac{p_B}{p_0}，\frac{V_B}{V_0}\right)$，其中 $\frac{p_A}{p_0}=1+\frac{1}{2}\cos\frac{\pi}{4}=1+\frac{\sqrt{2}}{4}$，$\frac{V_A}{V_0}$

$=1+\dfrac{1}{2}\sin\dfrac{\pi}{4}=1+\dfrac{\sqrt{2}}{4}$，$\dfrac{p_B}{p_0}=1-\dfrac{1}{2}\cos\dfrac{\pi}{4}=1-\dfrac{\sqrt{2}}{4}$，$\dfrac{V_B}{V_0}=1-\dfrac{1}{2}\sin\dfrac{\pi}{4}=1-\dfrac{\sqrt{2}}{4}$。根据 $pV=nRT$ 的关系可知，$A$ 点横、纵坐标的乘积 $\dfrac{p_A}{p_0}\cdot\dfrac{V_A}{V_0}$ 就等于 $\dfrac{T_A}{T_0}$，相应的 $B$ 点横、纵坐标乘积则等于 $\dfrac{T_B}{T_0}$，验算可发现它们的值就等于（6）式给出的答案。

另外，从得到方程（4）的过程来看，要求两根相等时温度取极值，其实是认为温度取极值时，该等温线与圆只有一个切点，此切点对应极高或极低温度。而从圆与等温线均关于直线 $\dfrac{p}{p_0}=\dfrac{V}{V_0}$ 对称来看，如果按照标准答案的理解，等温线与圆只有一个切点，那么这个切点只可能是图 1（b）中的 $A$ 点或 $B$ 点。

（三）一个切点假设的合理性

从以上分析可见，在解题过程中用到了一个未经证明的假设，即等温线与圆只能有一个切点。而这一假设又直接影响到图 1（b）上的 $A$、$B$ 两点是否确实唯一对应变化过程在 $p$-$V$ 图上表现为圆形的理想气体的最高与最低温度。事实上，由于双曲线和圆的斜率变化都比较复杂，因此直接使用这一假设的做法值得讨论。

## 二、等温线与圆的切点

为研究方便，假设某理想气体 $p$-$V$ 关系满足如下的圆方程：

$$(V-a)^2+(p-a)^2=1 \tag{7}$$

该圆圆心位于 $p$-$V$ 图上 $p=V$ 直线上，式中的压强 $p$ 和体积 $V$ 均为归一化的无量纲变量，圆的半径亦归一化为 1，因而此圆方程中只有一个参数，这样的表示方便我们后面的讨论，亦使得物理图像较为清晰。根据图 2 所示的等温线和圆曲线，可以分析该理想气体的温度最高点和最低点。

（一）温度最高点

图 2 中 $A$ 点处的等温线曲率与圆在该点处的曲率符号相反，因此不论等温线与圆的具体图像如何，它们之间只能有一个交点（切点），且为 $A$ 点。再根据等温线离原点越远，温度越高可知，$A$ 点确为圆上温度最高的点。

图 2 所示为理想气体在 $p$-$V$ 图上的圆形圆形可逆循环与等温线相切示意图循环，（$a$，$a$）为圆心坐标。$\theta$ 为 $OP$ 与 $OB$ 的夹角，$A$、$B$ 分别为离开原点 $O$ 最远和最近的点，过 $A$、$B$ 两点与圆相切的双曲线为等温线。

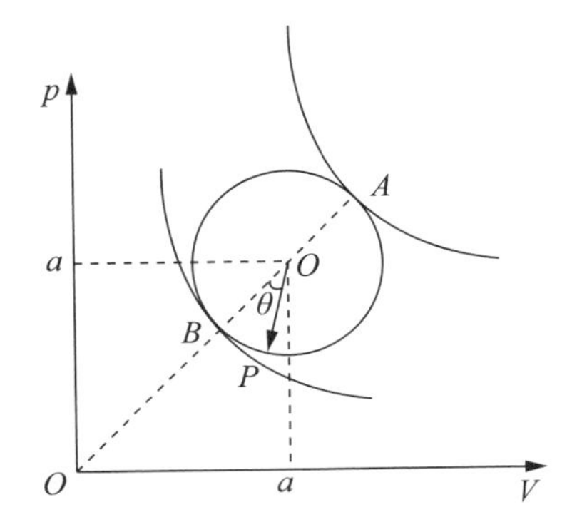


**图 3　圆形可逆循环与等温线相切示意图**

### （二）温度最低点

图 2 中 $B$ 点处的等温线曲率与圆在该点处的曲率符号相同，因此存在着切点不止一个的可能性。切点坐标可由温度对坐标的一阶导数和二阶导数确定。

为研究方便，取圆上任意一点 $P$，该点与 $OB$ 的夹角为 $\theta$，$P$ 从 $B$ 点开始逆时针转过一圈，则 $\theta$ 从 0 变化到 $2\pi$。点 $P$ 的横纵坐标分别为 $V=a-\cos\left(\frac{\pi}{4}+\theta\right)$，$p=a-\sin\left(\frac{\pi}{4}+\theta\right)$。根据理想气体状态方程 $pV=nRT$ 可知，圆上各点对应的温度变化规律正比于 $P$ 点的横纵坐标乘积 $pV$，因此其大小随 $\theta$ 变化，即：

$$T(\theta)\propto pV=(\cos\theta)^2-\sqrt{2}a\cos\theta+a^2-\frac{1}{2} \tag{8}$$

函数 $T(\theta)$ 关于 $\theta$ 的一阶和二阶导数分别为：

$$\frac{\mathrm{d}T}{\mathrm{d}\theta}\propto\sqrt{2}\sin\theta(a-\sqrt{2}\cos\theta) \tag{9}$$

$$\frac{\mathrm{d}^2T}{\mathrm{d}\theta^2}\propto 2(\sin\theta)^2+\sqrt{2}a\cos\theta-2(\cos\theta)^2 \tag{10}$$

（9）式给出的一阶导数等于零时，可解出温度极值点对应的 $\theta$。此时方程中的另一个参数 $a$ 就决定了极值点的个数，进而决定温度极值的性质。由（9）和（10）式可以发现，$a$ 的关键值等于 $\sqrt{2}$，具体分析如下：

情况一：若 $a>\sqrt{2}$，$\frac{\mathrm{d}T}{\mathrm{d}\theta}=0$ 给出 $\sin\theta=0$，有两个解 $\theta_1=0$ 和 $\theta_2=\pi$，分别对应图 2 中的 $B$、$A$ 两点，两点对应的 $\frac{\mathrm{d}^2T}{\mathrm{d}\theta^2}$ 分别等于 $\sqrt{2}\left(a-\sqrt{2}\right)>0$ 和 $-\sqrt{2}\left(a+\sqrt{2}\right)<0$，即 $B$、$A$ 两点分别为温度的极小值和极大值，因为 $\theta$ 在 $0\sim2\pi$ 全空间变化，$B$、$A$ 两点也就是温度的最小值和最大值。也就是说，此时温度只有一个极大值和一个极小值，因此不存在其他可能性，即前面文献中讨论的情况。

情况二：若 $a<\sqrt{2}$，$\dfrac{\mathrm{d}T}{\mathrm{d}\theta}=0$ 除了给出 $\theta_1=0$ 和 $\theta_2=\pi$ 两个解外，还给出 $\cos\theta=\dfrac{a}{\sqrt{2}}$ 所对应的另外两个解。由于余弦值在第一、第四象限均为正，所以 $\cos\theta=\dfrac{a}{\sqrt{2}}$ 给出的两个解 $\theta_3$ 和 $\theta_4$ 关于 $B$ 点对称。根据 $a$ 值的具体大小，此两点可处在图 3 上 $\theta$ 位于 $\left(-\dfrac{\pi}{4}, \dfrac{\pi}{4}\right)$ 之间的 $D$、$C$ 两点，即 $\theta_3=-\theta_4=\arccos\left(\dfrac{a}{\sqrt{2}}\right)$。$\theta_1$、$\theta_2$、$\theta_3$、$\theta_4$ 四个解对应的 $\dfrac{\mathrm{d}^2T}{\mathrm{d}\theta^2}$ 分别为 $\left.\dfrac{\mathrm{d}^2T}{\mathrm{d}\theta^2}\right|_{\theta_1}\propto\sqrt{2}(a-\sqrt{2})<0$，$\left.\dfrac{\mathrm{d}^2T}{\mathrm{d}\theta^2}\right|_{\theta_2}\propto-\sqrt{2}(a+\sqrt{2})<0$，$\left.\dfrac{\mathrm{d}^2T}{\mathrm{d}\theta^2}\right|_{\theta_3}\propto 2(\sin\theta_3)^2>0$，$\left.\dfrac{\mathrm{d}^2T}{\mathrm{d}\theta^2}\right|_{\theta_4}\propto 2(\sin\theta_4)^2>0$。与 $a>\sqrt{2}$ 的第一种情况相比，$A$ 点仍为极大值，但之前的温度极小值 $B$ 不再是温度极小值，新给出的在图 3 上关于 $B$ 点对称的 $\theta_3$ 和 $\theta_4$ 才是温度极小值，$B$ 点此时也是温度极大值，这与竞赛题考虑的情况完全不同。尽管 $A$、$B$ 两点均为温度极大值，但只有 $A$ 点才是整个圆上的温度最大值，而温度最小值则是 $\theta_3$ 和 $\theta_4$ 对应的两点。也就是说，此时温度出现了两个极大值和两个极小值。图 3 给出了 $a<\sqrt{2}$ 这种情况的具体示例图，图中的两条等温线均与圆相切，而 $C$、$D$ 两点的温度显然低于 $B$ 点。为了能更清楚地看出分别与圆相切出 $B$、$C$、$D$ 三点的两条等温线，图中省略了过 $A$ 点的等温线。

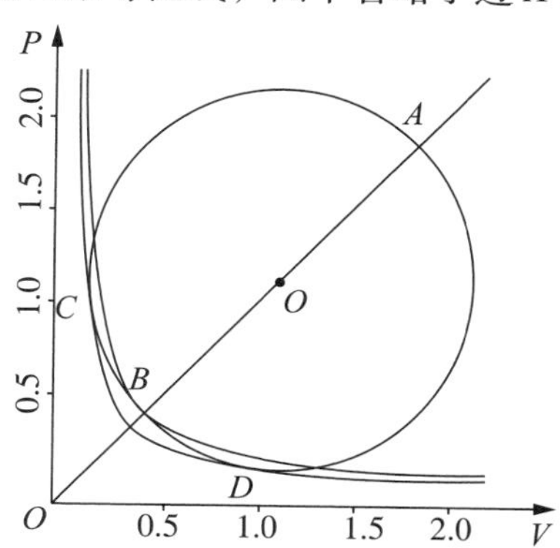


**图 3　圆形可逆循环温度极值示意图**

图 3 所示为圆上温度极值的示意图。$A$、$B$、$C$、$D$ 均为等温线与圆的相切点，其中 $A$、$B$ 均为温度极大值，$C$、$D$ 两点位于同一等温线上，它们关于直线 $p=V$ 对称，为温度极小值点。图中有 $T_A>T_B>T_C=T_D$。

情况三：若 $a=\sqrt{2}$，$\dfrac{\mathrm{d}T}{\mathrm{d}\theta}=0$ 除了给出 $\theta_1=0$ 和 $\theta_2=\pi$ 两个解外，还给出 $\cos\theta=\dfrac{a}{\sqrt{2}}=1$，亦可得出另外一解 $\theta_3=0$，该解与 $\theta_1=0$ 重合，也对应离原点最近

的 $B$ 点。可知 $A$ 点仍然为极大值，因为温度 $T$ 关于 $\theta$ 的二阶导数在 $A$ 点小于 0，即 $\left.\frac{d^2T}{d\theta^2}\right|_{\theta_2} \propto -\sqrt{2}\left(a+\sqrt{2}\right)<0$。但 $B$ 点的性质稍显特殊，因为温度 $T$ 关于 $\theta$ 的二阶和三阶导数在 $B$ 点均为 0，即：

$$\left.\frac{d^2T}{d\theta^2}\right|_{\theta_1} = \left.\frac{d^2T}{d\theta^2}\right|_{\theta_3} \propto \sqrt{2}(a-\sqrt{2})=0 \tag{11}$$

$$\left.\frac{d^3T}{d\theta^3}\right|_{\theta_1} = \left.\frac{d^3T}{d\theta^3}\right|_{\theta_3} \propto \sin\theta(8\cos\theta-\sqrt{2}a)=0 \tag{12}$$

但温度 $T$ 关于 $\theta$ 的四阶导数大于 0，即：

$$\left.\frac{d^4T}{d\theta^3}\right|_{\theta_1} = \left.\frac{d^4T}{d\theta^3}\right|_{\theta_3} \propto 8\cos\theta(\cos\theta-\frac{1}{4})>0 \tag{13}$$

根据导数的定义，若函数 $f(x)$ 在 $x_0$ 的某邻域内有直到 $n$+1 阶的导数，且 1 阶到 $n$ 阶导数都为 0，第 $n$+1 阶导数不为 0，则当 $n$ 是奇数时，$f(x_0)$ 是极值，且 $n$+1 阶导数大于零时，取极小值[4]。因此可以认定 $B$ 点仍为温度极小值点。对 $a=\sqrt{2}$ 的情况，和 $a>\sqrt{2}$ 的第一种情况一样，$A$、$B$ 点仍分别为圆上各温度的极大值与极小值点，同时也是圆上点温度的最大值与最小值点。也就是说，此时温度也只有一个极大值和一个极小值。只是和 $a>\sqrt{2}$ 的第一种情况相比，尽管 $B$ 点仍为极小值点，但 $T(\theta)$ 在 $B$ 点处关于 $\theta$ 的导数，不仅一阶导数的值为 0，而且二阶、三阶导数的值也均为 0，这个特点是否暗含着理想气体在 $p$-$V$ 图上按圆形演化过程中的某些物理量演化异于其他情况，值得以后再加以深入探讨。

情况四：对于 $a\leqslant 1$ 的情况，此时圆与横、纵坐标轴相切或相交，即理想气体的压强或温度小于或等于 0，显然是不会出现的情况的，因而我们讨论的 $a<\sqrt{2}$ 的第二种情况，$a$ 的实际范围其实是 $1<a<\sqrt{2}$。

（三）温度随坐标的演化关系

为清楚地看出不同 $a$ 值的变化对温度极值的影响，图 4 中画出了 $T(\theta)$ 关于 $\theta$ 的演化关系，横坐标为角度 $\theta$，纵坐标为温度 $T(\theta)$，为了更直观地比较 $a$ 取不同值时 $T(\theta)$ 的变化关系，图中将纵坐标取为对数以方便视图。从图中可以看出，温度函数 $T(\theta)$ 的极值变化随 $a$ 取值的不同而不同。图 4 最上面的曲线 $a$ = 1.8，对应 $a>\sqrt{2}$ 的第一种情况。当 $\theta$ 值在一个周期（如在 $-\frac{\pi}{2}\sim\frac{3\pi}{2}$ 之间）变化时，温度函数 $T(\theta)$ 有一个峰值和一个谷值，分别对应图 2 中的 $A$、$B$ 两点。图 4 最下面的曲线 $a$=1.1，对应 $a<\sqrt{2}$ 的第二种情况。当 $\theta$ 值在一个周期（如在 $-\frac{\pi}{2}\sim\frac{3\pi}{2}$ 之间）变化时，温度

函数 $T(\theta)$ 有两个峰值和两个谷值，分别对应图 3 中的 $A$、$B$ 及 $C$、$D$ 四点，其中 $A$ 点对应最高的峰值，$B$ 点对应小的峰值，而 $C$、$D$ 两点对应两个谷值，它们在同一条等温线上，因而对应同一个温度值，如图 3 所示。图 4 中间的曲线 $a=\sqrt{2}$，对应第三种情况，可以发现温度函数 $T(\theta)$ 变化趋势和 $a>\sqrt{2}$ 的第一种情况相同，也只有一个峰值和一个谷值，但是谷值与处在其上方的谷值（即 $B$ 点）形状稍有不同，因为此处的第一、二、三阶导数均为 0。

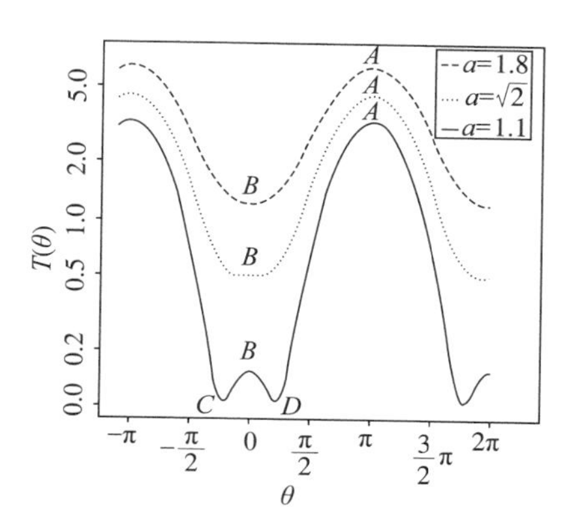


**图 4　*a* 取不同值时圆上各点温度**

图 4 所示为 $a$ 取不同值时圆上各点温度的变化图。$B$、$A$ 分别位于 0 和 $\pi$ 处，对应图 2、图 3 中的 $B$、$A$ 两点，$C$、$D$ 的具体位置与 $a$ 值有关，但均在 $-\frac{\pi}{4}\sim\frac{\pi}{4}$ 范围内对称分布，它们位于同一等温线上，因而温度值相等，且为最小值。

综合前面的讨论我们可以看出，本文开头的竞赛题给出的解法只有在 $a>\sqrt{2}$ 的情况下才能成立，而参考文献 [1, 2] 给出的竞赛题相应的 $a$ 分别为 2 和 3，因而是满足这个条件的，此解法不会出现任何问题。但若 $a\leqslant\sqrt{2}$，则问题会复杂一些，竞赛题给出的解法不再奏效。类似的题目及结论也可在参考文献 [2] 中找到。参考文献 [3] 利用较为巧妙的数学技巧，更是得到气态变化圆形图像成立的条件，即位于直线 $p=V$ 上的圆心 $O$ 点的坐标值与此圆半径 $R$ 之比必须不小于 $\sqrt{2}$。这是一个非常有趣的结论，相当于对理想气体在 $p$-$V$ 图上按圆形变化的圆的大小给出了上限，若成立，应能从热学的基本规律来解释其背后的物理规律。笔者认为若该文作者在 $a<\sqrt{2}$ 的情况采用本文中的图 3 形式，则不会出现该文所认为的问题，因而是否存在这个限制条件，是值得商榷的。对于 $a=\sqrt{2}$，由于温度变化的一至三阶导数均为 0，在涉及该过程的理想气体的一些物理量的变化是否有一些特殊性质，值得我们另文探究。

## 参考文献

[1] 崔宏滨编著 . 物理竞赛真题解析（热学 · 光学 · 近代物理学）[M]. 合肥：中国科学技术大学出版社：2014, 26−27.

[2] 仝响编著 . 物理奥林匹克竞赛大题典（热学卷）[M]. 哈尔滨：哈尔滨工业大学出版社，2014: 93−94.

[3] 郑金 . 对气态变化椭圆图像成立条件的探究 [J]. 物理教学，2014（1）.

[4] 四川大学数学系高等数学教研室编 . 高等数学（物理类专业用，第一册）（第三版）[M]. 北京：高等教育出版社，1995：172.

（本文发表于《物理通报》2015 年第七期，P.23−27，作者为方伟、涂泓、朱炯明）

# 对量纲法求分形物体转动惯量的再思考

［摘要］指出数学上的无穷阶的分形与物理上可实现的有限阶分形物体之间的差别。利用 $n$ 阶分形三角形与 $n-1$ 阶分形三角形的相似性，根据标度变换和量纲分析法，得到 $n$ 阶分形三角形转动惯量的递推公式，进而得到转动惯量的最终表达式。该结果在 $n$ 趋向无穷大时与无穷阶分形物体的结果一致。

［关键词］量纲分析　分形　转动惯量　递推法

## 一、前言

求具有一定大小的规则物体的转动惯量是大学物理力学刚体部分的重要内容，其关键在于如何正确确定物体的线元、面元或体积元，进而利用微积分求得。但在学习微积分知识之前，采用这种方法求解具有一定的困难。文献[1-4]利用量纲分析的方法，对诸如细棒、平面体（三角形、矩形、等腰梯形、正多边形、扇形、圆形等）、长方体等具有一定对称性且质量分布均匀的物体进行标度变换，再结合平行轴定理，进而可以在不用微积分等繁杂运算的情况下求出该物体的转动惯量。该方法思路简单巧妙，物理图像清晰，更重要的是能让学生学着用物理学家的思考方式来考虑问题[2]，这对于培养学生的物理思维能力具有重要意义。

许佳敏等[5]将上述方法推广至分形物体，利用分形物体的自相似特性，结合量纲分析、标度变换和平行轴定理分别求出了谢尔宾斯三角形［分形三角形，图 1（a）］、门格海绵［分形立方体，图 1（b）］、谢尔宾斯四面体［分形四面体，图 1（c）］等分形物体的转动惯量。对于分形正三角形，绕通过其质心且垂直于分形三角形平面的转轴的转动惯量为 $\dfrac{mL^2}{12}$（$L$ 为分形三角形的边长）。对于分形立方体和分形正四面体，绕通过其质心的对称轴的转动惯量分别为 $\dfrac{mL^2}{5}$ 和 $\dfrac{mL^2}{12}$（$L$ 为分形立方体或分形正四面体的边长）。

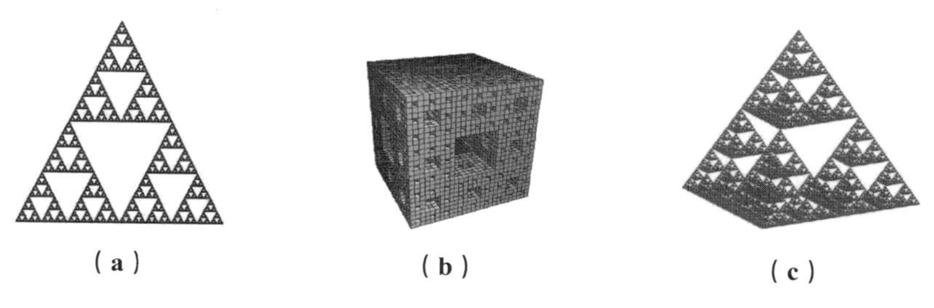


**图 1　分形三角形、立方体、四面体示意图**

该方法物理动机明确、推广巧妙、思路清晰、结果简明。不过深入研究后不难发现，将此方法直接推广至无限阶分形物体产生了一个难以理解的问题，那就是对于无限阶的分形三角形面积为0，对于无限阶的分形立方体和分形四面体体积为0，因而它们三个分形物体的质量 $m$ 均为0，此时按照定义转动惯量也应为0。下面我们以分形正三角形为例来具体说明该问题，然后给出解决方案，并证明在极限情况下，该方法给出的结果和文献[5]的结论一致。

## 二、物理分形与数学分形的区别

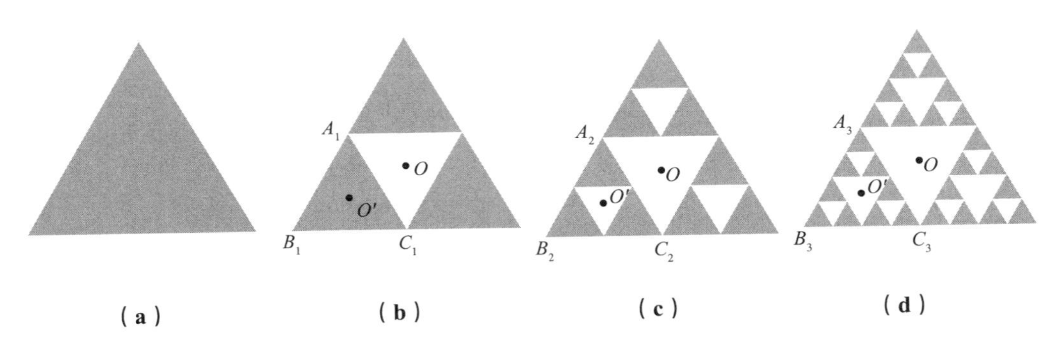


**图2　几阶分形三角形形成的示意图**

如图2(a)所示的正三角形平板，设其质量为 $m$、边长为 $L$，按照图2(b)、(c)、(d)的方式不断挖空下去所得的图形即为谢尔宾斯三角形。必须注意的是，数学上的分形具有严格的自相似性和无限层次的结构，因此无论是图2(b)还是图2(c)、(d)均不是数学意义上的分形三角形，只有无限挖空下去的图形才是严格意义上的分形三角形（文中不妨定义之为数学分形），但是无穷迭代下去的分形三角形的质量为0（$m_{分}=m\cdot\lim\limits_{n\to\infty}\left(\frac{3}{4}\right)^{n}=0$），一个质量为零的物体的转动惯量是不存在的。因此出现了这样的矛盾：无穷阶分形三角形的转动惯量因其质量为0而没有物理意义，而若一定要求分形三角形的转动惯量，那么这样的分形三角形一定是迭代有限次后的“分形”三角形（定义为物理分形）。换句话说，数学上的分形（无穷阶分形）与物理上的分形物体（有限阶分形）是有区别的。数学上的分形是严格具有自相似性的、迭代无限次后的图形，而物理上能实现的分形物体一定是迭代有限次后的图形，并不具有严格的自相似性，比如将图2中的三角形 $A_1B_1C_1$、$A_2B_2C_2$、$A_3B_3C_3$ 的边长放大2倍，并不能和自身重合。现实中不存在数学意义上的严格的分形物体。比如我们常说的云彩、花菜、蕨类植物的树枝均为分形，但它们都只是一定层次上的分形，不是数学意义上的分形物体。由于实际的分形物体部分放大后并不能与原分形物体重合，也就是实际分形物体的部分与整体并不严格相似，因而文献[5]求分形三角形、分形立方体、分形四面体的方法不适用于实际的分形物体。

## 三、递推法求物理分形物体的转动惯量

那么应该如何求解实际的分形物体的转动惯量呢？我们首先定义 $n$ 阶的物理分形物体：如图 2 所示，定义图 2（b）为 1 阶分形三角形，图 2（c）、图 2（d）分别为第 2 阶和第 3 阶分形三角形，图 2（a）因而可以看成是第 0 阶的分形三角形，$n$ 阶的分形三角形可以依此类推。

如前所述，物理分形三角形（即 $n$ 阶的分形三角形）其部分与整体并不严格相似，如将图 2（d）中的 $A_3B_3C_3$ 线度放大为原来的两倍之后，得到的图形并不与图 2（d）本身重合，但是 $A_3B_3C_3$ 放大为原来的两倍后却与图 2（c）重合。更进一步说，$n$ 阶分形三角形的 $A_nB_nC_n$ 在线度翻倍后均与其上一阶（即 $n-1$ 阶）的分形三角形重合，因而第 $n$ 阶的分形三角形可以看成是由三个 $n-1$ 阶的分形三角形在线度缩小一半之后拼出来的，于是就有可能通过上下两阶分形三角形的相似特性（注意：非 $n$ 阶分形三角形的自相似性），结合量纲分析、标度变换和平行轴定理推导出 $n$ 阶分形三角形的递推公式，最终求出 $n$ 阶分形三角形绕通过其质心且垂直于分形三角形平面的转轴的转动惯量。

设图 2（a）是质量为 $m$、边长为 $L$ 的正三角形平板，它绕通过其质心 $O$ 且垂直于分形三角形平面的转轴的转动惯量为 $I_0$。

该图进行一次分形后得到 1 阶物理分形三角形（图 2（b）），此 1 阶分形三角形的质量 $m_1$ 显然等于 $\frac{3m}{4}$。设图 2（b）绕通过其质心 $O$ 且垂直于分形三角形平面的转轴的转动惯量为 $I_1$。图 2（b）可以看成三个线度为图 2（a）一半的三角形 $A_1B_1C_1$ 绕质心轴 $O$ 的转动惯量的叠加。三角形 $A_1B_1C_1$ 绕质心轴 $O$ 的转动惯量则是 $A_1B_1C_1$ 绕自身质心轴 $O'$ 的转动惯量再通过平行轴定理得到。根据量纲分析、标度变换和平行轴定理有：

$$I_1 = 3\left(\frac{1}{16}I_0 + m_{A_1B_1C_1}OO'^2\right) = 3\left(\frac{1}{16}I_0 + \frac{1}{4}m\cdot\frac{L^2}{12}\right) \tag{1}$$

再次分形后得到 2 阶分形三角形（图 2（c）），此 2 阶分形图的质量 $m_2$ 显然等于 $\left(\frac{3}{4}\right)^2 m$。设图 2（c）绕通过其质心 $O$ 且垂直于分形三角形平面的转轴的转动惯量为 $I_2$。图 2（c）可以看成三个线度为图 2（b）一半的 1 阶分形三角形 $A_2B_2C_2$ 绕质心轴 $O$ 的转动惯量的叠加。根据量纲分析、标度变换和平行轴定理有：

$$I_2 = 3\left(\frac{1}{16}I_1 + m_{A_2B_2C_2}OO'^2\right) = 3\left(\frac{1}{16}I_1 + \frac{1}{4}m\cdot\frac{3}{4}\cdot\frac{L^2}{12}\right) \tag{2}$$

同理，再次分形后得到 3 阶分形三角形［图 2（d）］，此 3 阶分形三角形的质量 $m_3$ 等于 $\left(\frac{3}{4}\right)^3 m$。设图 2（d）绕通过其质心 $O$ 且垂直于分形三角形平面的转

轴的转动惯量为 $I_3$。图 2（d）可以看成三个线度为图 2（c）一半的 2 阶分形三角形 $A_{3B3C3}$ 绕质心轴 $O$ 的转动惯量的叠加。根据量纲分析、标度变换和平行轴定理有：

$$I_3 = 3\left(\frac{1}{16}I_2 + m_{A_3B_3C_3}OO'^2\right) = 3\left[\frac{1}{16}I_2 + \frac{1}{4}m\cdot\left(\frac{3}{4}\right)^2\cdot\frac{L^2}{12}\right] \tag{3}$$

由此类推，不难得到第 $n$ 阶物理分形三角形的质量 $m_n$ 等于 $\left(\frac{3}{4}\right)^n m$。该分形三角形绕通过其质心 $O$ 且垂直于分形三角形平面的转轴的转动惯量为 $I_n$，可以看成三个线度为 $n-1$ 阶分形三角形 $A_{n-1}B_{n-1}C_{n-1}$ 一半的分形三角形绕质心轴 $O$ 的转动惯量的叠加。根据量纲分析、标度变换和平行轴定理有：

$$I_n = 3\left[\frac{1}{16}I_{n-1} + \frac{1}{4}m\cdot\left(\frac{3}{4}\right)^{n-1}\cdot\frac{L^2}{12}\right] \tag{4}$$

为求 $n$ 阶分形三角形转动惯量最终的表达式，将上式改写为：

$$I_n - \frac{mL^2}{9}\left(\frac{3}{4}\right)^n = \frac{3}{16}\left[I_{n-1} - \frac{mL^2}{9}\left(\frac{3}{4}\right)^{n-1}\right] \tag{5}$$

令 $Z_n = I_n - \frac{mL^2}{9}\left(\frac{3}{4}\right)^n$，根据递推公式求数列通项公式的方法，不难求出第 $n$ 阶分形三角形绕通过其质心 $O$ 且垂直于分形三角形平面的转轴的转动惯量为：

$$I_n = \left(\frac{3}{16}\right)^n I_0 + \frac{mL^2}{9}\cdot\left(\frac{3}{4}\right)^n(1-4^{-n}) \tag{6}$$

当 $n\to\infty$ 时，$I_n = 0$，也即本文开篇所说的，对于数学分形三角形，其质量为 0，转动惯量也等于 0。

由于式（6）给出的 $n$ 阶分形三角形的质量 $m_n$ 是以 0 阶的分形三角形的质量 $m$ 来计算的，即 $m_n = \left(\frac{3}{4}\right)^n m$。若第 $n$ 阶分形三角形的质量为 $m$，则最终的转动惯量应为：

$$I_n' = \left(\frac{4}{3}\right)^n I_n = 4^{-n}I_0 + \frac{mL^2}{9}\cdot\left(1-4^{-n}\right) \tag{7}$$

当 $n\to\infty$ 时，$I_n' = \frac{mL^2}{9}$，与文献[5]中的结论一致［取该文公式（8）中的 $b_1=b_2=b_3=L$］，但此时的转动惯量其实是没有意义的，因为物理上并不存在这样的面积为 0 而质量恒定的分形三角形，但用本文给出的方法及公式（7）则可以实现文献[5]末的构想："如果有巧妙的实验设计，能够验证以上分形物体转动惯量的正确性，就能说明本文所用的转动惯量量纲分析法，对自相似的分形结构也可使用。"具体方法是在实验上设计出某 $n$ 阶的分形三角形，由实验测出其转动惯量，与公式

（7）得出的理论值比较即可。由于推导公式（7）用的也是量纲分析法，因而就能验证量纲分析法对求分形物体的转动惯量是否适用。需要指出的是，文献 [5] 中利用量纲分析法求科赫雪花时，不存在上述质量趋向于 0 的困难，因为数学上的科赫雪花分形物体尽管周长趋向无穷大，但其面积一定，质量一定，没有谢尔宾斯三角形、门格海绵、谢尔宾斯四面体所遇到的问题。

## 四、小结及教学上的启示

综上所述，通过递推的方法，仍然利用量纲分析、标度变换及平行轴定理，我们推导出了第 $n$ 阶分形三角形绕通过其质心 $O$ 且垂直于分形三角形平面的转轴的转动惯量 ，克服了文献 [5] 中无穷阶分形物体质量趋于 0 的问题。本文的方法可以推广到求诸如门格海绵、谢尔宾斯四面体等分形物体。

从课堂教学方面来说，文献 [5] 推广量纲分析法求分形物理的转动惯量是非常好的想法，特别适合于教师在大学物理的力学课堂上尝试，其一是可以让学生用物理学家的思维来思考问题，避免烦琐的数学积分，培养锻炼学生的直觉思维和科学素养；其二是通过此问题可以让大学一年级的学生接触分形和分数维这样一个奇妙的领域，提高学习物理的兴趣。由于分形与混沌紧密相连，而混沌又可在力学课程中讲到二体问题、三体问题时有所涉及，因而又会牵涉到一段有趣的物理学发展史，可以讨论蝴蝶效应，讨论确定性动力学系统的内禀不确定性，如此环环相扣，不断引领学生走向新的科学领域，这也应是优秀教师所需完成的教学任务之一。

## 参考文献

[1] Robert Rabinoff. Moments of inertia by scaling arguments: How to avoid messy integrals[J]. Am. J. Phys., 1985, 53(5): 501−502.

[2] Robert Rabinoff，俞志毅 . 用标度变换求转动惯量：如何避免繁杂的积分 [J]. 大学物理，1987, 6(7): 31−32.

[3] 吴文旺 . 用量纲分析法求解转动惯量 [J]. 石家庄铁道学院学报，1993, 6(3): 85−90.

[4] 杨忠 . 用量纲分析法求平面物体的转动惯量 [J]. 大学物理，1997,16(4): 45−46.

[5] 许佳敏，邱为钢 . 分形物体转动惯量的计算 [J]. 大学物理，2011, 30(11): 53−55.

（本文发表于《大学物理》2016 年第八期，P.18−21，作者为方伟、涂泓、冯杰）

# 追根溯源 再议“比热”和“比热容”概念之争议

[摘要] 比热和比热容概念仍存在争议，本文通过对各类教材制定的有关标准建议，对比热和比热容的概念变迁作了深入而全面的梳理，最后对教材编写者和中学物理教师提出建议：弃用“比热”一词，在所有的初高中教材以及授课中，凡涉及比热容这一概念时，都严格表述为比热容，而不要简称为比热。同时为避免引起混淆，在物理名词翻译中把 specific heat 和 specific heat capacity 都翻译成比热容，不能因为前者省略了单词 capacity，就直译成比热。希望本文能为比热和比热容概念的争议画上句号。

[关键词] 比热 比热容 物理名词翻译

## 一、引言

比热容是初中物理课程中的一个重要热学概念，也是初中物理教学的重难点内容。与比热容直接相关的另一个词汇为比热。笔者在很多文献资料和网络资源中均看到“比热容简称比热”的解释，如马文蔚的《物理学》（第五版，下册）、百度百科等。《现代汉语词典》中也可以查找到“比热”词条，其释义亦为“比热容的简称[1]”，其下一词条为“比热容”，在它的释义中也说明比热容“简称比热[1]”。但在文献[15, 18]中，作者明确指出比热容不应简称为比热，不过两文篇幅较短，只说明观点，对其历史沿革和来龙去脉细究得不够。这种争议势必会引起中学物理教师在教学时的困惑：比热容到底能否简称为比热？在物理学中，一字之差，其含义往往大相径庭。从历史来看，“比热”和“比热容”在物理学上的概念是否有差别、有何差别又为何有差别，本文试图予以澄清和说明，并给出物理教学上的建议。

## 二、“比热”译词的由来及历史沿革

甲午中日战争之后，中国逐渐深刻认识到自身在多个方面存在的巨大不足，开始掀起留学高潮，成千上万国人于清末奔赴日本学习新的科学、技术与文化。1904年元月，清政府颁布了第一个在全国范围内实行的系统性学制——癸卯学制。在1905年初，光绪帝完全废除了科举制，物理学在这之后作为一门重要基础学科得以在中国传播开来。

在这样的历史背景下，我国此时期的物理学科教材便是以日文教材为蓝本翻译而来的。由于日文中也有很多汉字，我国教材中诸多物理概念的名称便直接参考了日文，而非依据英文重新翻译。赵凯华教授在《中国物理教育从无到有并达到国际水平的历程》一文中也提到，“物理学”作为 Physics 的汉语译名便是直接参考了日文[2]，可见日文对我国物理名词译名存在着根本性的影响。

其中，“比热”一词也直接参考日文，直至今日，日本仍保留“比熱”一词，只是单位发生了变化。笔者查阅了清末时期的多本物理教材，进行了分析与比较，得出当时“比热”一词的概念有二。

在 1907 年出版的《中学物理学教科书》中，比热概念如下：“以一克之物体上升一度所需之热量，与一卡路里比较而得之数，物体之比热[3]。”如图 1 所示（注：零度之水一克，其温度升高一度所需之热量，为热量之单位，谓之卡路里）。

在 1911 年出版的《新撰物理学教科书》中，比热概念如下：“以某物体之温度，仅升一度所用之热量，名曰其物体之热容量，以某物体单位质量之热容量，名曰其物体之比热[4]。”如图 2 所示。

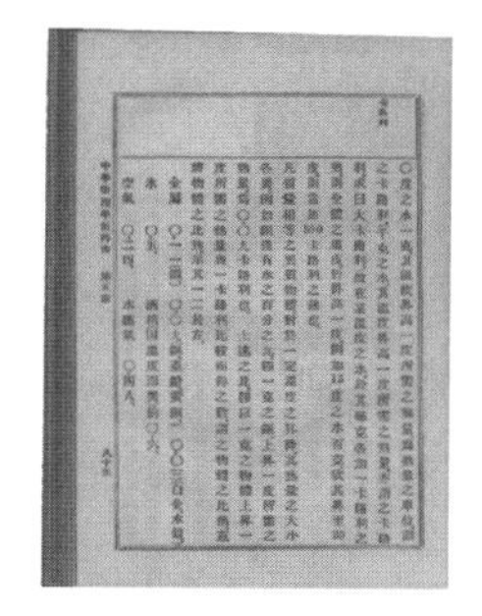

**图 1《中学物理学教科书》第 85 页**
**（田丸卓郎著吴廷槐，华鸿译 1907 年出版）**

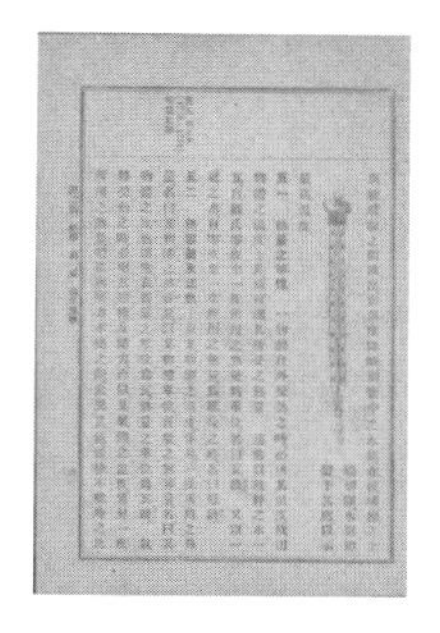

**图 2《新撰物理学教科书》第 61 页**
**（本多光太郎著丛琯珠译 1911 年出版）**

从字面含义来看，1911 年出版的《新撰物理学教科书》中的比热的定义和目前比热容的定义是相同的，但与 1907 年出版的《中学物理学教科书》中的比热定义不一样。

按照 1907 年出版的《中学物理学教科书》中定义的比热，大小是 1 g 的物质温度升高 1 ℃所需要的热量与 1 cal 热量的比值。1 cal 即 1 卡路里，在 19 世纪初至 20 世纪中叶，卡路里一直是热量的单位，直到 1948 年第九届国际计量大会确定七个基本物理量后，“焦耳”才成为被普遍认同的能量单位[5]。考虑到该书中对 1 cal 热量的定义是“1 g 温度为 0 ℃的水温度升高 1 ℃所需要的热量”，因此这个比热相当于是目前的比热容与水的比热容的比值，是一个无量纲的值。但由于“1 g 温度为 0 ℃的水温度升高 1 ℃所需要的热量”定义为 1 卡路里，因此这个无量纲的比热在数值上和 1911 年出版的《新撰物理学教科书》中的比热是相同的。以铜为例，按照《新撰物理学教科书》中比热的概念，铜的比热（比热容）为 0.093 cal/(g · ℃)。而按照《中学物理学教科书》中比热的概念，铜的比热是 1 g 铜的温度升高 1 ℃所需的热量与 1 g 温度为 0 ℃的水温度升高 1 ℃所需的热量之比，数值上也是 0.093，二者差别仅在于是否需要单位。

由于这两种比热定义在数值上的一致性，也导致在实际应用时往往不严格区分这两种定义。如在 1911 年出版的《新撰物理学教科书》第 62 页的比热表可以看出（见图 3），此处比热值并未标注单位，是一个无量纲常数，这与该书给出的比热定义其实是不匹配的，反倒与 1907 年出版的《中学物理学教科书》中的定义一致。

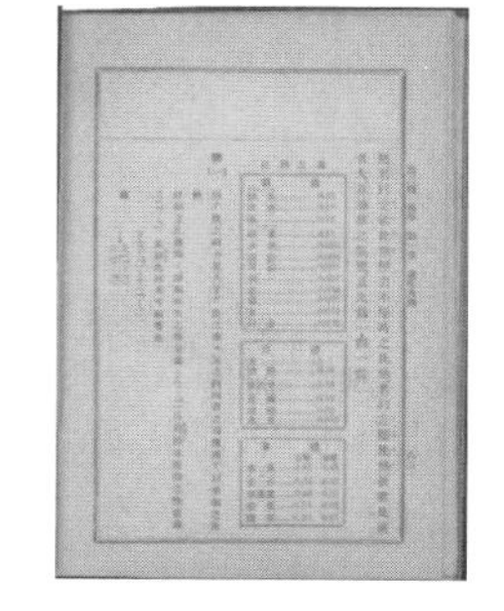

图 3《新撰物理学教科书》第 62 页

同种情况在当今的日文教材中也存在，如日本香川大学川胜博教授的《川胜教授的中学物理教案》一书中，说比热是“1 g 物体变化 1 ℃（上升或下降）所需要的热量与 1 g 水变化 1 ℃所需的热量相比较的数值”，显然这个定义下的比热应该是无量纲的，该书表格中的比热容却是有单位的，如 $c_{水}$ =1 cal/g · ℃ [6]。”笔者又通过网络资源了解到，当下日本中学仍使用“比熱”一词，但其单位不再是“cal/g · ℃”，而是“J/（g · ℃）”，如图 4 所示。

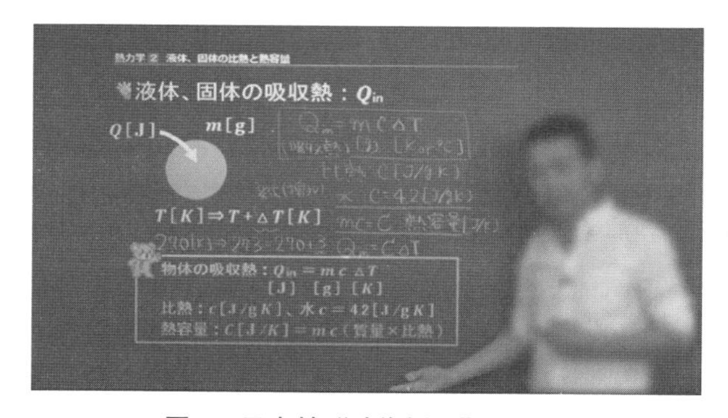


图 4　日本某“映像授业”课程图

可见，日文中的“比热”有两个含义，一个与现今中文的“比热容”定义是基本相同的，差别仅在于热量的单位用卡还是焦耳，质量的单位用 kg 还是 g，但量纲是完全一样的。另一个定义则与现今比热容的定义完全不同，是一个无量纲的物理量，相当于现今比热容与水的比热容的比值。但由于 1 卡定义的缘故［即人为定义水的比热（容）为 1.00 cal/(g · ℃)］，使得两种定义下的比热在数值上是完全一样的。但随着热量的国际制单位从卡变成焦耳，两种比热在数值上也不再一致。如在卡作为热量的单位下，铜的比热（容）在两种不同定义下分别为 0.093 cal/（g · ℃）和 0.093，但在焦耳作为热量的单位下，两种定义下的比热（容）分别为 0.093 × 4.2 J/g · ℃和 0.093，不但量纲不一样，数值也不再一致。从这个角度来看，无量纲的“比热”与物理学中已经过时的“比重（specific gravity）”很类似。比重也是无量纲的物理量，是某物质密度与水的密度的比值，因此比重称为相对密度（relative density）更准确。由于水的密度为 1 g/cm$^3$，因此比重在数值上和该物质的密度也是一致的。

## 三、“比热”一词的根源分析

上文介绍的是中译文比热的历史渊源，但若要真正看清比热的真面目，还需在根源上进行考察。追溯历史，在热质说的影响下，英国化学家约瑟夫·布拉克提出了“潜热”与“比热”的观点，他的学生拉瓦锡还与拉普拉斯合作测定了一些物质的比热[8]。笔者参考了 David Halliday 所著的 *Fundamentals of Physics* 的英文原版，其中对比热（specific heat）概念的描述如下：“The specific heat $c$ of a substance is the heat capacity per unit mass. Thus，if energy $Q$ transferred by heat to mass $m$ of a substance changes the temperature of the sample by $\Delta T$，then the specific heat of the substance is $c= Q/m\Delta T$...Table 20.1 lists representative specific heats[9].”书中“Table 20.1”如图 5 所示。可见这个比热的定义与我们现今的比热容定义完全一致。如图 5 所示的表中仍然保留了以卡为热量单位的比热值，即我们在上节所介绍的比热定义。同样地，在 W.Thomas Griffith 所著，秦克诚翻译的《物理学与生活》中有关比热的部分，也如是陈述：“水的比热是 lcal/（g · ℃）——将 1 g 水的温度升高 1 ℃需要 1 卡热量。卡（calorie，卡路里）是常用的热量单位，其定义为将1 g水的温度升高1℃所需的热量[10]。”

TABLE 20.1 Specific Heats of Some Substances at 25°C and Atmospheric Pressure

| Substance | Specific Heat c J/kg · °C | cal/g · °C |
| --- | --- | --- |
| **Elemental Solids** | | |
| Aluminum | 900 | 0.215 |
| Beryllium | 1 830 | 0.436 |
| Cadmium | 230 | 0.055 |
| Copper | 387 | 0.092 4 |
| Germanium | 322 | 0.077 |
| Gold | 129 | 0.030 8 |
| Iron | 448 | 0.107 |
| Lead | 128 | 0.030 5 |
| Silicon | 703 | 0.168 |
| Silver | 234 | 0.056 |
| **Other Solids** | | |
| Brass | 380 | 0.092 |
| Glass | 837 | 0.200 |
| Ice (−5°C) | 2 090 | 0.50 |
| Marble | 860 | 0.21 |
| Wood | 1 700 | 0.41 |
| **Liquids** | | |
| Alcohol (ethyl) | 2 400 | 0.58 |
| Mercury | 140 | 0.033 |
| Water (15°C) | 4 186 | 1.00 |
| **Gas** | | |
| Steam (100°C) | 2 010 | 0.48 |

**图 5　*Fundamentals of Physics* Table 20.1**

另一方面，在英文中“specific heat capacity”和“specific heat”意思完全相同，都是现今比热容的意思，如在 Malcolm Longair 所著的 *Theoretical Concepts in Physics* 书中，有着这样的描述：“...$Q=mc\Delta T$，where $c$ is defined to be the *specific heat capacity* of the substance，the word *specific* meaning，as usual，per unit mass[11].”。文中特别强调“specific”通常的含义是每单位质量。这个表述和我们国家标准《有关量、单位和符号的一般原则》（GB 3101−93）中的规定是一致的：“形容词‘质量［的］（massic）’或‘比（specific）’加在量的名称之前，以表示该量被质量除所得之商[13]。”由此也可看出，前文提到的“比重”一词的概念并不符合这个国标，“比重”被弃用也就在所难免。当然，我们并没有说“specific gravity”作为英文比重（即 Relative Density[12]）的表述不合理，因为在英文中，specific 有多重含义的，但在国内的物理名词定义下，比重不再合适。

## 四、“比热”与“比热量”之论证

在《“比热容”不应简称“比热”》一文中提到“比热可能会被误认为是‘比

热（量）’的意思[15]”，这种担忧是有其合理性的。因为从国标《有关量、单位和符号的一般原则》（GB 3101−93）[13] 来看，“比热容”是单位质量的热容，“比热”则是单位质量的热（量），在中文物理语境中，热可以指代热量，但从来不会指代热容。而在物理学中，是没有“单位质量的热（量）”这个物理量的。但是在工程热力学领域，笔者发现是有“比热量”一词的，在张学学编写的《热工基础》中，将“$q$”称为“比热量”，单位为“J/kg”，意思是“单位质量的工质与外界交换的热量[16]”，不过根据前面的讨论我们知道，这个“比热量”所对应的英语名称必定不是“specific heat”，笔者参考了赵蕾编写的《工程热力学（双语版）》，书中提到，“Heat transfer per unit mass of a system is denoted as $q$ and is determined from $q=Q/m$ kJ/kg[17].”。可见“Heat transfer per unit mass of a system”对应的中文译词才是“比热量”，它并不是以“specific”开头的短语。至此，关于“比热”“比热容”“比热量”以及“比”“specific”等词义的讨论才算完备。

## 五、总结

我们对上面的讨论做如下几点总结和讨论。首先在英文主流语境中，“specific heat”与“specific heat capacity”概念相同，均指比热容。其次，在中国的民国物理教材和日本教材中，比热有两个概念，一个与现今比热容概念一致，另一个则是某物质的比热容与水的比热容之比，是一个无量纲的物理量。但是由于 1 卡（cal）的定义以及早期热量普遍用卡作为单位，这两个不同概念下的比热在数值上是完全一样的，因此这两个概念下的比热有时候会混用而不会带来理解上的任何偏差，也不会对初学者形成概念上的误导。再次，根据《有关量、单位和符号的一般原则》（GB 3101−93）[13] 的国家标准的规定，对“加在量的名称之前”的“比”有明确定义，即表示单位质量的[13]，在这个规定之下，“比热”和“比重”一样，都容易误解为“单位质量的热量”和“单位质量的重量”，应该被弃用。

我们建议在所有的初高中教材编写以及物理课堂授课中，在涉及比热容这一概念时，都严格地表述成比热容，而不要说比热容也可简称为比热。同时在翻译时把 specific heat 和 specific heat capacity 都翻译成比热容，不能因为前者省略了单词 capacity，就直译成比热。这种直译其实也是个翻译中的老问题，翻译讲究的是信达雅，但首要是信和达，要重视英文实际上说了什么是什么意思，而不拘泥于原文是怎么说的。希望本文的讨论能为比热和比热容的概念争议画上句号。

## 参考文献

[1] 中国社会科学院语言研究所词典编辑室 . 现代汉语词典 [M]. 第 6 版 . 北京：商务印书馆，2012:67.

[2] 赵凯华 . 中国物理教育从无到有并达到国际水平的历程 [J]. 物理与工程，2017, 27(1):3–22.

[3] 田丸卓郎 . 中学物理学教科书 [M]. 吴廷槐，华鸿，译 . 上海：文明书局，1907: 85.

[4] 本多光太郎 . 新撰物理学教科书 [M]. 丛琯珠，译 . 上海：群益书社，1911: 61–62.

[5] 姜友陆 . 焦耳——国际单位制的功、能和热量的单位 [J]. 化学通报，1980(1): 33–36.

[6] 川胜博 . 川胜教授的中学物理教案 ( 上册 )[M]. 吴宗汉，彭双潮，译 . 南京：东南大学出版社，2002: 291.

[7] 人民教育出版社 课程教材研究所物理课程教材研究开发中心 . 义务教育教科书 物理九年级 全一册 [M]. 北京：人民教育出版社，2013: 12.

[8] 弗・卡约里 . 物理学史 [M]. 戴念祖，译 . 北京：中国人民大学出版社，2010: 93.

[9] David Halliday, Robert Resnick, Jearl Walker.Fundamentals of Physics[M]. 9th Edition. New York: John Wiley & Sons Inc., 2010: 606–607.

[10] W. 托马斯 . 格瑞福斯、朱莉叶 .W. 布罗斯 . 物理学与生活 [M]. 第 8 版 . 秦克诚，译 . 北京：电子工业出版社，2016: 155.

[11] Malcolm Longair.Theoretical Concepts in Physics[M]. 3rd Edition. Cambridge: Cambridge University Press, 2020: 245.

[12] 新牛津英汉双解大辞典编译出版委员会 . 新牛津英汉双解大辞典 [M]. 上海：上海外语教育出版社，2007: 2045.

[13] 全国量和单位标准化技术委员会 .GB 3101–93 有关量、单位和符号的一般原则 [S]. 北京：中国标准出版社，1993: 53.

[14] 陈同新 . 重度、比重和密度 [J]. 物理通报，1954(4): 256.

[15] 郝远 . “比热容”不应简称“比热”[J]. 编辑学报，2020, 32(2): 221.

[16] 张学学 . 热工基础 [M]. 第 3 版 . 北京：高等教育出版社，2015: 16.

[17] 赵蕾 . 工程热力学 ( 双语版 )[M]. 北京：中国建筑工业出版社，2012: 239.

[18] 储方宣 . “比热容”与“比热”的争辩 [J]. 中学物理教学参考，2005(6): 21.

( 本文发表于《中学物理》2024 年第 10 期 P.5–8，作者为方伟、郭宇航、郭俊青 )

# 气体分子速率分布图像的教材编写及教学建议

## ——基于六版高中物理新教材的对比研究

**[摘要]** 本文基于2017版高中物理新课标对气体分子速率分布规律的要求，对比研读包括人教版在内的六版高中物理新教材相关内容，发现六版新教材均能很好地完成新课标“了解分子运动速率分布的统计规律”的要求，但部分教材呈现的分子速率分布图像不利于学生正确理解其物理意义。我们根据学生在数学学科中已建立的频数分布直方图和频率分布直方图概念，提出分子速率分布的教材编写及教学建议：直接以频率分布直方图为起点引出分子速率分布直方图，体现不同学科之间的融合创新和不同学科之间知识的类比迁移，使得最终构建速率分布物理图像的过程自然顺畅，促进学生对分子运动速率分布图像“归一化”的深入理解。

**[关键词]** 气体分子速率分布　教材对比　频率分布直方图

物理规律是物理教学的重要组成部分，目的在于阐明物理过程的内在本质及变化规律[1]，其不仅体现在语言文字和函数表达式上，在数形结合的图像要素中同样占据重要地位[2]。气体分子速率分布规律及其图像对于学生理解微观与宏观、随机偶然与统计规律具有重要意义。我们在研读2017版高中物理新课标出台之后编修的各版新教材后发现，普遍存在气体分子速率分布图像的物理意义不清晰、不正确的问题，教材在一定程度会误导学生和中学物理教师，也不利于理工科或物理学专业热学知识版块的教学，需要在修订中予以修改。

本文脉络如下：我们在第一部分评述人教版教材对分子速率分布曲线的呈现，接着在第二部分对比六版新教材是如何呈现分子速率分布曲线的，并指出问题所在。为了让读者正确理解分子速率分布曲线的物理意义，我们在第三部分简单介绍麦克斯韦分子速率分布和分子射线束实验，并在第四、第五部分分别给出对教材编写和课堂教学的建议，最后给出总结。

### 一、人教版分子速率分布的教材呈现

分子运动速率分布规律为高中选择性必修第三册热学板块内容，主要涉及概率分布的统计学知识和麦克斯韦速率分布的物理学知识。《普通高中物理课程标准（2017年版2020年修订）》中有关这一板块的内容要求为：“了解分子运动速率分布的统计规律，知道分子运动速率分布图像的物理意义。”以2019年人教版教材

为例，分子运动速率分布规律一节以伽尔顿板来引入统计学规律的概念，在分子运动速率分布图像小结里，给出 0 ℃和 100 ℃两种温度情况下氧气分子位于各速率区间内分子数占总分子数百分比的数据（表 1），并且根据表格中的数据以分子的速率区间为横坐标，以各速率区间的分子数占总分子数的百分比为纵坐标，用两条不同颜色的光滑曲线分别展示了气体分子速率所呈现的“中间多，两头少”的分布规律（图 1）[3]，比较清晰直观，但此图 1 有可商榷之处。其一，插图的名称是氧气分子的速率分布图像，但无论国内还是国外的热学教材[4–5]，具有物理意义的速率分布图像的纵坐标都是速率分布概率密度函数 $f(v)$（简称速率分布函数），没有以纵坐标直接为概率本身的速率分布图像。分子速率分布图像的纵坐标是速率分布函数 $f(v)$，其量纲是速率的倒数，$f(v)$ 与横坐标围成的面积才具有概率的物理意义。其二，教材图 1 的横坐标是速率区间，并不是连续变化的速率，也就是横坐标只在图中标明数值的那几个点有意义，横坐标上的其他任何点并无物理意义。图 1 无法让学生“知道分子运动速率分布图像的物理意义”这一新课标内容要求。为全面调研高中物理教材中关于分子速率分布图像的呈现现状，我们对基于 2017 版新课标新编或修订的人教版、鲁科版[6]、教科版[7]、沪科版[8]、沪教版[9]、粤教版[10]等六版新教材进行调研和对比分析。

**表 1　氧气分子速率分布**

| 速率区间（m/s） | 各速率区间分子数占总分子数的百分比（%） | |
|---|---|---|
| | 0℃ | 100℃ |
| 100 以下 | 1.4 | 0.7 |
| 100~200 | 8.1 | 5.4 |
| 200~300 | 17.0 | 11.9 |
| 300~400 | 21.4 | 17.4 |
| 400~500 | 20.4 | 18.6 |
| 500~600 | 15.1 | 16.7 |
| 600~700 | 9.2 | 12.9 |
| 700~800 | 4.5 | 7.9 |
| 800~900 | 2.0 | 4.6 |
| 900 以上 | 0.9 | 3.9 |

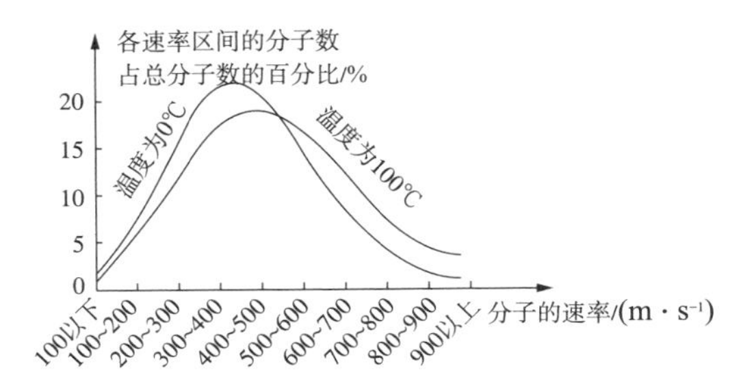


**图 1　人教版氧气分子速率分布教材插图**

## 二、六版新教材分子速率分布的呈现对比

表 2 我们列出了六版新教材分子速率分布知识脉络的呈现方式。

**表 2　六版教材分子速率分布版块对比**

| 教材版本 | 教材插图 | 知识脉络 |
| --- | --- | --- |
| 人教版 | 各速率区间的分子数<br>占总分子数的百分比/%<br>温度为0℃<br>温度为100℃<br>分子的速率/(m · s⁻¹) | ①以伽尔顿板实验来引入气体分子速率分布遵循统计规律的概念；②呈现两种不同温度（0 ℃和 100 ℃）下氧气分子各速率区间占比的表格；③以分子的速率 $v$ 为横坐标，以各速率区间的分子数占总分子数的百分比为纵坐标，用两条不同颜色的光滑曲线展示分子速率分布“中间多，两头少”的规律（如左图） |
| 鲁科版 | $f(v)$<br>低温分布<br>高温分布<br>$v$ | 以伽尔顿板实验来引入气体分子速率分布遵循统计规律的概念；②呈现两种不同温度（0℃和 100℃）下氧气分子各速率区间占比的表格；③以分子的速率 $v$ 为横坐标，以速率分布概率密度函数 $f(v)$ 为纵坐标，用两条不同颜色的光滑曲线展示不同温度下的分子速率分布“中间多，两头少”的规律（如左图），并指出图像纵坐标 $f(v)$ 为速率 $v$ 附近单位速率区间内的分子数占总分子数的百分比 |

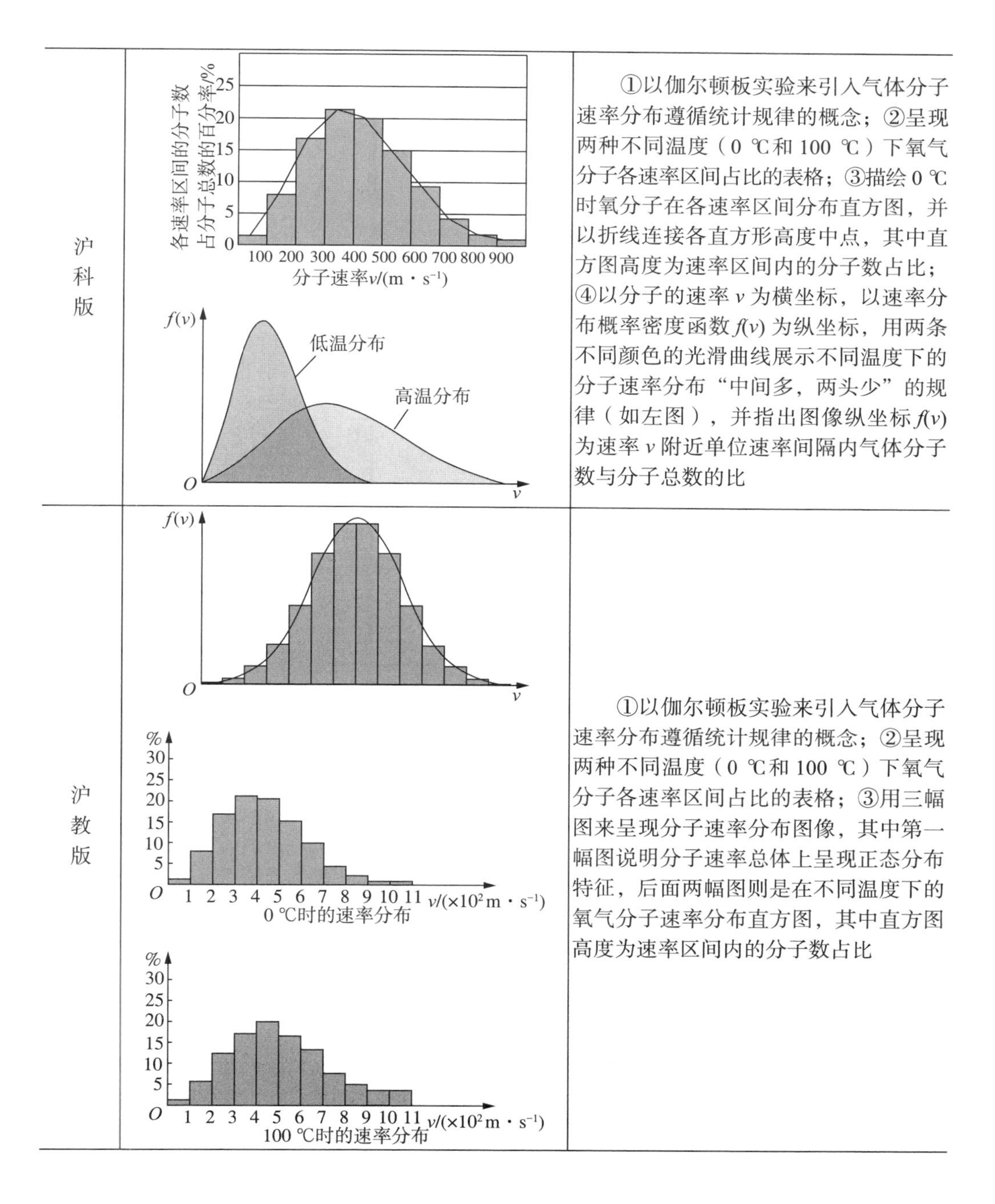


| | | |
|---|---|---|
| 沪科版 | | ①以伽尔顿板实验来引入气体分子速率分布遵循统计规律的概念；②呈现两种不同温度（0 ℃和 100 ℃）下氧气分子各速率区间占比的表格；③描绘 0 ℃时氧分子在各速率区间分布直方图，并以折线连接各直方形高度中点，其中直方图高度为速率区间内的分子数占比；④以分子的速率 $v$ 为横坐标，以速率分布概率密度函数 $f(v)$ 为纵坐标，用两条不同颜色的光滑曲线展示不同温度下的分子速率分布“中间多，两头少”的规律（如左图），并指出图像纵坐标 $f(v)$ 为速率 $v$ 附近单位速率间隔内气体分子数与分子总数的比 |
| 沪教版 | | ①以伽尔顿板实验来引入气体分子速率分布遵循统计规律的概念；②呈现两种不同温度（0 ℃和 100 ℃）下氧气分子各速率区间占比的表格；③用三幅图来呈现分子速率分布图像，其中第一幅图说明分子速率总体上呈现正态分布特征，后面两幅图则是在不同温度下的氧气分子速率分布直方图，其中直方图高度为速率区间内的分子数占比 |

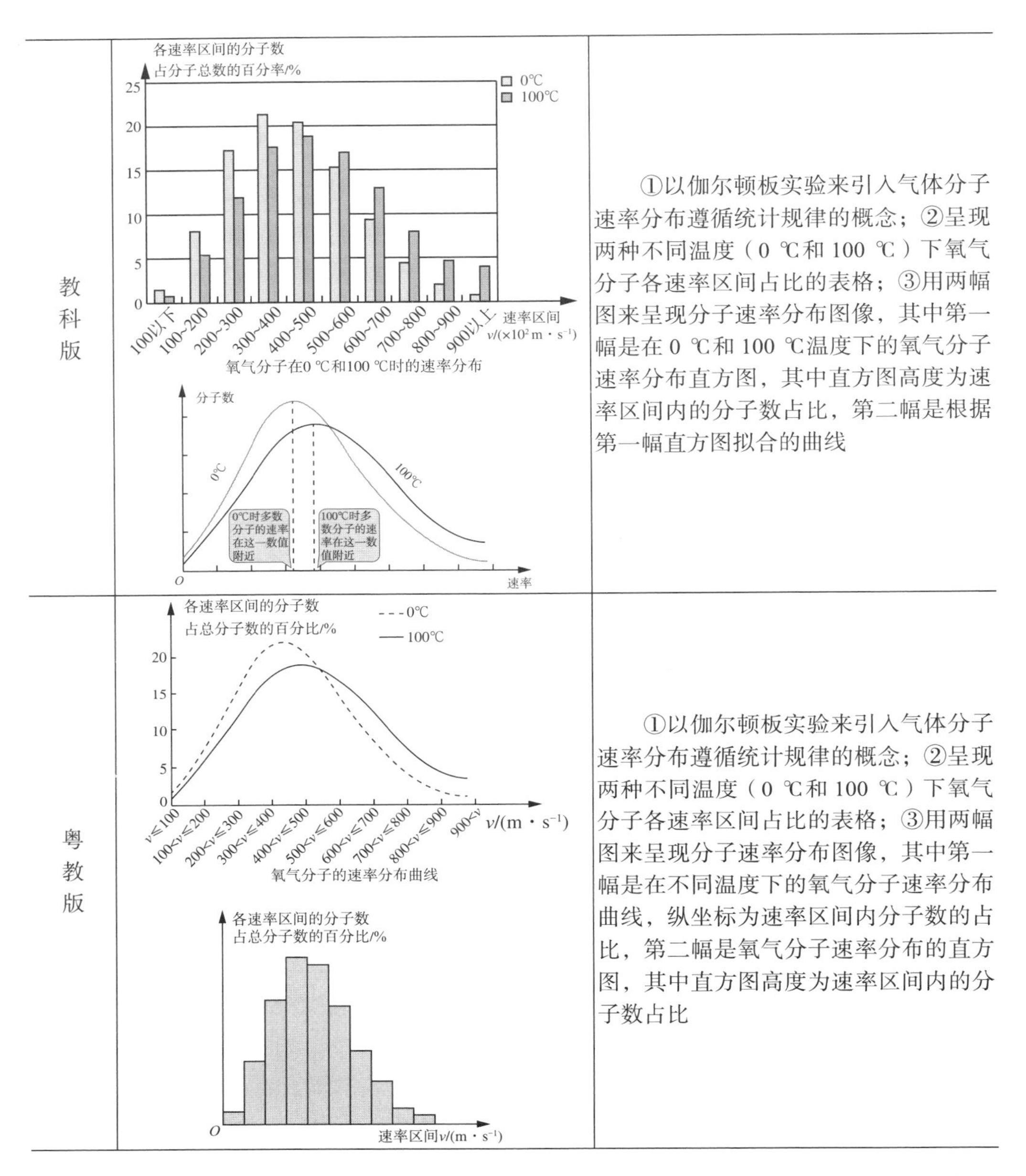


|  |  |
| --- | --- |
| 教科版 | ①以伽尔顿板实验来引入气体分子速率分布遵循统计规律的概念；②呈现两种不同温度（0 ℃和 100 ℃）下氧气分子各速率区间占比的表格；③用两幅图来呈现分子速率分布图像，其中第一幅是在 0 ℃和 100 ℃温度下的氧气分子速率分布直方图，其中直方图高度为速率区间内的分子数占比，第二幅是根据第一幅直方图拟合的曲线 |
| 粤教版 | ①以伽尔顿板实验来引入气体分子速率分布遵循统计规律的概念；②呈现两种不同温度（0 ℃和 100 ℃）下氧气分子各速率区间占比的表格；③用两幅图来呈现分子速率分布图像，其中第一幅是在不同温度下的氧气分子速率分布曲线，纵坐标为速率区间内分子数的占比，第二幅是氧气分子速率分布的直方图，其中直方图高度为速率区间内的分子数占比 |

通过对比发现，六版教材无一例外地均从伽尔顿板实验引入，利用小钢球类比分子，指出尽管单个小钢珠落入哪个狭槽是偶然的，但大量小钢球在狭槽内的分布却蕴含必然的统计学规律。通过对比还发现，六版教材也都无一例外地列出氧气分子在温度 0 ℃和 100 ℃下各速率区间分子数的占比，均呈现出“中间多，两头少”的统计特性，完成了新课标中“了解分子运动速率分布的统计规律”的要求。

此处要重点谈论的是气体分子速率分布曲线图的呈现方式，各版教材不尽相同，但几乎都难以实现新课标所要求的让学生“知道分子运动速率分布图像的物理意义”，教师备课要特别小心，要参考大学物理教材相关内容，否则容易讲错。

首先要明确的是速率分布曲线的纵坐标必须是速率分布概率密度函数 $f(v)$，而不能直接是某一速率区间内分子的概率（或百分比）。其科学道理很简单，因为分子速率分布占比一定是在某一速率区间内（即 $\Delta v$ 或者 $dv$）的分子数占总分子数的比例（概率），而不是在某一速率 $v$ 处的分子速率分布的概率（此概率为 0）。既然在 $\Delta v$ 或 $dv$ 速率区间内，就不可能直接由纵坐标读出百分比，而只能是图形的面积来表示概率。当然，在没有其他知识铺垫的前提下，在高中想要讲清连续变化的速率分布曲线与横坐标围成的面积是概率这一点是很难的，因而可以用直方图来直观说明。严格来说对于直方图，也要用直方图的面积来表示概率，但是在直方图的宽度都一样的情况下，直方图的高度（纵坐标）可以表示概率或相对概率，这在科学上是可以接受的，但该图一定要是直方图，而不能是光滑曲线图，此种情况下的曲线图基于本文所陈述的原因，没有明确的物理意义，需要改进。

鲁科版给出的速率分布曲线符合速率分布函数定义，即横坐标是速率 $v$，纵坐标是速率分布概率密度函数 $f(v)$，此速率分布函数曲线与横坐标围成的面积为分子速率占比[6]。不过如果鲁科版在直接给出图像之前，能有一定的引导和铺垫，那么概念的建立过程会更顺畅。

沪科版教材与鲁科版教材一致，也给出了面积具有概率意义的分子速率分布曲线。但在此图给出之前，增添了 0 ℃氧分子在各速率区间分布的直方图，这样的安排符合循序渐进的认知规律。与人教版不同的是，沪科版的直方图中并未用光滑曲线拟合直方图，是以折线连接反映速率区间分子数占比的变化趋势，且是以“0℃时氧分子在各速率区间分布的直方图”来命名该图，而不是如人教版那样，用“氧气分子的速率分布图像”来命名该图。正如我们所说，分子速率分布图像是特指面积具有概率意义的、以速率分布函数 $f(v)$ 为纵坐标的图像。沪科版还在自主活动中让学生自行画出 100 ℃时的氧分子在各速率区间速率分布的直方图，并与教材中给出的0 ℃时的速率分布直方图作比较,这有利于加深对速率分布的理解[8]。由此可见，除了用直方图高度来表示概率这一大多数教材均有的问题外，沪科版总体呈现兼具科学性和灵活性，更符合学生认知。若教材中的直方图以频率分布直方图的形式给出（见后文，即直方图面积表示概率），则更具科学性。

沪教版教材也是用直方图的高度来给出不同速率区间内的概率，而且是分别给出 0 ℃和 100 ℃下的分子速率分布直方图。另外，在一开始的“分析与论证”专栏中，教材用正态分布曲线表示分子的速率分布曲线[9]，这从科学角度看不够严谨。麦克斯韦速度分布确实满足对称的正态分布（高斯分布），但速率分布的速率范围为 [0，∞），显然不对称，速率分布曲线并不是严格的正态分布[11]。

教科版教材也给出了 0 ℃和 100 ℃下的分子速率分布的直方图，而且将不同颜色的直方图放在同一个坐标下，对比起来更直观。但在分子速率分布曲线的呈现上，本版教材分子速率分布曲线的纵坐标为分子数，这本质上与人教版等教材一样，即纵坐标直接给出的是概率，面积不具有概率的物理意义。

粤教版在分子速率分布曲线的呈现上，和人教版等教材一样，也是由纵坐标直接给出概率，使得分子速率分布图像不具有正确的物理意义。不过粤教版编者似乎注意到这一点，教材中设计了一道例题，以问题链的形式来询问教材中给出的“速率分布直方图，实验时速率区间取得越窄，图中整个直方图锯齿形边界就越接近一条光滑曲线，该曲线有何意义？曲线与横坐标所围的面积代表什么意义？能否求得该面积的值？”，然后通过例题解答来告知学生速率分布曲线正确的物理意义，即曲线与横坐标所围的面积为所有速率区间的分子数占气体总分子数的比例。但由于一开始给出的分布曲线就不具有正确的物理意义，之后的补救效果有限。

## 三、麦克斯韦分子束速率分布

本节我们给出气体分子速率分布的简单介绍，感兴趣的读者可以去研读教材[4–5]。英国物理学家麦克斯韦早在1859年基于理想气体在不同方向上做独立运动的猜想，从理论上推导出了气体分子速率分布的函数表达式[4]：

$$f(v)=4\pi\left(\frac{m}{2\pi kT}\right)^{3/2}\mathrm{e}^{-mv^2/2kT}v^2$$

但由于当时实验条件的限制，该速率分布的验证要在半个多世纪之后才能开展。此处以朗缪尔（Langmuir）真空加热炉实验为例，来简单介绍速率分布曲线[4]。

朗缪尔首先在真空加热炉内对蒸气压很低的固体或金属物质进行高温加热从而成为蒸汽，蒸汽分子通过小孔溢出后将穿过准直狭缝成为分子束（图2）。在分子源与探测器间安装两个边缘刻有小凹槽且相距 $L$ 的相同圆盘，使两凹槽错开某角度 $\theta$，从而得到一个旋转角速度可调的分子速度选择器。正常情况下，分子束中能穿过第一个凹槽的分子不一定能穿过第二个凹槽，要想气体分子能同时穿过两个凹槽被探测器接收，其速率要满足 $v=\dfrac{Lw}{\theta}$。但由于实际操作中凹槽具有一定宽度，因此严格意义上说，探测器接收到是速率在某一范围 $\Delta v$ 的分子。

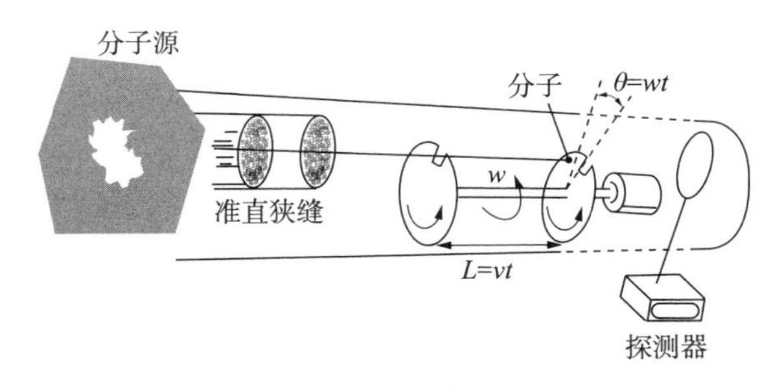


**图2　朗缪尔分子射线束实验**

因此，若记单位时间内通过第一个圆盘上凹槽的总分子数为 $N$，通过探测器到达探测器上的分子数为 $\Delta N$，则以分子速率 $v$ 为横坐标，以 $\frac{\Delta N}{N \times \Delta v}$ 为纵坐标作直方图，可得到气体分子速率在 [0，∞）区间的分布情况，此时每一个直方图的面积表示速率区间的分子数占比。当 $\Delta v \to 0$，直方图顶端变成一条光滑的曲线，称为分子速率分布曲线。换言之，麦克斯韦速率分布曲线 $f(v)$ 实质描述的是在速率 $v$ 附近单位速率区间内的分子数占总分子数比率，曲线与横坐标所围面积为速率位于 $v \to v+dv$ 区间的分布概率。因此，高中教材将分子在各速率区间内的百分比直方图直接通过拟合得到曲线并将之称为速率分布曲线在物理上是不具有科学性的，也很难实现新课标中让学生“知道分子运动速率分布图像的物理意义”的要求。当然，此处给出的分子束速率分布曲线其实和理想气体分子麦克斯韦速率分布曲线并非一回事[4]，但从理解分子速率分布图像的物理意义角度来看，是没有问题的。

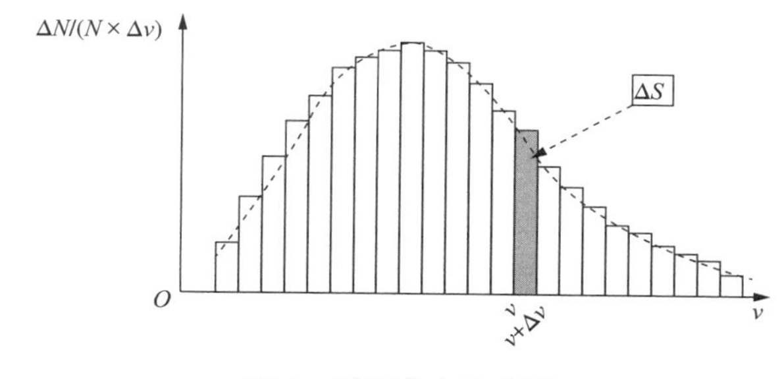


**图 3　速率分布直方图**

## 四、分子速率分布图像的教材改进建议

基于以上分析，为保证高中教材中物理知识的科学性，以及大、中学物理教学的连贯性，我们对分子速率分布图像的教材编写提出如下建议：

### （一）数学与物理跨学科融合

分子速率分布从数学角度来看属于数理统计知识，我们在研读 2017 版物理新课标和六版教材关于分子速率分布的同时，也研读了初高中数学教材，我们发现在初高中数学课堂上学生早已学习到了正确理解分子速率分布物理意义的相关知识，只是我们物理教材的编者和物理教师不清楚而已。在人教版七年级下册和人教版 A 版必修二的数学教材中[12]，分别出现了“频数分布直方图”和“频率分布直方图”的概念。其区别在于，初中介绍的频数分布直方图以直方图的高度（即纵坐标）为频率，而高中的频率分布直方图的高度为频率 / 组距，因而直方图的面积表示频率。显然，人教版、教科版、沪科版、沪教版、粤教版高中物理教材所给的分子速率分布直方图正是初中所学的频数分布直方图，而具有物理意义的分子速率分布曲线本质上是由高中数学必修二课程中所学的频率分布直方图所演变的。学生在学习高中物理选择性必修三时，不仅早就学习了频数分布直方图，更已学习到了频率分布直方图。

（二）用频率分布直方图代替教材中的百分比图

既然数学课程中已给学生建立了频率分布直方图的面积表示频率的知识，而物理上的分子速率分布曲线的面积也表示概率，那么问题的解决变得非常简单和水到渠成：直接根据氧气分子各速率区间的百分比得到频率分布直方图（类似图 3），之后说明当 $\Delta v \to 0$ 时直方图上的柱条宽度越来越窄，进而得到一条曲线，这条曲线就是分子速率分布曲线。

## 五、分子速率分布图像的教学建议

鉴于学生对分子速率分布图像物理意义的学习困难，考虑到速率分布图像的统计学意义，同时结合学生已有的数学知识背景和认知水平，我们对分子速率分布图像有如下教学建议：

（一）“客串”数学教师，复习频数与频率分布直方图旧知

建议教师在给出氧气分子在温度 0 ℃和 100 ℃下在各速率区间分子数的占比表格之后，“临时客串”数学教师，复习初中和高中数学课程中已学过的频数分布直方图和频率分布直方图知识，并将两者做一类比。为加深理解，教师还可以以实例来深入讲解下频率分布直方图的优点，即以直方图的面积而不是高度来表示概率的优越性。完成这些铺垫之后，教师即可很自然的引出速率分布直方图，并指出在 $\Delta v \to 0$ 时直方图上的柱条宽度越来越窄，最后得到一条曲线，这条曲线就是分子速率分布曲线。

（二）类比迁移，讲深讲透图像面积物理意义

由于在物理教学中，面积具有物理意义的图像有很多，比如 $a$-$t$ 图像与横坐标所围的面积代表速度增量，$v$-$t$ 图像与横坐标所围的面积代表位移，$F$-$t$ 图像表示物体所受合外力的冲量，$p$-$V$ 图像表示气体系统对外界所做体积功的大小等，因此分子速率分布曲线面积的概率意义并不像我们以为的那样不容易接受。教师可以结合这些图像的物理意义来和此处的速率分布图像的面积进行类比迁移，既复习了旧知，又能让新知识的学习变得自然。

在实际教学中，教师还可以根据麦克斯韦速率分布函数算出氮气、氢气等常见气体在不同温度下的各速率区间分子数占总分子数的比例，让学生根据已有的频率分布直方图来手绘出速率分布直方图。教师也可以用 GeoGebra、Excel 等软件来计算并绘制相应的曲线，来引导学生对气体分子速率分布图像的物理意义有更直观的认识。图 4 即为我们利用 GeoGebra 软件计算出的温度为 0 ℃时的氧气分子的速率在区间 100~200 m/s 内的分子数占总分子数的比例，为 8.1%（见表 1）。

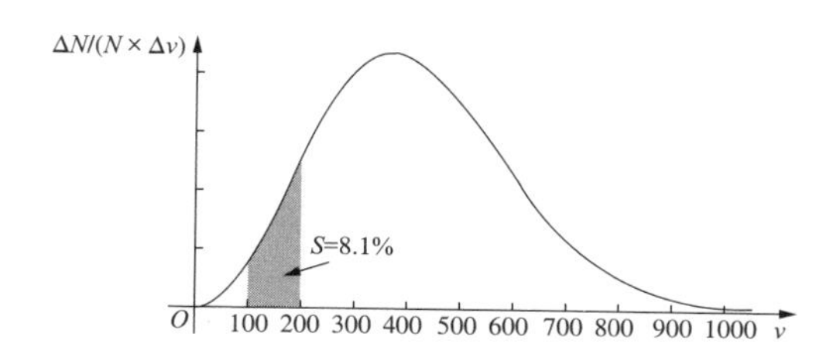


**图 4　温度为 0℃下的分子速率在 100~200 m/s 内的分子数占总分子数的百分比**

## 六、结语

本文中我们经过研读 2017 版高中物理新课标，结合对六版高中物理新教材的对比分析后指出，六版新教材均能很好地实现新课标的“了解分子运动速率分布的统计规律”要求，但在完成新课标的“知道分子运动速率分布图像的物理意义”的要求上均需改进，其中部分教材的图像呈现会误导师生。我们指出，通过与数学学科的知识融合，利用学生初中和高中在数学学科中已建立的频数分布直方图和频率分布直方图的概念，直接以频率分布直方图为起点引出分子速率分布的频率分布直方图，进而在速率区间 $\Delta v \rightarrow 0$ 时自然得到气体分子速率分布图像，此举可轻松阐明并引导学生深度理解分子速率分布图像的物理意义，整个过程基于学生已有知识背景，符合学生认知规律，自然顺畅，体现了知识的类比迁移和不同学科间的融合创新。

从数学和物理学发展史的角度来看，本文所涉及的数学与物理学科的关系密不可分，当物理学家披荆斩棘、探索自然的时候，数学家早已为物理学家准备好了所需要的工具，如广义相对论之黎曼几何，量子力学之矩阵等[13]。在中学物理教学中，应该注重与数学、化学、通用技术等其他学科的创新融合，以求更好的育人效果。

在本文将完成之际，我们发现高中一线教师刘大明等人早在 2020 年发表的文章中[14]已经注意到这个问题，并给出了编写建议。该文通过对某年全国高考题难度系数的分析得出现行教材中的分子速率分布图像的呈现方式确已造成学生对该图像物理意义的误解，而且作者自述，他们在讲课时也是按照教材向学生说明教材图像中曲线下方的面积表示速率区间段的分子数占总分子数的百分比，但被物理图像解读和运用能力较强的学生所质疑，因而促成该文。这佐证了我们的预期，即此部分的教材相关内容已经严重误导了学生和高中一线物理教师。通过本文的教材对比发现，这一问题不仅仅在某一版本的高中物理教材中出现，而是相当普遍，问题亟待解决。

## 参考文献

[1] 中华人民共和国教育部 . 普通高中物理课程标准 [S]. 北京：人民教育出版社，2020.

[2] 刘震 . 核心素养下的物理图像教学思考 [J]. 中学物理教学参考，2020，49(30):36−37.

[3] 普通高中教科书 . 物理（选择性必修第三册）[M]. 北京 : 人民教育出版社，2019.8:10−11.

[4] 秦允豪，热学（第 4 版）[M]. 北京：高等教育出版社，2018:63.

[5] Stephen J. Blundell and Katherine M. Blundell. Concepts in Thermal Physics[M]. 英国：Oxford university press, 2006.

[6] 普通高中教科书 . 物理（选择性必修第三册）[M]. 济南 : 山东科学技术出版社，2019:12−14.

[7] 普通高中教科书 . 物理（选择性必修第三册）[M]. 北京 : 教育科学出版社，2021:19−22.

[8] 普通高中教科书 . 物理（选择性必修第三册）[M]. 上海 : 上海科学技术出版社，2021:10−12.

[9] 普通高中教科书 . 物理（选择性必修第三册）[M]. 上海 : 上海科技教育出版社，2019:14−17.

[10] 普通高中教科书 . 物理（选择性必修第三册）[M]. 广州 : 广东教育出版社，2020:12−14.

[11] 邹剑飞，杨永富，邹华 . 麦克斯韦分布与概率论中典型分布的比较教学 [J]. 科技创新导报，2017，14(28):175−177.

[12] 普通高中教科书 . 数学（必修第二册 A 版）[M]. 北京 : 人民教育出版社，2019.

[13] 厚宇德 . 杨振宁论数理关系 [J]. 自然辩证法通讯，2019，41(02):38−42.

[14] 刘大明，江秀梅 . 气体分子速率分布图像编写改进及启示——从 2017 年全国 I 卷第 33(1) 题评析说起 [J]. 理科考试研究，2020，27(11): 46−48.

（本文发表于《物理教师》2023 年第 3 期 P.22−27，作者为邱苍穹、张鑫燚、冷伟、涂泓、方伟）

## 3.4 实验创新：自制教具与 DIS 实验的研究实践

实验在中学物理教学中永远占据着重要位置,实验在培养学生的问题解决能力、动手能力、科学思维能力、科学探究能力等方面都有着不可替代的作用。物理学的发展史就是一部科学观察与实验探究的奋斗史，蕴含着丰富可贵的教学元素。这些元素不仅能够有效激发学生的求知欲，还能引导他们深入理解科学的本质，并培养他们的批判性思维、科学态度和社会责任感。

《普通高中物理课程标准（2017 年版 2020 年修订）》特别强调要重视学生实验的设计与要求，在课程内容中专门列出了 21 个学生必做实验，其中必修课程中必做实验 12 个，选择性必修课程中必做实验 9 个。这是 2003 年版物理课程标准中所没有的，那时的物理实验一般在考试大纲中公布。从放在考试大纲到写入课程标准，重视程度显然不同。

对于义务教育物理课程标准，2011 年版课程标准中列出了学生必做的 20 个实验，但 2022 年版课程标准将学生必做实验从原来的附录中移到了正文课程内容的实验探究里。同时，将学生必做实验明确区分为测量类学生必做实验和探究类学生必做实验，必做实验总数增加到 21 个，且对实验内容进行了部分的更新和替换，探究类实验有所加强。因此，无论是初中还是高中阶段，新一轮的课程改革，单从课程标准的设置上来看，就明显体现了对实验的重视。

在对本、硕师范生的培养中，相比于课程标准中列出的初、高中必做实验，更应该重视对学生自制教具、DIS 实验以及利用手机等传感器软件来设计创新实验能力的培养。其原因在于新课标中所列的实验为必做实验，是适用于全国所有中学的，因此中学在实验器材上应该都是标配的，在实验设计的方法与步骤、实验拓展等方面的资源也是非常丰富的，只要将学生通用的实验技能、实验规范和数据处理能力培养好即可。与之相对应，对学生的自制教具能力、DIS 实验技能以及利用手机等传感器软件来设计创新实验能力的培养就显得尤为重要。

大学教育很多时候应该是“多开窗”的教育。你给学生多开一扇窗，学生领略到窗外盛景的机会就多一分。学生如果真对教学的内容感兴趣，自然会破窗而出，自主地去学得更深。现代社会发展到今天，网络上有大量优秀的资源可供学习，我们教师自身给出的未必是其中最优的。但毕竟教师的阅历比年轻学子更深，见多识广，为学生“多开窗”，让他们知道有许多不同的新天地，远比把学生困在一个小天地里“深挖井”要好。未来职业生涯中，当需要相关内容时，这些知识在大学里老师开窗讲授过，或者未开窗没讲过，其学习难度是大不相同的。在笔者的个人观点里，同样的时间下，教授学生学习两门从 0 到 10 的课程，不如学一门从 0 到 10 的课程外加 10 门从 0 到 1 的课程。学习一门从 0 到 10 的课程，是为“深挖井”，除了能深刻全面系统理解课程内容和精髓外，更重要的是教给学生正确的学习方法和培养坚韧的学习毅力，而10门从0到1的课程，就是笔者所说的“多开窗”，如此可以让学生领略10种风景各异的窗外美景，这远比让学生再学一门从0到10的课程更有意义。若学生对这10扇窗的窗外美景感兴趣，自然会利用在第一门课中学到的学习方法和培养的学习毅力，自己去完成从1到10的后续过程。《学记》有云，“善歌者，使人继其声；善教者，使人继其志”，在课堂上教学生学，不如让学生自主学效率来得高。

自制教具能培养本、硕师范生的动手能力、实验设计能力和发散性思维，这些学生若能在以后的中学教学中带领自己的学生进行教具、学具的制作，则能培养学生对物理的兴趣和热爱，提高学习效率。我们都有这样的体会，相比课堂上的教与学，我们更难忘的可能是在中小学和老师之间共同完成过的一项活动，比如一次游学、一次观星、一次劳动等等，因为此时的师生之间似乎更平等，交流更双向，空间和心灵距离更近，一起和学生做自制教具、学具也能起到类似的作用。

麦克斯韦说过：“实验的教育价值，往往与仪器的复杂性成反比。学生用自制仪器，虽然经常出毛病，但他们却会比用仔细调整好的仪器，学到更多的东西。学生对仔细调整好的仪器易产生依赖而不敢拆成零件。”严格来说，最早的科研仪器均为自制，研制仪器是科学家的传统。著名物理学家李政道先生曾经在文章中回忆，在读研期间其导师费米教授带着他一起制作了一个专门用来计算主序星内部温度的计算尺。李政道先生在国内参观时曾说：“自己动手做的仪器，永远比买来的好，这是一条定理。”而现在有些省份的高中物理实验用的游标卡尺、螺旋测微器都是数显的，有些省份的初中长度测量也不需要估读，这是一种不太好的现象，需要有识之士来扭转。不是说初、高中实验不可以用这些数显、DIS等实验仪器，但前提是要首先教会学生使用最基础、最简单、最原始的实验仪器，教会最基本的实验技能和误差处理等。科学教育加法体现在这些细节上，核心素养的科学态度与责任也体现在这些操作细节上。初、高中实验教学不能不接地气地一步登天，不能一味傻瓜式地数字化，简单的、机械式的测量仪器绝对不能丢。

自制教具要有启发性，能启迪思维，能简单明了地展示物理原理。自制教具要具有经济性，取材要遵循如下顺序：“找”（生活中时时留意、处处找寻）、“捡”（如在垃圾堆、工地等找废材料）、“要”（如找电工要废弃灯管，找医生要针头、针管，等等）、“买”［找不到又不易（宜）制作或者自己制作会有安全性的器材要去买，如磁铁、电阻、电容、电源等］，即“坛坛罐罐当仪器，拼拼凑凑做实验”，不花钱或少花钱。

自制教具还要具有可靠性，不要求坚固耐用，但也不能“弱不禁风”，一次性如纸糊一般。同时，自制教具还要具有可观性，自制教具不能是袖珍玩具，它是用来做演示实验的，尺寸要够大，简单明了。

组织物理本、硕师范生进行自制教具设计，需要注意几点：一是设计的教具一般要基于中学物理教材的内容范畴；二是不放弃一点一滴的改进，有时候就是简单的将传统实验器材做得更大一点，可能就能起到非常好的教学效果；三是不超出自己制作的能力范围，量力而行，否则难以成型。

如何找到自制教具创新设计的思路呢？有如下几点可供参考。**一是直觉思维法**，通过师生讨论、观摩优质课中的导入实验、验证或探究实验等。**二是推理思维法**，比如，在现有的教具基础上，能否改动、增减？教具的材料、构造、功能是否可以变化一下？教具是否能再优化一下？再如，做得更简化更直观一点，不同教具是否可以综合在一起？是否可以一具多用？**三是联想创造法**，利用相似类比、抽象类比、仿生、借用、组合、集优等思路，开展新教具的设计。比如，将不可见的变成可见的，像微小量放大法；将听觉的变成视觉的，比如将声波变成喷泉、烛焰、沙子波形图等。

自制教具制作要遵循几个原则。**一是简易性原则**，要求制作简单、材料易得，用身边易得的材料，要考虑环保，不要片面强调技艺的复杂性。**二是直观性原则**，易于操作，现象一定要直观明显。**三是趣味性原则**，富有创意、趣味性强，想人所未想，做人做不到的，呈显出的物理现象要有趣、有震撼性，如魔术等。**四是结合新技术、新材料**，如3D打印、传感器、人工智能、新型材料、智能手机等。**五是问题驱动原则**，自制教具是为了解决教学中的实际问题而做，是对现有教具的补充、改进和优化，不是现有成熟教具的简单复制。**六是恰到好处原则**，教具为解决某一教学问题而设计，因而教具展示的现象越单一越有利于教学，不要画蛇添足，不可同时牵涉多个物理知识点，即便是一具多用，也要清晰互不干扰。**七是安全性原则**，这是显而易见的。比如一些高电压、高气压类的自制教具，燃烧类、发射类自制教具等。时刻记住：安全是第一位的。

日本的大隅纪和曾经在《教具的活用技术》中给出自制教具的**LESSON原则**，分别是做大一点（large scale）、使用易得材料（easy available materials）、结构简单（simple mechanism）、演示现象明显（splendid presentation）、教育目标恰当（objective reasonable，即问题驱动）、赏心悦目一点（nice looking），这六点综合起来就是容易记忆的LESSON原则。

笔者曾经在指导学生参加教学技能竞赛的过程中，有了设计一个“空杯来酒”的魔术酒杯的想法，用来在大气压课上的实验导入。之后利用3D打印制作出了酒杯，受此启发而公开发表的论文还被人大复印资料全文转载，可谓是无心插柳。之后相继完成了几篇物理教研论文，如指导研究生完成对phyphox软件的介绍，并综述了其在物理教学中的应用。如指导本科生完成了定量探究向心加速度公式的教具制作，并利用Tracker和phyphox软件，对向心加速度公式进行了定量探究。和已毕业的中学物理教师一起优化实验教学，突破“法线”教学难点。在几年的时间内，笔者和学生一起完成了多个DIS实验的设计、探究和教学研究。

# “空杯来酒”魔术教具的制作及教学启示

[摘要] 利用3D打印技术自制“空杯来酒（水）”魔术教具，可一具两用，用来演示“大气压强的存在”以及对连通器原理的解释。该教具可操作性强，简单易做，趣味性强，可极大激发学生的学习积极性，对于培养学生的科学素养，提升教师的实验设计和创新能力具有一定的作用。

[关键词] 空杯来酒（水） 3D打印 自制教具 魔术

## 一、“空杯来酒”的制作背景

在“大气的压强”一节教学中，验证“大气压强的存在”是一个很重要的教学内容。新课标教材有关验证“大气压强的存在”的实验很多。比如浙教版教材《科学》八年级上和上教版《物理》九年级上均采用了覆杯实验。如图1所示，该实验方案为：在一个玻璃杯里盛满水，杯口覆盖一张硬纸片。用手托住纸片，把杯子倒转过来。把托纸片的手移开后，观察水是否会流出来，并解释观察到的现象。

**图1 教材实验装置**

该实验简单有趣，对没见过的学生来说新奇且具有“震撼性”，有利于大气压的知识引入，因而老师常作为课堂演示实验，但该实验也存在不足。一是尽管学生观察到了杯中水与硬纸片在倒置后并没有下落的现象，但对现象进行解释时[1]，有的学生会回答：“因为纸和杯子黏住了”或“分子有吸引力”等，如果老师直接解释这是由于大气压的作用，尽管能自圆其说并引出大气压概念，但不能令学生信服；二是若使用玻璃杯进行演示容易掉落，具有一定的危险性；三是若选取的纸板不够硬或具有吸水性，则该演示实验有失败的可能。基于以上问题，我们设计了一款新的魔术型实验教具，同样能很好的展示大气压，同时还能用作连通器时的教学教具。该教具来源于笔者在指导2017年第五届“华夏杯”全国物理教学创新大赛时的灵感，最终参赛同学也成功获得教学技能二等奖。

下面将从该教具的制作方法、操作过程、实验原理以及该教具的优缺点等方面来介绍。

## 二、“空杯来酒”魔术教具的制作方法

如图 2 所示，魔术杯为双层空心塑料杯，其中有 $P_1$ 和 $P_2$ 两个肉眼不易觉察的小孔，$P_1$ 位于魔术杯的内壁底部，$P_2$ 位于魔术杯的外壁上侧部。整个魔术杯需要通过三维建模，并由学生利用 3D 打印技术制作完成，完整打印出此杯需要几个小时的时间，制作出的实物教具如图 3 所示，其中的 $P_1$、$P_2$ 孔已经标出。

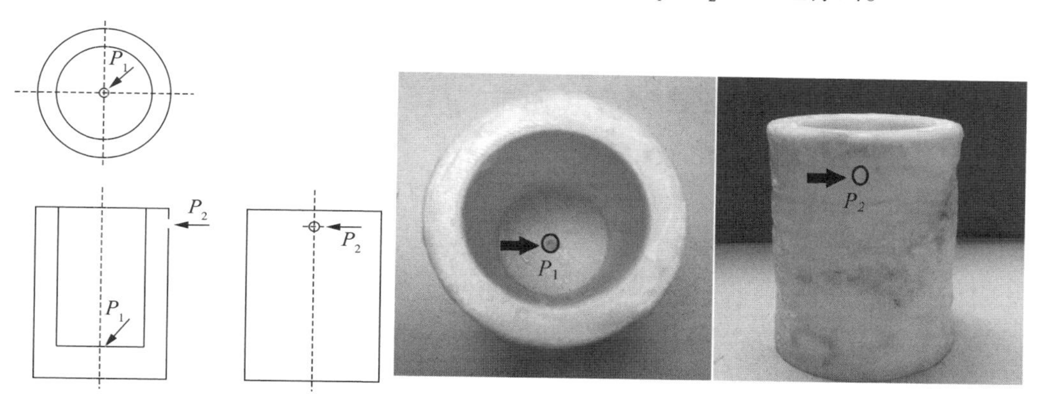


**图 2 “空杯来酒”魔术教具原理图**

**图 3 “空杯来酒”魔术教具实物图**

## 三、“空杯来酒”魔术的课程设计与实验步骤

在课堂引入环节，可以“魔术”形式呈现如下：

老师：“同学们，老师今天在上课之前给大家表演一项‘特异功能’，就是‘空杯来酒’，也就是我能将倒出去杯中酒变回来！大家看好了。”

（1）把教具置于桌面上，向杯中缓缓倒入适量酒水，酒水不要超过 $P_2$ 点的水位；（注意：巧妙地将 $P_2$ 孔置于教师内侧，不要让细心的学生看见 $P_2$ 孔）

（2）教师较为自然地摁住魔术杯侧边的 $P_2$ 孔，然后在全班同学面前将教具中的水完全倒出；

（3）同时将倒置的空魔术杯展示给学生看（展示的同时教师须继续摁住 $P_2$ 孔），此时尽管杯内酒水已经完全倒出，但由于大气压的作用，魔术杯空心层内的酒水并不会从 $P_1$ 孔流出；（注意：在向同学展示魔术杯的时候，要巧妙地不要让学生看到底部的 $P_1$ 孔）

（4）教师将魔术杯正放于桌面上，此时摁住 $P_2$ 孔的手指已松开，教师将准备好的绸缎盖住魔术杯；

（5）根据物理知识，空心层中的水已开始从杯底 $P_1$ 孔缓缓灌入杯中，教师此

时向同学说，“接下来是见证奇迹的时刻”，并果断的喊道“变”；

（6）教师开始掀开绸缎，摁住 $P_2$ 孔，倒置魔术杯，发现刚已被置空的魔术杯竟能倒出大半杯的水；在学生的惊叹声中，老师发问：“同学们真的相信老师有特异功能吗？”“当然不是！我们要相信科学，不要相信神秘主义！同学们在认真学习了接下来的知识后，你们就会明其中的原因，并能自己制作一个这样的教具回家演示给你们的家人，充分展示科学的魔力。”

**注意：**（1）由于空心层中的水在倒出后由于大气压的原因仍有留存，该魔术可在不继续加水的情况下进行第二次演示，但倒出的水量会有所减少。（2）此教学设计可同时适用于大气压及连通器等相关章节的课堂教学。

## 四、“空杯来酒”实验原理的解释

由于教具底部 $P_1$ 和侧面 $P_2$ 都设计了小孔。当在进行步骤（1）时，由于连通器的原理，水会穿过底部小孔流入空心层，使杯内与空心层内的水面同高（水面最高可达 $P_2$ 孔的高度），当在进行步骤（2）、（3）时，由于 $P_2$ 被摁住，大气压将作用在 $P_1$ 孔上，使空心层层内的水并不会从底部 $P_1$ 孔溢出，也就形成了“空杯”的效果。当在进行步骤（4）、（5）时，松开手指，$P_1$、$P_2$ 孔均打开，由于连通器原理，空心层内的水会有部分从底部小孔 $P_1$ 溢出，也就形成了“空杯来酒”的效果。

## 五、“空杯来酒”实验教具的优点

### （一）一物多用

该教具既能用于验证“大气压强的存在”，也能用于“连通器”原理的解释。因不同教科书对“连通器”和“大气压强的存在”知识点的编排顺序不同，教师在使用该教具进行演示实验时，对其进行原理解释时，侧重点应不同。下面以上教版九年级《物理》第六章为例，首先出现的是“连通器”，在“液体内部的压强”章节中。此时，学生对大气压强的概念还比较陌生，所以教师应当侧重于“松开”和“摁住”手指的不同环节对是否构成“连通器”的讲解，不要涉及大气压的概念。在随后进行“大气压强的存在”知识点的讲解时，教师仍能使用该教具进行演示，此时教师应侧重讲解“摁住”手指的过程大气压对空心层内的酒水也就是对杯底 $P_1$ 点的大气压的作用，此时可顺带复习“连通器”的原理。这样大大提高了教具的使用效率，使该教具在不同知识点的讲授时发挥不同的作用。

### （二）结合了新技术、新材料

3D 打印是一种新型的快速成型技术[2]，为物理实验创新式教学提供了崭新思路。该教具根据“连通器”和“大气压强的存在”的实际个性化教学需求，应用 3D 打印技术制作而成，使教学材料可视化效果强，也使教学更加直观，体验也更加真实，使教具既包含教学属性，又展现现代元素。随着 STEAM 课程以及“创客”

教育的流行，在魔术揭秘环节，可以带领学生自学 3D 打印技术，作为课外创新实践，制作该魔术杯，这样又为学生打开新的一扇窗，非常符合核心素养中的“学会学习”的培养要求，让学生乐学善学，具有信息意识，提高学生的动手及实践创新能力。

### （三）富有创意、趣味性强

该教具展示以“魔术”的形式引入，能够引起学生学习的注意力，激发学生学习的兴趣，满足学生的好奇心，可以培养学生科学探究的精神，从而提高学生对物理学科的热爱。

### （四）操作简便、现象明显

该教具原理非常简单，但在演示时的效果都非常明显，成功率高。相比于覆杯实验，该教具在演示时不存在危险性，教师和学生都能够演示。

## 六、对自制教具的思考

### （一）自制教具在物理实验中的意义

1. 符合新课标对学生核心素养培养的要求。核心素养要求学生具有一定的探究能力、创新能力等。教师用生活中易得的材料来组建教具创设物理学习情境，学生能够从“知”的环境中去发现“未知”，从而激发学生探究新知识的强烈愿望[3]。

2. 对物理教师的成长具有重要意义[4]。作为物理教师，经历自制教具过程，融合多种知识，熟悉生产工艺，掌握新型材料，运用新技术，从而不断改进教学方法。

3. 自制教具的过程将提升学生的动手能力。教师通过指导学生改进实验装置，探究新的实验方法。同时，自制教具过程还能促进师生之间的交流，增强教师的个人魅力，提高学生的学习效果。

### （二）自制教具的制作原则[5–6]

1. 以解决实际问题为原则。比如制备此教具解决了原覆杯实验容易失败、实验现象解释难以让学生信服等问题。

2. 恰到好处原则，即自制教具不要画蛇添足。比如我们在最初制备此教具时，为了美观在其外壁上设计了浮雕，但此设计导致教具外壁厚度不均匀，导致有些地方有渗水现象。

3. 不要片面强调教具技艺的复杂性，而忽视了制作教具的“初心”。教具制作要服务于课堂教学和知识点的讲授。

总之，在现今中学的教师和师范专业的本科生及研究生中大力开展自制教具的制作，可以培养学生的观察能力、思维能力、分析能力、动手操作能力和创造能力，这些都是符合现阶段对培养学生的核心素的要求。当然教师在自制教具时还存在需要进一步探讨的问题，比如如何增强自制教具的演示功能、如何调动学生制作和学习的兴趣等，都有待于我们进一步探索。

**致谢：**感谢上海师范大学教育学院鲍贤清副教授在 3D 打印方面的帮助。

## 参考文献

[1] 李秀一 . 覆杯实验的改进 [J]. 实验教学与仪器，2014(10)：28−29.

[2] 李刚，侯恕 . 3D 打印技术 : 中学物理实验教学优化新思路 [J]. 物理教师，2015，36(12)：65−67.

[3] 徐顺明 . 物理自制教具对落实新课程标准的重要意义 [J]. 科普童话，2015(22):32.

[4] 潘家鸿，罗亮，何临红 . 谈自制教具在初中物理教学中的重要意义 [J]. 新课程，2011(11): 60−62.

[5] 任韦德 . 新时期自制教具的原则和特点 [J]. 教育与装备研究，2016(6)：21−22.

[6] 吴建琴 . 自制教具设计制作中的几点思考 [J]. 物理教学，2014, 36(7)：34−36.

（本文发表于《中学物理》2018 年第 8 期，P.21−23，作者为何佳娜、曹峻、侯雨晴、方伟，人大复印资料转载）

# Phyphox 软件介绍及其在物理教学中的应用

［摘要］本文详细介绍了 phyphox 软件的功能和其所包含的各种传感器，对每种传感器均给出了相应实例来说明并启发其在物理教学中的应用。文章最后试图总结了 phyphox 软件的优点，并对 phyphox 在物理教学中的应用前景作了展望和思考，期望对广大物理教师和物理教育研究者提供有益参考。

［关键词］phyphox 传感器　物理教学

Phyphox 软件是基于智能手机所含有的传感器而创建的辅助物理实验的工具箱，它突破了传统传感器操作位置局限，拓展了物理课外实验的范围，且有成本低、方便实用的优点。Phyphox 软件已逐渐融入物理实验教学，并为物理实验教学提供了新颖的测量工具。

Phyphox 全称“physical phone experiments”，实现了“掌中物理实验室”。phyphox 是由德国亚琛工业大学在 2016 年发行的一款手机应用软件，安卓设备和 IOS 设备均可下载。目前提供了非常灵敏且高精度的传感器：加速度传感器、磁力传感器、陀螺仪（旋转传感器）、光传感器、压力传感器、声音传感器等，最新设备还有温度、湿度传感器。目前可实现 29 种内置功能，例如加速度、角速度、光照强度、磁场强度、压力和声音的振幅、频率、周期等基本物理量的测量 [1]。除 phyphox 外，还有其他物理实验的工具箱应用，例如 Physics Toolbox Suite Pro[2]，AndroSensor[3]，Sparkvue[4]，这些应用均提供了免费的数据分析工具，本文拟就 phyphox 的功能、前景及其在物理教学中的应用进行介绍和分析。

## 一、phyphox 功能

Phyphox 不仅包含单独传感器，还有基于传感器而开发的实用工具，如秒表（声学秒表、运动秒表、光学秒表）、角度测量仪、音频发生器等。phyphox 软件还将传感器进行模块的整理，如转动、滚动、单摆、弹性碰撞、弹簧振动等多种基本运动，另外 phyphox 软件还设置了生活小实验，方便学生利用生活探究物理知识。例如，电梯实验 [5]。该软件的坐标系在 phyphox 中，$z$ 轴垂直于屏幕，将设备保持在默认位置时，$x$ 轴指向手机的短边，$y$ 轴指向手机的长边，但在某些较大的平板电脑上，$x$ 指向设备的长边。除此之外，phyphox 的用户不仅能访问传感器的原始数据，通过图形或数字的方式呈现数据，教师和学生还可利用 phyphox 配合自制教具定性测量有关物理量，phyphox 为物理教学提供了新颖免费测量物理量的途径。该应用程序还提供远程访问的功能，允许从计算机远程控制应用程序，无须操作进行实验的智能手机。

Phyphox 应用程序的另一大优势是可创建自己的“实验室”，自行编写整个实验，这为教师提供了多种选择，可创建全新的更复杂的实验。教师可对不同知识水平的学生制定不同的学习目标；同时这也是更改实验参数的好方法，例如实验的传感器速率或记录的数据量。除了对功能的简要说明外，还包括应用程序的 wiki，用户能够交换有关 phyphox 的经验和知识。有关该应用程序及其功能的更多信息，可访问相应的网站 phyphox.org[6]。

## 二、phyphox 内容简介

### （一）加速度传感器

加速度传感器是通过测量手机在坐标系 $x$、$y$、$z$ 轴方向上的位移变化来测量物体运动的加速度的。例如教师和学生利用加速度传感器探究弹簧振子 [7]：取一根弹簧，其上端用一细线固定于支架上，下端与智能手机连接，由此形成一个竖直方向上的弹簧振子。打开手机 phyphox 中的 Acceleration（without $g$），这里需要注意，当减去了恒定加速度的虚拟传感器（通常还考虑来自其他传感器的数据），这就是我们所说的“加速度没有 $g$”，它实际上会在静止时显示加速度为零。当手机随着弹簧一起振动时，加速度传感器记录下弹簧振子的瞬时加速度大小并能以曲线的形式显示。

加速度传感器还可以测量重力加速度：在软件 phyphox 中利用 spring（弹簧）测量重力加速度 [8]；也可探究弹簧阻尼问题，spring 相比单独加速度传感器还可测量出弹簧振子的频率。Phyphox 中的加速度传感器还能获得传统方法所不能获得的信息，如 $x$、$y$、$z$ 方向的运动情况，手机在振动的过程中有可能出现不同方向的微小振动，因此加速度传感器清晰地记录所有方向的数据有助于学生研究主要方向上的加速度。

### （二）压强传感器

通过智能手机压强传感器测量电梯速度和高度，学生也可以探究电梯中失重和超重的压力与合加速度等物理规律，同时也能测量无人驾驶飞机（飞行无人机）的垂直速度 [5]。由于智能手机感应的气压与手机的高度相关，根据海拔高度，推导出气压，从而得到加速度和速度值（大气层内 100 m 处有效）。除了压强之外，还使用内置加速度计记录加速度值（加速度计相当于力传感器），进行数值积分，也可获得垂直速度和高度，通过实验发现，用加速度传感器获得加速度与参考值有非常大的差异，首先因为数值积分累积误差，其次重力加速度的微小不确定性导致后期高度计算明显存在不确定性。通过数据对比，压强传感器获得的数据相比加速度计获得的数据噪声小。加速度传感器引起的实验误差不能依据改变数据范围来解决，因此，对于此类实验，压强传感器比加速度传感器更加精确。同时压力传感器也优于 GPS，因为这种传感器在室内不接收卫星信号，在可能的情况下，压强传感器不仅在力学、流体力学有所应用，也可以作为气压计测量热力学中的物理量。

### （三）旋转传感器

智能手机 phyphox 软件中的 Gyroscope（陀螺仪），Centripetal acceleration（向心加速度），Roll（滚动）都具有旋转传感器，在传统的教学实验中很难测量角速度、向心加速度，但在 phyphox 可以测量 $x$、$y$、$z$ 轴的角速度和绝对角速度。Centripetal acceleration（向心加速度）可直接测量出角速度和加速度之间的数量关系：$a=\omega^2r$，学生也可测量小区或公园里转盘、转椅以及游乐园的娱乐设施[9]，不过游乐园的许多设施有不同方向的角速度，对高中生来说增加了学习难度。

### （四）声音传感器

Phyphox 程序中声音传感器可以测量音频的振幅、单音的频率、音频信号的频谱、声纳和多普勒效应，还有特定的音频发生器，还可以利用声学秒表测量弹性碰撞的损失、自由落体的时间和高度等。初中生可利用两部智能手机简单测量声速，两部手机的作用是音频发射器和接收器[10]。“多普勒效应”测量的是由于多普勒效应引起的信号发生器到手机感应器频率的变化，并且能确定手机与信号发生器之间的相对速度[11]。

### （五）磁场传感器

智能手机有磁场传感器，应用程序 phyphox 中有三个测量与磁场相关物理量的程序，分别是 Magnetometer（磁力计），Magnetic Spectrum（磁场频谱），Magnetic ruler（磁性尺）。磁力计非常灵敏，手机开发者正是利用磁力计做指南针。磁力计很容易受手机磁化的影响，因此 phyphox 不断会重新校准磁场传感器来消除影响。磁场频谱显示磁力计数据中频谱和频率的峰值，如果提供波谱的样本数量较高，分辨率就高，频率会更精准；若减少样本数量，变化程度就更明显，频率最大值实际是传感器的采集速率决定，因此频谱很大程度上取决于智能手机本身。

磁性尺不是单独的实验，而是一种工具，主要测量距离和速度，首先需要设置一条路径，在固定的间隔放置几个磁铁，并测量出磁铁之间的距离，在做实验之前输入在程序中，phyphox 通过磁铁计测量出智能手机通过磁铁的频率，通过计算可得到间隔的总距离和平均速度。学生可以利用这个工具设计实验，例如测量玩具火车的速度[12]。

### （六）光传感器

Phyphox 应用软件中的光传感器是从手机的环境光获取原始数据，但是在一些设备中，光传感器并不是非常灵敏，老师和学生可用光传感器验证朗伯比尔定律——分光光度法的基本定律[13]，是描述物质对某一波长光吸收的强弱与吸光物质的浓度及其液层厚度间的关系。但是 phyphox 只能测量光照强度，需要学生导出光照强度数据在 Excel 中，然后输入液体浓度数值得出相关关系图。学生还可以测量不同物体光透射率，被透射的物体可以是透明体和半透明体，通常用透过后的光通量与入射光通量的比为光透射率。

## 三、phyphox 在物理教学中的前景展望

### （一）教学范围更加广泛，引起学生兴趣

智能手机用在学生学习上的时间少之又少，但物理工具箱的应用可以让智能手机成为学生学习的伙伴。学生可在家中娱乐时设计并进行物理实验，这不仅能激发学生的创新细胞，增加学生的物理学习动机，也能提升学生在物理学习中的自我效能感。因为实验环境不局限于学校的 DIS 实验，教师的实验教学方式也可以发挥更多的创新空间：教师可以让学生在课余时间设计并完成许多小实验，加深学生对物理现象的理解，也能让学生对数据更加敏感，这能提升学生获取信息的能力；教师可以在实验课堂中增加讨论分析实验的时间，给物理实验教学提供催化剂。

### （二）实验数据处理更加方便快捷

在用 phyphox 做实验时，实验结果以数据或图表的形式实时显示，清晰明了，可根据需要远程传输在电脑上显示或保存实验页面，有利于不同实验进行对比分析，简单的数据处理过程减少了数学对学生的干扰，可让学生关注物理本身。学生可以大胆地进行猜想实验，分析实验，能促进学生对物理的理解。

### （三）增加教学创新因子

智能手机 phyphox App 给学生和教师提供了更大的物理实验平台，还可以由用户创建新的实验平台，并不局限于 phyphox 中的程序，学生和教师可用一个或多个传感器设计实验，从研究问题的多角度进行分析、设计实验，能充分挖掘学生和教师的创新潜能。比如声音传感器不仅可以测量有关声音的变量，还可以用转换的方法间接测量运动物理量，phyphox 中 Acoustic Stopwatch（声音秒表）利用落球与地面发生的几次碰撞的声音测出球每次的时间差和损失率，再由此计算出球的高度，可分析弹性碰撞的势能变化、机械能的损耗值等，这样的数据信息可以提升学生的学习自主性和探究能力。

## 四、总结

本文对 phyphox 进行了详细的介绍，并对其在物理教学中的应用进行了分析。在学科核心素养的导向下，“以学为中心”的物理探究实验有助于学生学习科学知识，形成正确的物理观念，习得科学方法，培养科学思维并感受崇高的科学精神。翻转课堂、STEM 教育、微课、慕课等现代教育模式体现了以学为中心的理念，也为物理探究实验的新模式提供了空间，phyphox 等实验工具箱 App 的开发更为课外探究实验、研究型学习提供了有效手段，它的应用前景十分广泛。另外，教师也需了解 phyphox 此类软件的弊端和不足。首先是在实验开始前，需用 phyphox 测量周围环境对实验数据的影响，手机本身的性能也会对实验数据造成误差，因此 phyphox 只

能做半定量或定性的测量；其次 phyphox 此类软件只为教学做辅助作用，教师需依据教学内容特点进行合理利用。

## 参考文献

[1] 惠宇洁 . 智能手机在物理实验教学中的应用探讨——以 phyphox 软件为例 [J]. 物理教学探讨 , 2018, 36(7): 70-72.

[2] Monteiro M, Stari C, Cabeza C, et al. Physics experiments using simultaneously more than one smartphone sensors[J]. Journal of Physics Conference Series 1287, 2019; 012058.

[3] Price C, Maor R, Shachaf H. Using smartphones for monitoring atmospheric tides[J]. Journal of Atmospheric and Solar-Terrestrial Physics, 2018, 174: 1-4.

[4] Montealegre J S C, Romero D D P J, Muñoz J H. App’s como herramientas pedag ó gicas para el proceso de Enseñanza-Aprendizaje de la F í sica[J]. Revista cient í fica, 2019: 160-168.

[5] Monteiro, Mart í n, C Mart í , Arturo. Using smartphone pressure sensors to measure vertical velocities of elevators, stairways, and drones[J]. Physics Education, 2017, 52(1): 015010.

[6] Staacks S, H ü tz, S, Heinke H , et al. Advanced tools for smartphone-based experiments: phyphox[J]. Physics Education, 2018, 53(4): 045009.

[7] 赵荣俊 , 刘应开 . 用智能手机加速度传感器分析弹簧振动现象 [J]. 物理教师 , 2017, 38(1): 54-58.

[8] Kuhn J, Vogt P.Smartphones as experimental tools: Different methods to determine the gravitational acceleration in classroom physics by using everyday devices[J]. European Journal of Physics Education, 2013, 4: 16-27.

[9] Ann-Marie Pendrill, Conny Modig. Pendulum rides, rotations and the Coriolis effect[J]. Physics Education, 2018, 53(4): 1.

[10] Staacks S, H ü tz S, Heinke H, Stampfer C. Simple time-of-flight measurement of the speed of sound using smartphones[J]. Physics Teacher., 2019, 57(2): 112-113.

[11] Klein P, Hirth M, GröBer S, et al. Classical experiments revisited: smartphones and tablet PCs as experimental tools in acoustics and optics[J]. Physics Education, 2014, 49(4): 412-418.

[12] Goertz S, Heinke H, Riese J, et al. Smartphone-Experimente zu gleichmäßig beschleunigten Bewegungen mit der App phyphox[J]. PhyDid B-Didaktik der Physik-Beiträge zur DPG-Fr ü hjahrstagung, 2017.

[13] Bouquet F, Dauphin C, Bernard F, et al. Low-cost experiments with everyday objects for homework assignments[J]. Physics Education, 2019, 54(2): 025001.

（本文发表于《物理通报》2020 年第 2 期 P.101-104, 108, 作者为何璐、祖米热姆·伊马木、方伟）

# 向心加速度公式的教具制作及其教学研究

## ——基于 Tracker 和 phyphox 软件的定量探究

[摘要] 从教具制作、定量实验探究和教学启示等三方面来探究匀速圆周运动的向心加速度公式，即利用自制教具探究向心加速度 $a_c$ 与圆周运动半径 $r$ 和角速度 $\omega$ 之间的定量关系。实验发现，结果非常好地符合理论预期。最后文章讨论了本文工作的教学启示，可以将其设计成适合高中物理教学的验证性、探究性实验及课外科创活动，从而培养学生的科学探究能力、科学推理能力、动手协作能力和问题解决能力等。本教具还提供了测量当地重力加速度的一种新方法。

[关键词] 向心加速度　智能手机　教具制作　Tracker　phyphox

## 一、引言

向心力和向心加速度是高中物理教学的一大重点与难点，学生对于向心力概念一直很难理解，在对物体进行受力分析时，往往还外加一个向心力 [1]。该知识点前承牛顿第二定律，后引圆周运动的相关应用，并为万有引力这一概念做铺垫。但这一知识点在高中课本上仅做了简单的分析及公式推导。在教学实验中，教师往往无法做课堂演示实验，DIS 实验尽管能做相关工作，但其普及性不高，集成性却过高，使得学生的参与感不强，因而大大降低了学生参与向心加速度实验的积极性，且不利于学生对向心加速度这一概念的充分理解。另一方面，随着科技和我国经济的发展，智能手机已越来越普及，且其集成了各种微型传感器，精确度和灵敏度都很高，若教师能带领学生开发自制教具，利用集成了各种传感器的智能手机，并辅以 Tracker 和 phyphox 等软件 [2]，将可实现对向心加速度的定量探究和验证，其教育意义将不可小觑。伟大的物理学家麦克斯韦也曾说过："实验的教育价值，往往与仪器的复杂性成反比。学生用自制仪器，虽然经常出毛病，但他们却会比用仔细调整好的仪器，学到更多的东西。" [3]

在本文的第一部分，阐述了本教具的实验构想和实验原理的理论推导，并在第二部分详细讲解了教具的制作过程。在第三部分，我们利用自制教具进行了基于控制变量的定量探究实验，研究了向心加速度 $a_c$ 与圆周运动半径 $r$ 和角速度 $\omega$（周期 $T$）的关系，并在第四部分进行了实验的误差分析。最后指出该实验通过适当的教学设计，可以作为高中学生的探究性或验证性实验及课外科创活动，还提供了测量当地重力加速度的一种新方法。整个自制教具的制作和实验探究过程具有较强的教育启示意义。

## 二、教具构想和实验原理

本文的教具构想和实验原理为：利用可调速电动机制作教具，让智能手机作为质点绕杆做摆长为 $L$ 的匀速圆锥摆运动（图 1），此时手机在水平面内即做匀速圆周运动。由图 1 受力分析易得手机所受合力 $F_{合}=mg\tan\theta$，此力在水平平面内，即是提供手机在水平面内做匀速圆周运动的向心力，因而向心加速度大小为：

$$a_c=g\tan\theta \quad (1)$$

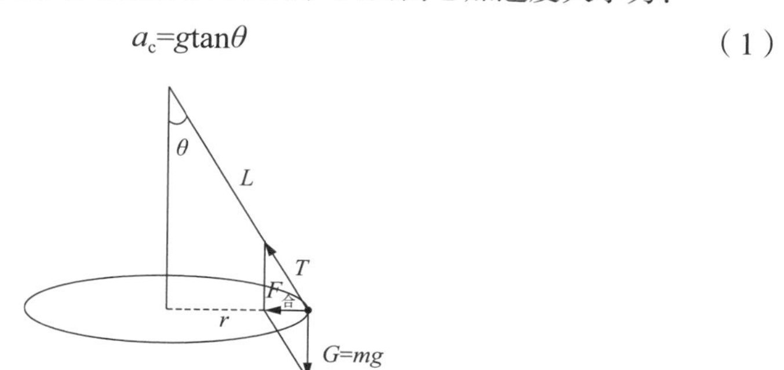


**图 1　受力分析**

另一方面，质点做匀速圆周运动的向心力公式为 $F_{向}=m\omega^2r$，因而有：

$$a_c=\omega^2 r \quad (2)$$

式（1）和式（2）在理论上应该相等。利用本文所述自制教具（见后述图 2），手机上装载的 phyphox 软件可直接测得手机做圆周运动的角速度 $\omega$ 和向心加速度 $a_c$，而 Tracker 软件可测到手机绕杆做圆锥摆运动时悬线与竖直方向的夹角 $\theta$，以及手机在水平面内做圆周运动的半径 $r$。有了 $a_c$、$\theta$、$\omega$、$r$ 的实测数据，即可在误差允许范围之内，验证或者探究向心加速度表达式。

## 三、向心力实验的教具制作

**图 2　实物图**

**图 3　电动机转盘**

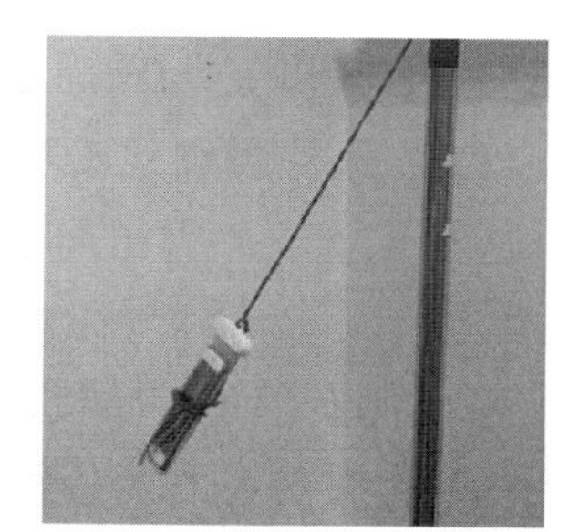

**图 4　多股细铜丝**

图 2 所示为用 Tracker 软件和智能手机软件 phyphox 验证向心加速度公式的教具实物图。教具主要是由一个可调速的电动机、智能手机、多股细铜丝、钢管支架和不锈钢底座（购于五金店）组成，其中可调速的电动机是由一个低速旋转电动机（200 r/min、24 V 电压、36.5 mm 直径、单电机），一个直流电机调速器（CCM5D 数显 PWM 微型直流减速电动机调速控制器）和一个直流开关电源所组成，将电动机嵌入一个内径与电动机直径相同的钢管中，并将钢管和一个不锈钢底座进行焊接，钢管的长度尽量长，多股细铜丝要足够长，以避免手机自身长度带来的误差。此外，由于原电动机自带的法兰螺母过小，在手机旋转的时候会产生绕线的现象，故我们在法兰螺母的基础上焊接了多个法兰片（图 3），使整个转盘大于电动机的直径，解决了绕线问题。另外，悬挂手机的悬线 $L$ 可用软硬适中的多股细铜丝替代棉质绳（图 4），这将有效解决手机在旋转过程中的自转问题。

本实验装置设计合理，简单易做，成本较低，操作简便，方便携带。通过巧用智能手机软件，使向心加速度、角速度等物理量的测量变得便利，实验误差做到了最大化的控制。该教具可作为课堂演示教具，将理论概念可视化，为物理实验教学提供新思路。同时也激发了学生通过智能手机进行物理学习的兴趣，变沉溺手机的低头族为利用手机学习的阳光族。

## 四、向心加速度实验定量探究

现利用本文介绍的自制教具来验证向心加速度的公式，即定量探究向心加速度 $a_c$ 与圆周运动半径 $r$ 和角速度 $\omega$ 两者之间的关系。在实验中我们利用控制变量法，即改变 $r$、$\omega$ 中的一个变量，保持另一个变量不变。利用手机 phyphox 软件直接测量得出手机的角速度 $\omega$ 和向心加速度 $a_c$，利用视频分析软件 Tracker 测量出圆周运动半径 $r$ 和悬线与竖直方向的夹角 $\theta$，通过多次实验，得出相关关系。以下是向心加速度实验的数据及结果分析。

（1）保持角速度 $\omega$ 不变，通过改变线长 $L$ 改变圆周运动半径 $r$，改变 8 次线长 $L$，得出向心加速度 $a_c$ 与圆周运动半径 $r$ 的关系（数据见表 1，关系图见图 5）。

（2）保持圆周运动半径 $r$ 不变，通过改变电动机转速来改变角速度 $\omega$，改变 8 次角速度 $\omega$，得出向心加速度 $a_c$ 与角速度 $\omega$ 的关系（数据见表 2，关系图见图 6）。

需要注意的是，本实验中的转速 $\omega$ 和圆周运动半径 $r$ 由于和调速电动机、悬挂物质量以及线长有关，在实验中无法做到严格地控制变量，只能做到近似不变，从表 1、2 中可以看出。

表 1　保持角速度 $\omega$ 不变，改变线长 $L$ 从而改变圆周运动半径 $r$

| 序号 | 夹角 $\theta$（° ） | 线长 $L$（m） | 半径 $r$（m） | 角速度 $\omega$（rad/s） | $a_{c1}$（$m/s^2$） | $a_{c2}$（$m/s^2$） | $a_{c3}$（$m/s^2$） | 误差 1 | 误差 2 |
|---|---|---|---|---|---|---|---|---|---|
| 1 | 44.90 | 0.576 | 0.403 | 4.954 | 9.692 | 9.890 | 9.762 | 2.007% | 1.299% |
| 2 | 47.25 | 0.593 | 0.434 | 4.941 | 10.577 | 10.595 | 10.598 | 0.209% | 0.010% |
| 3 | 49.50 | 0.537 | 0.486 | 4.833 | 11.348 | 11.352 | 11.470 | 0.017% | 1.092% |
| 4 | 47.85 | 0.590 | 0.437 | 4.945 | 10.717 | 10.686 | 10.823 | 0.290% | 1.282% |
| 5 | 49.90 | 0.604 | 0.466 | 4.961 | 11.457 | 11.469 | 11.634 | 0.104% | 1.439% |
| 6 | 53.10 | 0.664 | 0.545 | 4.912 | 12.989 | 13.150 | 13.048 | 1.224% | 0.776% |
| 7 | 51.30 | 0.618 | 0.502 | 4.918 | 12.057 | 12.142 | 12.228 | 0.700% | 0.708% |
| 8 | 45.15 | 0.576 | 0.401 | 4.914 | 9.634 | 9.683 | 9.848 | 0.506% | 1.704% |

说明：上表及表 2 中的 $a_{c1}$ 为 phyphox 软件直接测量值，$a_{c2}$ 为通过向心加速度公式（式 2）$a_{c2}=\omega^2 r$ 由测量量 $\omega$、$r$ 计算出的值，$a_{c3}$ 为物体所受合力，根据牛顿第二定律（式 1）$a_{c3}=g\tan\theta$，由测量量 $\theta$ 计算出的值，误差 1 计算的是 $a_{c1}$ 与 $a_{c2}$ 之间的误差，误差 2 计算的是 $a_{c3}$ 与 $a_{c2}$ 之间的误差。

表 2　保持圆周运动半径 $r$ 不变，改变角速度 $\omega$

| 序号 | 夹角 $\theta$（° ） | 线长 $L$（m） | 半径 $r$（m） | 角速度 ω（rad/s） | $a_{c1}$（m/s2） | $a_{c2}$（m/s2） | $a_{c3}$（m/s2） | 误差 1 | 误差 2 |
|---|---|---|---|---|---|---|---|---|---|
| 1 | 19.65 | 0.647 | 0.220 | 3.987 | 3.489 | 3.497 | 3.498 | 0.233% | 0.024% |
| 2 | 26.30 | 0.536 | 0.236 | 4.509 | 4.802 | 4.798 | 4.842 | 0.081% | 0.914% |
| 3 | 24.65 | 0.536 | 0.224 | 4.474 | 4.481 | 4.484 | 4.495 | 0.061% | 0.251% |
| 4 | 26.90 | 0.471 | 0.215 | 4.823 | 4.984 | 5.001 | 4.970 | 0.344% | 0.624% |
| 5 | 27.05 | 0.482 | 0.219 | 4.829 | 5.068 | 5.112 | 5.002 | 0.860% | 2.125% |
| 6 | 21.70 | 0.615 | 0.224 | 4.185 | 3.862 | 3.923 | 3.898 | 1.555% | 0.637% |
| 7 | 24.25 | 0.599 | 0.239 | 4.272 | 4.353 | 4.362 | 4.413 | 0.206% | 1.169% |
| 8 | 26.71 | 0.529 | 0.238 | 4.565 | 4.890 | 4.939 | 4.929 | 0.992% | 0.202% |

由图 5、图 6 可知，向心加速度 $a_c$ 在 $\omega$ 一定时与圆周运动半径 $r$ 成正比，当 $r$ 一定时与角速度的二次方 $\omega^2$ 成正比。这与理论式 $a_c=\omega^2 r$ 所呈现的关系是非常好的吻合。需要指出的是，本实验在误差范围内分别验证了 $a_{c1}=a_{c2}$ 和 $a_{c3}=a_{c2}$，但其物理内涵并不一样。

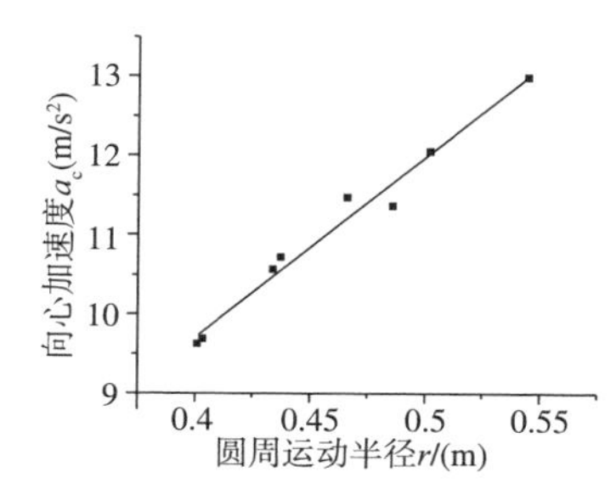


**图 5　向心加速度 $a_c$ 与圆周运动半径 $r$ 的线性关系**

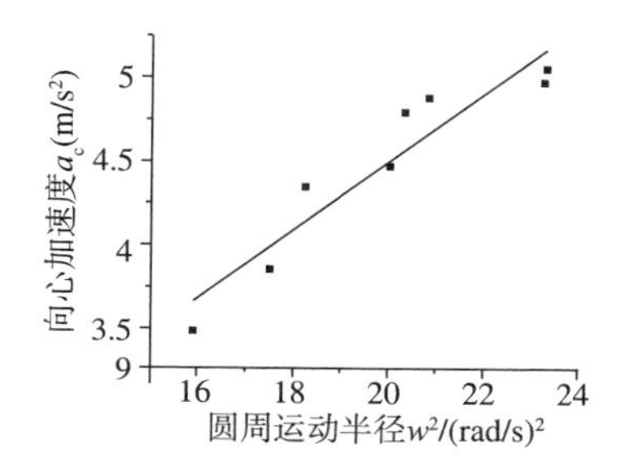


**图 6　向心加速度 $a_c$ 与角速度 $\omega^2$ 的线性关系**

（1）$a_{c1}=a_{c2}$，验证了向心加速度的表达式 $a_c=\omega^2 r$，即向心加速度 $a_c$ 与 $r$、$\omega^2$ 成正比。

（2）$a_{c3}=a_{c2}$，即验证了 $g\tan\theta=\omega^2 r$，将等式两边同乘质量 $m$，即可得到结论。手机在水平方向做匀速圆周运动的过程中，所受合力大小等于向心力大小，即合力提供了向心力，从而说明向心力并不是如重力、电场力一样的某种性质力，而只是一种效果力，从而厘清学生头脑中关于向心力的错误概念。

## 五、实验误差分析

由于本实验的各个测量量都可直接测得，所以我们的数据处理对比了向心加速度的直接测量值即 $a_{c1}$ 和利用向心加速度公式计算得出的 $a_{c2}$，平均误差控制在 0.587%，即本装置作为定量验证向心加速度公式的演示实验，其实验效果会相当好。同时，我们也计算了 $a_{c3}$ 与 $a_{c2}$ 之间的误差，即由测量量 $\theta$ 计算出的向心加速度 $a_{c3}$ 和同样利用向心加速度公式计算得出的 $a_{c2}$ 之间的误差，平均误差控制在 0.891%，也在合理范围之内，但后者误差稍大，我们分析其原因在于 $a_{c1}$ 为 phyphox 直接测量值，而 $a_{c3}$ 是由视频分析软件 Tracker 测量的 $\theta$ 值而计算得到的。

Tracker 除了软件本身的系统误差外，还会引入视频录制过程中的人为误差。本实验的误差主要集中于以下几点：

（1）手机系统自带误差。本实验使用的是 iPhone 8 手机。由于手机版本不同，芯片制造商不同，最终的测量精确程度也会有所不同[4]。利用手机 phyphox 软件我们测量的量是向心加速度 $a_c$ 和角速度 $\omega$，通过陀螺仪测量角速度 $\omega$，并通过加速度计得到向心加速度 $a_c$。比如 iPhone 8 的陀螺仪标准偏差为 0.0033 rad/s，加速度计的标准偏差为 0.0098 $m/s^2$，而华为 P20 的陀螺仪标准偏差为 0.00041 rad/s，加速度计的标准偏差为 0.0041 $m/s^2$，所以每一种型号的手机，由于芯片不同，所带来的误差也会有所不同。

（2）Tracker 软件误差。利用 Tracker 软件测量圆周运动半径 $r$ 和悬线与竖直方向的夹角 $\theta$ 时，测量的画面是人工选取的，且帧率最大可达 80 帧 / 秒，所以在选取画面的时候也会有一定的误差。此外，拍摄角度是否正向也会对 $r$ 和 $\theta$ 的测量造成误差。

（3）调速器误差。直流电机调速器无法维持在一个固定值，会在一个区间内浮动，所以产生一定的误差。

（4）圆周运动半径误差。由于每个手机的陀螺仪等芯片的位置会有所不同，故我们将杆到手机中心的距离近似定义为圆周运动的半径。

以上为本实验的主要误差，由于在实验中较为细致，本实验的最大误差也只在 2.1% 左右，对于利用自制教具来进行的普通物理实验，已较为难得。

## 六、小结与教学启示

就在本文工作开展之际，笔者发现江伟欣等人[5]基于定性探究实验的原理，设计并制作了一个定量的向心力演示装置，通过电机带动钩码做匀速圆周运动，利用替代思想将压力传感器测得的压力代替拉力，从而探究影响匀速圆周运动中的向心力的因素。该教具制作精美，原理简单，实验时很容易控制变量，能很好地帮助学生理解向心力概念。不过该教具制作工艺相对复杂，且用压力传感器测到的压力来替代拉力，不够直观。相比而言，本文介绍的教具制作简单，成本较低，且巧妙利用圆锥摆运动，通过简单受力分析即可直接得到向心力（向心加速度）大小，无须由压力来替代拉力，物理图像更为清晰、直观。不过由于式（1）和式（2）中的质量被约去，本教具仅可探究向心加速度 $a_c$ 与角速度 $\omega$ 和半径 $r$ 之间存在的定量关系，不能探究 $F_c$ 与质量 $m$ 之间的定量关系。

高中课堂无法对向心加速度的理论部分有过多解释，DIS 实验也只是对向心力公式做一个验证性的实验，而无法向同学们直观展示向心加速度这一物理量，且在做向心力实验时，DIS 实验会由计算机直接计算给出向心力 $F_c$ 的大小，缺乏让学生自主计算研究的过程。在本实验中，角速度 $\omega$ 和向心加速度 $a_c$ 可直观显示在智能手机软件 phyphox 的测量界面上。通过转动调速器旋钮，学生可以明显观察到手机旋转速度的变化，结合手机界面数据的变化，可以让学生直接观察到向心加速度和角速度的实时变化过程。

除验证性实验外，本实验也可以设计成探究向心加速度 $a_c$ 与 $r$、$\omega$ 之间关系的探究性实验。在实验前，教师需先引导学生定性发现向心加速度可能与哪些物理量有关，待确定后，再利用控制变量法研究。与此同时，教师还可以假设向心加速度 $a_c$ 与圆周运动半径 $r$ 和角速度 $\omega$ 的关系为 $a_c=\omega^{\alpha}r^{\beta}$，利用量纲分析法求出 $\alpha=2$，$\beta=1$，配合实验探究，与量纲分析结果比较，会极大调动学生学习物理的参与度，增强学生自我探索的兴趣。

在文本的数据处理和误差分析时，曾简单地取重力加速度 $g=9.8\ \mathrm{m/s^2}$，但当我们查阅上海当地的重力加速度数据并将 $g$ 取为 $9.7964\ \mathrm{m/s^2}$ 之后，发现整体误差均有了较大幅度的减少，这一事实启发我们，除验证或探究向心加速度公式外，本教具还可以提供测量当地重力加速度的新方法，可用在课外学生科技创新活动中。

最后，本实验装置的搭建并不复杂，学生可在课下以小组形式自我搭建，自行深入探究向心加速度公式，可锻炼学生的动手能力和协作能力，培养学生的科学素养。

## 参考文献

[1] 刘娟 . 高中生物理学习认知因素分析 [D]. 武汉：华中师范大学，2009.

[2] 何璐，祖米热姆·伊马木，方伟 . phyphox 软件介绍及其在物理教学中的应用 [J]. 物理通报，2020(2): 101−104+108.

[3] W. D. Niven. Introductory Lecture on Experimental Physics[J]. The Scientific Papers of James Clerk Maxwell. 1965(2): 241−255.

[4] https://phyphox.org/sensordb[DB/OL].

[5] 江伟欣，吴先球 . 向心力演示装置的设计与制作 [J]. 物理通报，2020(8):82−84.

（本文发表于《物理通报》2021 年第 4 期 P.108−112，作者为王盼伊、顾思漪、张璟、刘嘉丽、袁婧、方伟）

# 优化实验教学，突破“法线”教学难点

［**摘要**］“法线”是一个抽象的物理概念，对教师的教学和学生的学习都是一个难点。笔者在新课标核心素养培养目标的指引下，以学生为本，自制教具，优化实验教学设计，让学生真正经历物理概念的建构过程，体会物理模型的重要作用，促进科学思维能力的培养。

［**关键词**］法线　实验教学　自制教具　科学思维　科学探究

## 一、实验教学任务分析

“法线”概念是光学中的一个基本概念，是学生认识和理解光的反射现象及其规律、光的折射现象及其规律等知识的基础。探究光的反射定律需要在立体空间确定反射光线的位置，通过法线的引入，可以将反射光线定位在入射光线和法线所确定的平面内（三线共面），再确定反射光线与入射光线分居法线两侧，进而得出反射角与入射角的大小关系。光的反射定律的得出也进一步肯定了法线的作用，法线能够帮助我们确立反射光线和入射光线的空间位置，这也是从定性到定量研究的标准。

## 二、突破“法线”难点的教师演示实验设计

### 1. 实验教学设计思路

在以往教学中，法线的概念一般是直接给出的，为什么要引入法线？法线的特点和作用是什么呢？学生并不知晓，因此很难理解为什么要进一步研究反射光线、入射光线相对于法线的位置以及由法线所确定的反射角和入射角的大小关系，无法搭建起光的反射的空间模型。学生只是机械地记忆概念和规律，容易出现将反射角、入射角错记成光线与镜面的夹角和作图时不画法线等问题，无法应用光的反射知识解决实际问题。

《义务教育物理课程标准（2022 版）》强调面向全体学生，培养学生的核心素养[1]，教师在教学中要遵循学生的认知规律，通过观察、实验，让学生经历物理现象上升为物理概念和规律的思维过程，实现核心素养育人目标。据此，为了突破“法线”这一教学难点，笔者自制光的反射 360° 演示仪和光的反射空间模具，设计系列演示实验，将光的反射中无形的“线”“面”变为可视的“线”和“面”，并以问题为驱动，层层递进，引导学生观察、分析现象，建立起光的反射的空间物理模型，以“公共线”的形式，挖掘法线的特点及作用，让学生体会像科学家一样建构物理概念、运用科学思维、探究物理规律。

2. **实验教具制作**

物理学是以实验为基础的学科，多年来，很多学者、一线教师都对光的反射实验教具进行了创新与改进。为达到可视化“线、面”的目的并突破“法线”教学难点，本文通过设计并综合应用如下两组教具来实现教学目标。

受旋转烟室改进“探究光的反射规律”实验教具[2, 4]和建构“法线”概念[3, 5]等教研论文启发，笔者首先自制了光的反射360° 演示仪（见图1）。该教具可旋转、具有空间轴对称性，能在立体烟室中清晰呈现多条入射与反射光路，实现了360° 全方位地观察与探究光的反射现象的功能。该教具原理简单、制作简易，通过适当改造，还可用于光的折射等现象的观察和探究，实现了“一具多能”的效果。

为突破“法线”教学难点，让学生找到法线，理解引入法线的必要性，笔者基于初中生的认知特点自制了第二个教具：光的反射空间模具（见图2）。该模具能直观模拟光的反射现象中“线”“面”及其位置关系，帮助学生建立空间感。通过不同角度的线射向镜面圆心而成的不同平面来发现“公共线”的存在，从而找到“法线”，突破法线教学的难点。

3. **实验教学过程**

**实验1：**

（1）教师用激光笔向底盘中心的平面镜发射束——入射光线，并旋转光的反射360° 演示仪，让学生多角度观察同一反射光路，学生会发现反射光线的位置确定并在某一特定角度，如图1（a）所示。此时向学生提出问题1：在特定角度观测到反射光线说明了什么？让学生邻桌相互讨论，引导学生自己得出反射光线和入射光线在同一平面内的结论。

（2）接着，如图1（b）所示，教师在圆筒中相应位置插入亚克力板，将这个“二线共面”得到的“平面”直观呈现出来。学生通过观察这个面与镜面的位置关系，并通过三角板直角边检验，可以证明该平面与镜面垂直。

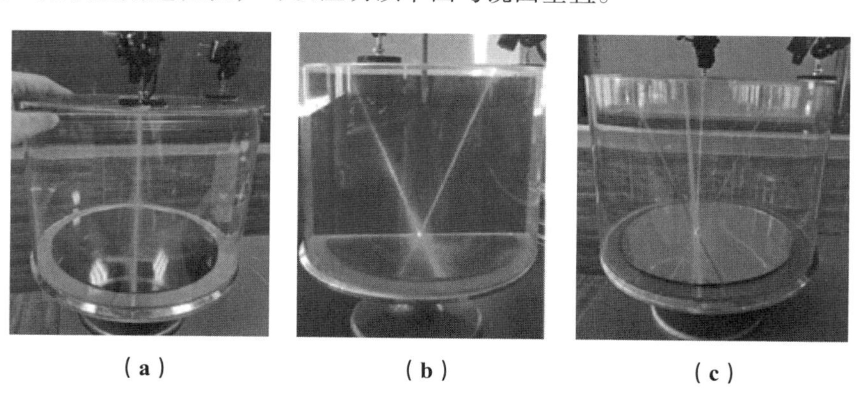

（a）　（b）　（c）

**图1　光的反射360° 演示仪**

**实验 2：**

（1）教师用 3 束方向不同的入射光射向镜面上同一入射点，如图 1（c）所示，学生通过多角度观察，初步感受各反射光线与入射光线所在平面，猜想它们的空间位置关系。

（2）使用光的反射空间模具进行实物模拟，如图 2 所示，搭建光的反射立体模具，学生发现三条入射光线对应的三个“面”相交于同一条公共线，由此可推测当方向不同的入射光线射向平镜面上同一入射点时，各反射光线与入射光线所在的平面都相交于同一条公共线。教师引导学生分析这条公共线的特点：过入射点且垂直于镜面，进而引入法线的概念，让学生体会引入法线的重要性和必要性。

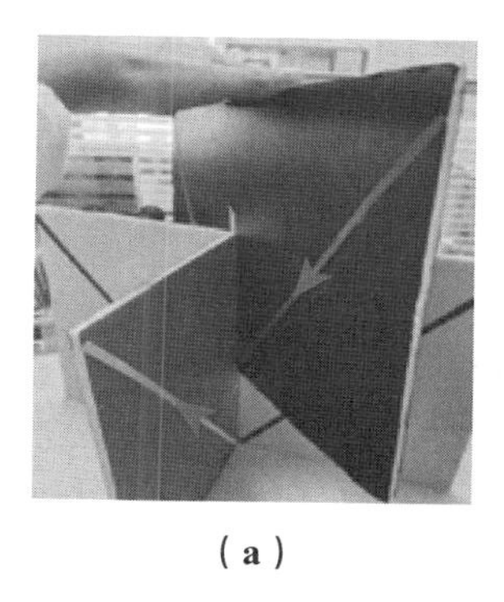

（a）

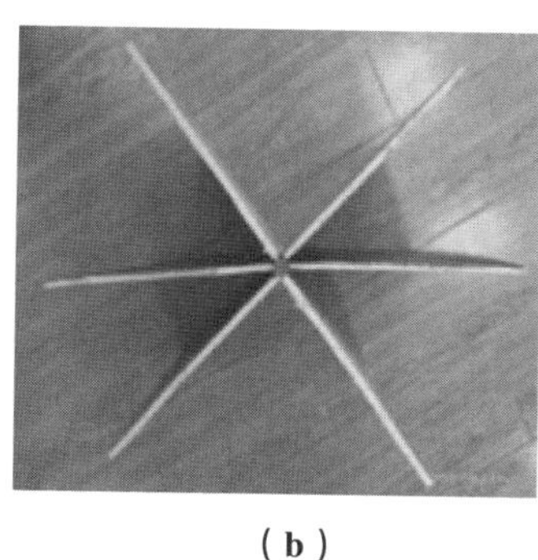

（b）

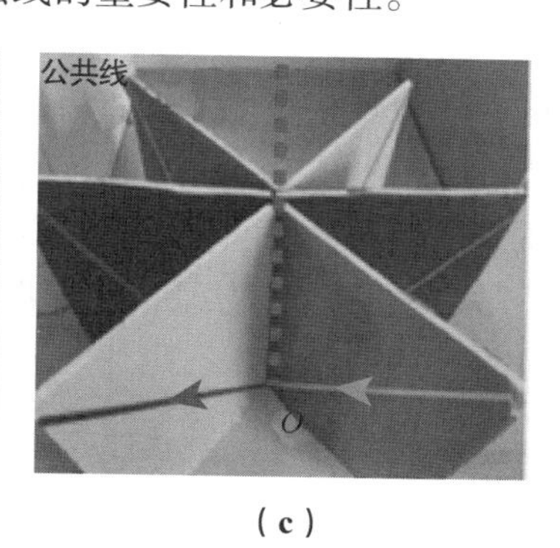


（c）

**图 2　光的反射空间模具**

这一实验教学过程突破法线教学难点的同时，也能够加深学生对“三线共面”“两线分立”规律的理解，并为进一步探究“两角相等”的规律做铺垫。

## 三、进阶“法线”概念与反射规律的学生探究实验设计

学生对“法线”概念的理解不是一步到位的，需要经历不断深化的学习进阶过程。上节的自制教具与创新实验是以教师为主的演示实验，为了调动学生的学习主动性，体会科学探究过程，教师还可进一步设计如下的学生探究实验：教师制作一个半径比前述演示仪内径稍大的圆形透明亚克力板，如图 3 所示。在板近边缘的圆周上打出相对于圆心对称的一系列小孔，依次标记为孔 1、2、3……，用此亚克力板替换演示仪上方的桶盖。将班级分成 3~5 人的各小组，给每组分配任务，即让激光射向圆筒底部平面镜的圆心处后从某一特定孔位射出，各小组学生自主探究实验，找出入射的孔位号，并归纳出入射孔位、出射孔位和圆筒底部平面镜圆心的关系。通过探究，各小组学生将会发现，为了使反射光从特定孔位射出，激光笔必须从对称的孔位入射至平面镜圆心

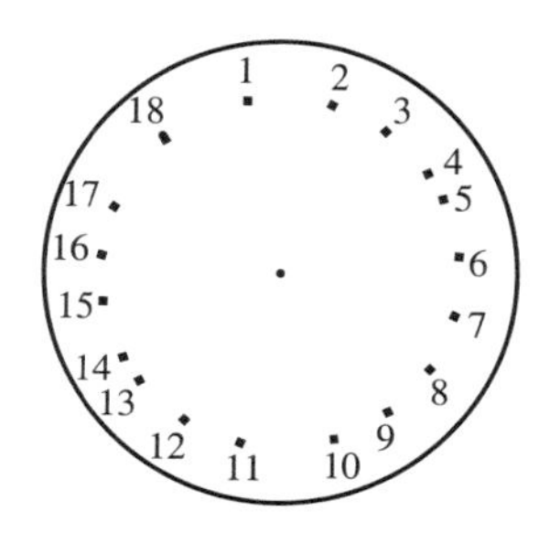


**图 3　圆形透明亚克力板**

处。学生此时将发现入射孔是唯一确定的，反射光线随入射光线孔位的变化而变化，并且反射光线、入射光线好像在同一个平面上，两条光线始终围绕一条过 $O$ 点的线旋转，进一步抽象出法线模型，得出反射光线与入射光线关于法线对称、反射角等于入射角等结论。教师通过创设合理的问题情境，引导学生合作学习与自主探究，在学习进阶中深化对“法线”概念的理解，探寻光的反射规律。

## 四、反思与启示

上述教师演示实验和学生探究实验的创新教学设计立足学情，在学生原有知识的基础上进行提升，通过系列实验的优化组合、任务驱动和问题引导，突破了“法线”教学难点，为学生直观呈现光的反射现象中的“线”“面”及其位置关系，帮助学生建立光线、法线等物理概念并探究了光的反射定律。整个教学设计激发了学生的学习兴趣，培养了学生的模型建构、科学推理、科学论证等科学思维，加强了基于问题和证据的科学探究能力。

《义务教育物理课程标准（2022 年版）》要求“探究并了解光的反射定律”，且将“探究光的反射定律”列入探究类学生必做实验[1]。本文中的一系列实验尝试注重了科学探究和科学思维，体现了学习进阶，倡导了“从做中学”“教师引导、学生为主”等教学理念，并尝试教学方式的多样性，改变传统的传授式、教师多说为主的课堂。从教学与学习效果来看，教师应明白“听不如说，说不如做”的道理，并引导学生动手动脑，自主建构知识体系。在今后的教学中笔者将进一步探索，将上述教学理念融合到原有的教学设计中，让学生体会科学探究过程与科学思维方法，落实义务教育物理课程标准所提出的核心素养目标。

## 参考文献

[1] 中华人民共和国教育部 . 义务教育物理课程标准（2022 年版）[M]. 北京：北京师范大学出版社，2022.

[2] 迟鸿贞 . 利用旋转烟室改进“探究光的反射规律”实验 [J]. 实验教学与仪器，2019, 36(6): 23−24.

[3] 林飞 . 发现“法线”选方案　有效探究显人文——“光的反射”教学片段赏析［J］. 中学物理教学参考，2017，46(4): 19−21.

[4] 蒋炜波 . 核心素养导向下的“光的反射”教学设计 [J]. 物理教学，2021(9), 39−42.

[5] 戴克军 .“光的反射”中“法线”概念建构方法的再思考 [J]. 中学物理，2021, 39(6): 32−34.

（本文发表《中学物理（高中版）》2023 年第 8 期 P.56−57，作者为吴喜详，方伟）

# DIS 实验测定 A4 纸动摩擦因数的深入探究及教学启示

［摘要］摩擦力是中学物理教学中的重要内容，在高中阶段进行动摩擦因数的测定与深入探究，必将有助于提升学生的科学探究能力。本文利用 DIS 实验深入探究 A4 纸的动摩擦因数，研究结果发现：对同一批次的不同纸张，其动摩擦因数有近 10% 的差异，而同一纸张的动摩擦因数会随测量次数的增加有约 25% 的减小，且其趋势为先快后慢，最终稳定在某一值上下。根据实验结论，我们提出相关的教学启示，希望对中学物理教学提供有意义的参考。

［关键词］动摩擦因数　科学探究　科学思维　DIS 实验　A4 纸

## 一、引言

测量水平运动物体所受的动摩擦力是《义务教育物理课程标准（2011 年版）》学生必做实验之一，在《普通高中物理课程标准（2017 年版 2020 年修订）》中要求“知道动摩擦和静摩擦现象，能用动摩擦因数计算动摩擦力的大小”，并且在课程标准中以“研究得出梯子安全倾角的大小与动摩擦因数的定量关系”为例来说明生产生活中具有很多能生成有价值的科学探究问题的情境[1]，由此可见，充分研究滑动摩擦力及动摩擦因数对于初、高中物理，都具有相当重要的现实意义。

经过调研发现，现今文献中大多是关于摩擦力的教学设计或定量验证性实验，但进行动摩擦因数深入探究的实验研究比较有限。陈剑锋等基于数字化 DIS 摩擦力实验装置，采用 3D 方法打印摩擦块，研究动摩擦力与正压力的关系[2]。在其研究之中，采用控制变量法对同一接触面反复多次进行实验，最后得出相关定量结论[2]。李进同样利用 DIS 实验仪器，研究温度和速度不同时的摩擦情况，最终得出摩擦力、速度、温度三者之间的关系[3]。伍秀峰利用双传感器实时显示摩擦力和正压力，并通过改变正压力，多次拉动在书本（其上放秤砣），进而得出摩擦力和正压力的对应变化关系[4]。冯永等人在《基于 DIS 实验的“摩擦力”教学设计》中，为探究摩擦力与正压力、粗糙程度之间的关系，反复实验测得数据，进而总结出摩擦力与正压力之间的关系，文中提及“动摩擦因数只跟两接触物体的材料及接触面的情况有关，与运动状态无关[5]”。丁丹华、陈向华在《巧用实验自制教具 让物理课堂更精彩——以“摩擦力”教学为例》一文给出结论并提及：“在保持接触面粗糙程度一定的情况下，动摩擦力大小与正压力大小成正比”[6]。

上述文章在摩擦力探究方面得到了较为一致的结论。但与此不同的是，和很多中学一线教师交流时发现，他们在课堂实际测量动摩擦因数实验的时候，往往会发现测得的动摩擦因数前后差别较大或有数值趋减的现象，使得教师在课堂上不敢做动摩擦的严格定量的演示实验，或者做了实验但不敢深入探究。鉴于此，笔者利用

DIS 实验，让实验仪器中的滑块在 A4 纸（本文实验所用 A4 纸张均为某品牌同一批次 80 g 纸）上滑动，受力分析可知，滑块所受摩擦力的施力物体是 A4 纸，所以后文均将滑块与 A4 纸间动摩擦因数简述为 A4 纸的动摩擦因数。结果显示：单次测量同一批次的多张 A4 纸，其动摩擦因数在误差范围内围绕某一值随机分布；多次测量同一张 A4 纸，其动摩擦因数并不会围绕某一值在误差范围内随机分布，而是随着次数增加，动摩擦因数不断减少，到达一定次数后，会基本稳定在某一值上下随机分布。本文第二部分详细介绍利用 DIS 实验仪器研究动摩擦因数的全过程及数据处理，在第三部分重点从教学角度谈本实验结果对高中动摩擦力及动摩擦因数实验的教学建议，并在第四部分进行了总结。

## 二、实验过程与数据分析

### （一）实验设备及过程

本实验采用的是 DIS 摩擦力实验器（LW-6341），器材原带有两个滑块，为控制变量只采用较小的一个滑块，其质量为 101.3 g，连接力的传感器，然后打开物理专用软件中“探究动摩擦力的影响因素”。实验装置如图 1 所示。先点击“开始记录”，然后点击“对传感器调零”。打开 DIS 摩擦力实验器的开关，在滑块与 A4 纸相互接触并摩擦一段距离后点击“停止记录”并关闭开关，在软件上点击“选择区域”，就能得到滑块与纸张之间滑动摩擦力的数值。根据动摩擦力公式 $F_f=\mu F_N$ 可计算出滑块与纸张间的动摩擦因数。

### （二）实验 1：单次测量不同 A4 纸

利用如图 1 所示的装置，我们随机选取同一批次 80 张不同的 A4 纸，对它们进行单次测量，得到表 1 的数据。

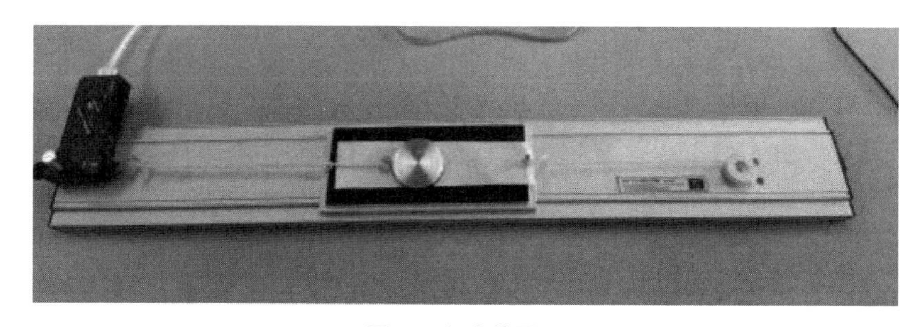

**图 1　实验装置图**

**表 1　同一批次 80 张不同 A4 纸动摩擦因数数值**

| 0.5232 | 0.5232 | 0.5133 | 0.5232 | 0.5232 | 0.5232 | 0.5429 | 0.5331 | 0.5232 | 0.5232 |
|---|---|---|---|---|---|---|---|---|---|
| 0.5232 | 0.5429 | 0.5232 | 0.5331 | 0.5331 | 0.5133 | 0.5232 | 0.5232 | 0.5232 | 0.5133 |
| 0.5133 | 0.5232 | 0.5232 | 0.5133 | 0.5133 | 0.5133 | 0.5331 | 0.5331 | 0.5133 | 0.5133 |

| 0.5133 | 0.5331 | 0.5232 | 0.5133 | 0.5232 | 0.5133 | 0.5429 | 0.5429 | 0.5528 | 0.5232 |
|---|---|---|---|---|---|---|---|---|---|
| 0.5232 | 0.5429 | 0.5331 | 0.5331 | 0.5232 | 0.5232 | 0.5429 | 0.5429 | 0.5331 | 0.5232 |
| 0.5133 | 0.5429 | 0.5331 | 0.5331 | 0.5331 | 0.5429 | 0.5429 | 0.5331 | 0.5232 | 0.5133 |
| 0.5133 | 0.5331 | 0.5232 | 0.5331 | 0.5133 | 0.5133 | 0.5331 | 0.5133 | 0.5133 | 0.5232 |
| 0.5133 | 0.5331 | 0.5232 | 0.5331 | 0.5232 | 0.5232 | 0.5331 | 0.5232 | 0.5232 | 0.5232 |

实验中动摩擦因数的平均值：

$$\bar{\mu}=\frac{1}{80}\left(\mu_1+\mu_2+\mu_3+\cdots+\mu_{79}+\mu_{80}\right)=0.5259 \tag{1}$$

根据标准差公式可得：

$$\sigma=\sqrt{\frac{1}{n}\sum_{i=1}^{80}(\mu_i-\bar{\mu})^2}=0.01006 \tag{2}$$

标准差是反映一组数据离散程度最常用的一种量化形式，根据这组数据的标准差值可以估测出：虽然动摩擦因数有所不同，但其离散程度较小，分布范围为 0.5259 ± 0.01006。

为了清晰地对比，我们将数据以散点图的形式绘制在图 2 中，图中直线表示的是平均值。从图中可以清晰地看到不同纸张的动摩擦因数并不相同，但相差不大，也随机分布在平均值附近。

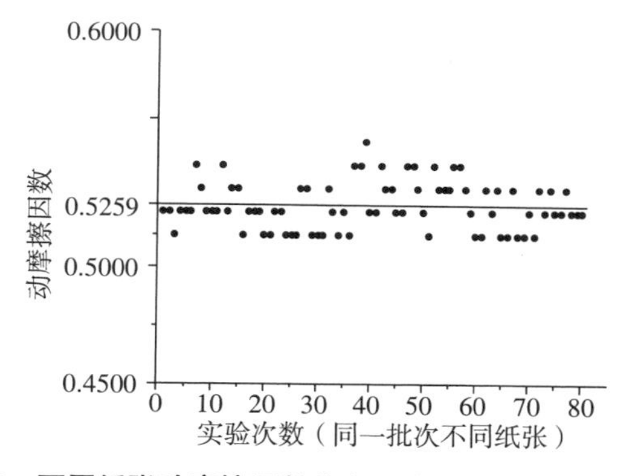


**图 2　不同纸张动摩擦因数分布图（水平线为平均值）**

### （三）实验 2：多次测量同张 A4 纸

利用如图 1 所示的装置，我们随机选取一张 A4 纸进行多达 180 次的测量，测量数据如表 2 所示。

表 2　同一纸张实验 180 次动摩擦因数数值

| 0.5249 | 0.5331 | 0.5331 | 0.5232 | 0.5232 | 0.5331 | 0.5232 | 0.5035 | 0.5035 | 0.5133 |
|---|---|---|---|---|---|---|---|---|---|
| 0.4936 | 0.4936 | 0.4936 | 0.5035 | 0.4936 | 0.4936 | 0.4936 | 0.4936 | 0.4936 | 0.4936 |
| 0.5035 | 0.4936 | 0.4936 | 0.4936 | 0.5035 | 0.4936 | 0.4837 | 0.4837 | 0.4837 | 0.4936 |
| 0.4936 | 0.4936 | 0.4936 | 0.4837 | 0.4837 | 0.4837 | 0.5035 | 0.4738 | 0.4738 | 0.4837 |
| 0.4640 | 0.4640 | 0.4738 | 0.4738 | 0.4837 | 0.4738 | 0.4738 | 0.4738 | 0.4738 | 0.4738 |
| 0.4837 | 0.4640 | 0.4640 | 0.4541 | 0.4738 | 0.4738 | 0.4738 | 0.4541 | 0.4541 | 0.4640 |
| 0.4541 | 0.4442 | 0.4442 | 0.4640 | 0.4541 | 0.4541 | 0.4541 | 0.4541 | 0.4442 | 0.4442 |
| 0.4541 | 0.4541 | 0.4541 | 0.4442 | 0.4442 | 0.4442 | 0.4442 | 0.4442 | 0.4442 | 0.4442 |
| 0.4442 | 0.4344 | 0.4344 | 0.4442 | 0.4442 | 0.4344 | 0.4344 | 0.4344 | 0.4245 | 0.4344 |
| 0.4344 | 0.4245 | 0.4344 | 0.4245 | 0.4344 | 0.4344 | 0.4245 | 0.4344 | 0.4245 | 0.4344 |
| 0.4245 | 0.4344 | 0.4245 | 0.4344 | 0.4245 | 0.4245 | 0.4245 | 0.4245 | 0.4245 | 0.4245 |
| 0.4245 | 0.4146 | 0.4245 | 0.4245 | 0.4245 | 0.4344 | 0.4245 | 0.4245 | 0.4146 | 0.4245 |
| 0.4146 | 0.4245 | 0.4245 | 0.4245 | 0.4245 | 0.4146 | 0.4245 | 0.4245 | 0.4245 | 0.4245 |
| 0.4344 | 0.4344 | 0.4245 | 0.4245 | 0.4245 | 0.4245 | 0.4245 | 0.4344 | 0.4344 | 0.4245 |
| 0.4146 | 0.4245 | 0.4245 | 0.4245 | 0.4146 | 0.4245 | 0.4146 | 0.4146 | 0.4245 | 0.4245 |
| 0.4245 | 0.4245 | 0.4245 | 0.4245 | 0.4245 | 0.4245 | 0.4245 | 0.4245 | 0.4245 | 0.4245 |
| 0.4146 | 0.4146 | 0.4146 | 0.4146 | 0.4245 | 0.4146 | 0.4146 | 0.4047 | 0.4047 | 0.4047 |
| 0.4146 | 0.4245 | 0.4146 | 0.4146 | 0.4146 | 0.4146 | 0.4146 | 0.4146 | 0.4146 | 0.4146 |

根据数据可以看出在经过 180 次实验后，同一纸张的动摩擦因数由 0.5429 变为 0.4047，前后差异达到 25.5%，这显然不是测量误差可以解释的。为便于观察，我们以实验次数为横坐标，将同一张 A4 纸的动摩擦因数为纵坐标绘制散点图，如图 3 所示。从图中明显看到，该纸张的动摩擦因数随实验次数的增加在不断减小，并且减小趋势呈现先快后慢的特点，最终在大约第 89 次后，数据基本趋于稳定值 0.4245。其后随实验次数增加，变化十分缓慢，且大致围绕在某一值附近随机分布，与图 2 类似。

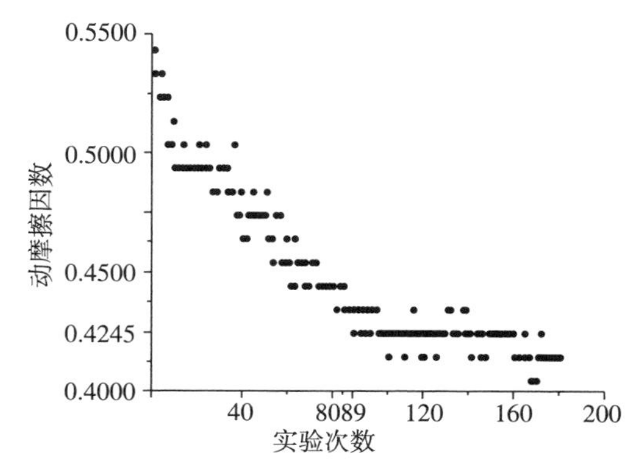


**图 3　同一纸张动摩擦因数随实验次数变化图像**

### （四）实验结果的理论分析

实验 1 的结果分析如下：A4 纸张是人工合成的材料，并不像钢 – 钢，木 – 冰等纯质物品，在教科书中也可以查询到其具体的动摩擦因数数值。且仔细观察可以发现 A4 纸张正反两面的粗糙程度也不尽相同，本实验是采用同一批次较为光滑的一面进行实验的，但在人工合成之中不免会有细微的误差，导致纸张之间的动摩擦因数会在某一值上下浮动。

实验 2 的结果分析如下：对于一张反复进行实验的 A4 纸而言，随着 A4 纸不断地摩擦，接触面会变得越来越光滑，动摩擦因数会逐渐变小。但是当摩擦到一定光滑程度之后，继续反复实验摩擦，A4 纸的光滑程度将不再有较大变化，因而会基本稳定在某一值附近。

## 三、对中学物理的教学启示

### （一）验证性实验

在进行验证性课堂实验或者学生分组实验时，其知识背景为“在误差范围内，动摩擦力与正压力成正比，动摩擦因数对同一接触面而言是不变的”，但本实验显示并非如此。因此教师在实验教学设计前应有所准备。

（1）针对不同分组的分组实验：由于不同组拿到的是不同的纸张，由实验 1 结论可知，即便是同一批次，纸张的动摩擦因数也有约 10% 的差异。而学生的脑海里可能觉得几乎“一模一样”的 A4 纸，多次测量的动摩擦因数，不同组测到的数值应该是很接近的，所以根据实验 1 的结论所得的启示是：在采用 A4 纸做实验时，教师应该告知学生，即使是同一批次的纸张，由于其接触面粗糙程度并非完全相同，所以其动摩擦因数会有一定的变动。

（2）针对不同组的组内实验：相比于不同组之间不同纸张的动摩擦因数差异引起的混乱，组内实验数据的分析处理应更为谨慎。一般而言，实验均需多次测量取平均值，可减小偶然误差。但由实验 2 动摩擦因素与实验次数的关系可知，对同一纸张的前 80 余次测量，其动摩擦因数是不断减少的，根本不会在某一数值上下波动。针对这一实验现象，有些教师可能还是会强行得出结论：“动摩擦因数在误差允许范围内不变，动摩擦力与正压力成正比。”殊不知这种不能令学生信服的解释会极大动摇学生关于物理是一门实验科学的认同，产生负面影响。根据实验 2 的结论所得的启示是：若验证动摩擦力与正压力成正比，动摩擦因数为常数，则在实验课前，需对每张 A4 纸进行前期处理、摩擦，使得其动摩擦因数趋于较为稳定的数值，切不可拿新开封的 A4 纸直接发给学生。根据实验 2 的结论，每张纸需要摩擦 90 次左右方能使其动摩擦因数基本稳定。

### （二）探究性实验

教师在实验前是否一定要对 A4 纸经过前期处理、摩擦，使得其动摩擦因数趋于稳定而方便实验教学呢？并不一定。若是进行验证性实验，则应该如 3.1 节所言处理，但 A4 纸张动摩擦因数随实验次数的增加而呈现减小且减小趋势先快后慢、最终会基本稳定在某一值的现象是一个非常好的探究性实验素材，设计成探究性的实验，可以很好地培养学生的科学探究能力。笔者做的实验次数对于高一学生来说可能过多。但仔细观察，在未到 100 组数据之前也能观察到这样的实验结论。教师可以设计如下的探究实验，先提出问题：动摩擦因数与什么有关？学生会回答：接触面粗糙程度，正压力。教师接下来继续提问同学们，对于同一个滑块在同一张纸上，其他条件均不变的情况下，多次实验，得到的动摩擦因数是什么样的呢？学生在高一的认知基础上会回答是一样的，因为是同样的接触面和正压力。然后教师可以开始组织学生进行 DIS 实验探究，因为实验操作较为简单，所以教师可以让学生单独进行实验，然后前一个人实验结束后要帮助后面的同学做一些需要帮助的工作，这可以培养同学间协作的精神，而且前一个人还可以告诉后面同学操作过程，这样更能训练学生们将自己所学知识表达出来的能力。教师要在旁边监督，不仅要说出操作过程，还要说出这样做的目的，防止机械化传授。这样每人做 3~5 组数据，最后就能得到 100 余组数据。每个人都将自己的数据在做完后填到表格中，并且可以在表格前添加自己的名字。在实验结束后，教师提问同学们觉得这个动摩擦因数会不会与次数有关？然后教师利用学生们的数据绘制散点图，最后得出动摩擦因数会随实验次数的增加而减小，并且呈现先快后慢的趋势。教师继续补充，一位同学的数据是有局限的，但整个班级的同学在一起就能发挥到很大的作用，渗透班级同学集体合作的精神。然后教师给大家实验用的纸张，也可以提前准备一些做过多次实验数据的纸张，再将其与同一批次的未经实验的纸张一起，分别发给同学们，让小组讨论分析这种现象产生的原因。学生们集思广益讨论后可发现是摩擦后的纸张更光滑，也就是多次摩擦后接触面变得光滑了，物体越粗糙，动摩擦因数越大，所以可以很好地解释实验结果。教师借此实验不仅可以给学生做课外拓展，还可以培养学生的探究能力、动手操作能力、小组合作能力，会对学生科学思维的发散有一定效果，让学生更能感受到物理的深奥。

## 四、总结

物理是一门以实验为基础的学科。物理课程标准几次修订也都对动摩擦因数有明确要求和活动的建议。由此可见，动摩擦因数不仅是中学物理学科的重要内容，也是提升学生物理学科核心素养的重要抓手。笔者通过生活中常见的物品进行实验得出两条结论：一是基于实验 1，希望对教师教学有所启示，在选用材料实验时要考虑材料的粗糙程度的差异或对材料加以预处理，以便知识的传授；二是基于实验 2，启示教师可以结合 DIS 实验仪器巧妙地设计探究性的课外实验，这样有利于培养学生的科学思维、探究能力以及小组合作的精神。希望能对各位教师的教学和学生的培养有所帮助。

## 参考文献

[1] 中华人民共和国教育部 . 普通高中物理课程标准（2017 年版 2020 年修订）[M]. 北京：人民教育出版社，2020.

[2] 陈剑锋 . 基于 DIS 传感器的摩擦力实验装置 [J]. 物理实验 , 2020, 42(12): 53−56.

[3] 李进 . 利用 DIS 传感器研究摩擦力、速度、温度三者关系 [J]. 中学物理 , 2019, 37(18): 52−55.

[4] 伍秀峰 . 双传感器实时显示摩擦力和正压力的设计 [J]. 物理教师 , 2021, 42(10): 56−57、71.

[5] 冯永 , 骆雅杰 , 何彦雨 , 陈菁 . 基于 DIS 实验的“摩擦力”教学设计 [J]. 中学物理教学参考 , 2017, 46(14): 36−37.

[6] 丁丹华 , 陈向华 . 巧用实验自制教具 让物理课堂更精彩——以“摩擦力”教学为例 [J]. 中学物理教学参考 , 2020, 49(29): 35−36.

（本文发表于《中学物理（高中版）》2022 年第 19 期 P.29-32，作者为刘天慧、方伟、姜丽萍、徐成华、刘锋）

# DIS 实验测量可溶固体颗粒密度的再研究

［摘要］基于 DIS 实验的理想气体状态方程法可以精确测量有间隙的、可溶于水或吸水的固体颗粒的体积，但以往实验均有较大误差。本文通过理论分析和实验数据指出：DIS 仪器的压强传感器与注射器之间的细管中存在一定体积的空气是造成实验较大误差的主要原因。通过将其考虑上，我们更加精准地测出固体颗粒的体积，进而以更高精度准确测量出固体颗粒的密度。相比以前测量结果，我们的方法使得测量误差从 3.6 % 减小到 0.34%，本文对于 DIS 密度测量具有较为重要的现实借鉴和启发意义。

［关键词］理想气体状态方程　固体颗粒　密度　体积

## 一、引言

密度测量是初中物理的重要实验之一，可通过测定物体质量和体积并根据密度定义求得。质量易测，但体积测量方法则视待测物体而不同。固体待测物可以分为规则固体和不规则固体。规则固体的体积可以通过刻度尺测量和公式计算出，不规则固体物质多采用流体静力称衡法测其密度[1]。但对于有间隙的、可溶于水或吸水的固体颗粒，其体积测量是一大难点，已有文章在传统实验的基础上运用理想气体状态方程快速求出物质的体积[2-4]，但是误差较大。

本文首先介绍了运用理想气体状态方程方法测量固体颗粒体积的原理及方法，然后指出存在较大误差的原因及改进措施。接着，通过实际数据测量来展示新方法的结果，并与前人结果相比较。最后，给出本工作的教学启示，如何在实际教学中引导学生对该实验的误差进行分析，进而达到有效培养学生科学思维和科学探究能力的目的。

## 二、理想气体状态方程测体法设计思路及方法

准确测量可溶性固体颗粒的体积是精确测量其密度的关键。由于一般情况下固体的体胀系数和温胀系数相比气体来说都很小，可以忽略不计，因此在这个理想气体状态方程测体法实验中，可以认为固体的体积不随压强、温度的变化而变化[4]，同时考虑压强传感器和注射器间细管中的空气，在恒温下准确测量固体颗粒的密度。

### （一）实验原理及理论推导

#### 1. 原始实验理论

取质量为 $m$ 的固体颗粒装入一个气密性较好的注射器中。设注射器中气体初始状态的压强为大气压 $p_0$，注射器的活塞的初始刻度值为 $V_0$，固体颗粒的体积为 $V_s$。温度保持不变，改变注射器中气体的体积（总体积从 20 mL 开始变小）。压强

传感器测出的压强为 $p$，相对应的气体体积为 $V$。根据波意耳定律：当温度不变时，对于一定质量的理想气体，其压强与体积的乘积为常量（$pV=C$），即：

$$p_0(V_0-V_s)=p(V-V_s) \tag{1}$$

目的是求出固体颗粒的体积 $V_s$，即：

$$V_s=\frac{p_0V_0-pV}{p_0-p} \tag{2}$$

由实验测出 $p_0$、$V_0$、$p$、$V$，即可由（2）式计算出 $V_s$。但若只代入一两组 $p$、$V$ 值进行计算[2-4]，得到 $V_s$ 数值的误差会较大，因此可以对实验数据进行拟合以减小误差。对（1）式进行移项得：

$$V=\frac{p_0(V_0-V_s)}{P}+V_s \tag{3}$$

采用线性拟合处理数据可以大大减小误差，测量多组 $p$、$V$ 值，作出 $V-\frac{1}{p}$ 图像，则由（3）式和线性拟合方程 $y=kx+b$ 可知，截距 $b$ 的数值就是待测固体颗粒的体积 $V_S$：

$$V_s=b \tag{4}$$

笔者发现，利用此法得到的体积，进而测量的密度仍然存在较大误差[5-6]。经过仔细分析，我们发现没有考虑连接压强传感器与注射器间的细管的体积，对于体积很大的注射器影响可能不大，可以忽略，但对于只有几十毫升体积的注射器（本实验 $V_0$=20 mL）来说，可能是造成较大误差的原因。

**2. 修正原始理论**

基于上述分析，我们考虑连接压强传感器与注射器间细管中空气体积，并设其大小为 $V_a$。其他条件不变，则（1）式变为：

$$p_0(V_0-V_s+V_a)=p(V-V_s+V_a) \tag{5}$$

对上式进行移项得：

$$V=\frac{p_0(V_0-V_s+V_a)}{p}+V_s-V_a \tag{6}$$

（6）式和前面的（3）式对应。测量多组 $p$、$V$ 值，作出 $V-\frac{1}{p}$ 图像，采用线性拟合 $y=k_2x+b_2$，可得截距 $b_2=V_s-V_a$。要想求出固体颗粒的体积 $V_s$，还需求出压强传感器与注射器间细管中空气的体积 $V_a$。

在气密性良好的注射器里不放任何待测物，只有空气，其他条件与上述相同，温度保持不变，改变注射器中气体的体积（总体积从 20 mL 开始变小）。根据波意耳定律得：

$$p_0(V_0+V_a)=p(V+V_a) \tag{7}$$

对上式进行移项得：

$$V=\frac{p_0(V_0+V_a)}{P}-V_a \tag{8}$$

同样测量多组 $p$、$V$ 值，然后作出 $V-\frac{1}{p}$ 图像，采用线性拟合，得拟合方程为 $y=k_1x+b_1$，将拟合方程与（8）式对比可得截距 $b_1=-V_a$。

通过上述分析，我们最终可得修正后的待测固体颗粒的体积为：

$$V_s=b_2-b_1 \tag{9}$$

相比（4）式，（9）式为考虑连接压强传感器与注射器间细管中的修正结果。关于误差的假设是否正确？接下来利用实验来验证，实验数据显示误差从 3.6 % 减小到了 0.34%。

（二）实验装置及实验步骤

本实验装置图如图 1 所示，由 20 mL 注射器、压强传感器、数据采集器和计算机组合而成。

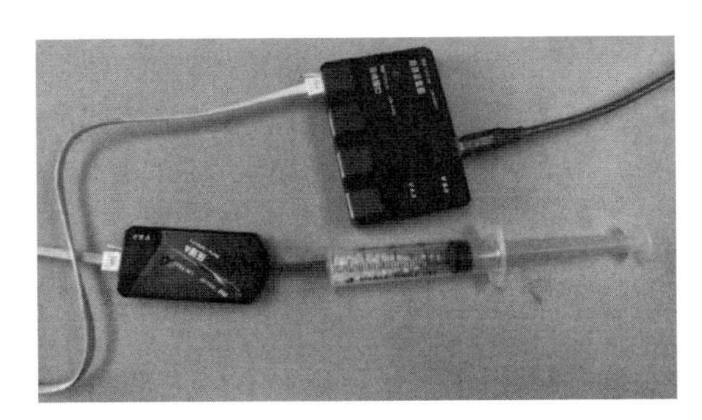

**图 1　实验装置图**

实验步骤：

（1）注射器内不放任何待测物，缓慢推动活塞，改变注射器内密封气体的体积，通过压强传感器、数据采集器从计算机上读出压强的数值。记录活塞所在位置的刻度 $V$ 以及该状态下气体的压强 $p$。绘制 $V-\frac{1}{p}$ 图像，采用线性拟合，得到压强传感器与注射器间细管中空气的体积 $V_a$。

（2）再取适量的待测物（本文为大米和锌粒），用电子天平测出其质量后装入注射器内。缓慢推动活塞，改变注射器内密封气体的体积，通过压强传感器、数据采集器就可以从计算机上读出压强的数值。记录活塞所在位置的刻度以及该状态下气体的压强 $p$。同样绘制 $V-\frac{1}{p}$ 图像，采用线性拟合，得到大米或锌粒的体积，最后利用密度公式计算出大米或锌粒的密度。

（三）数据记录及分析处理

**1. 测量连接压强传感器与注射器细管中的空气体积 $V_a$**

注射器内先不放任何待测物，通过上述方法测量到 $p$、$V$ 值，如表 1 所示。

表 1　无待测物时注射器内空气的体积、压强数据

| $V$（mL） | 20 | 19.5 | 19 | 18.5 | 18 | 17.5 | 17 | 16.5 | 16 |
|---|---|---|---|---|---|---|---|---|---|
| $p$（$\times 10^3$Pa） | 103.0 | 105.8 | 108.5 | 111.0 | 114.3 | 117.3 | 120.8 | 124.1 | 127.9 |
| $1/p$（$\times 10^{-5}$Pa$^{-1}$） | 0.97 | 0.95 | 0.92 | 0.90 | 0.87 | 0.85 | 0.83 | 0.81 | 0.78 |
| $V$（mL） | 15.5 | 15 | 14.5 | 14 | 13.5 | 13 | 12.5 | 12 | |
| $p$（$\times 10^3$Pa） | 131.7 | 135.9 | 140.4 | 144.8 | 149.8 | 156.0 | 161.3 | 167.6 | |
| $1/p$（$\times 10^{-5}$Pa$^{-1}$） | 0.76 | 0.74 | 0.71 | 0.69 | 0.67 | 0.64 | 0.62 | 0.60 | |

绘制 $V-\dfrac{1}{p}$ 图像（见图 2），采用线性拟合，得拟合方程为 $y=21.5273x+(-0.8546)$。为了减小误差，同样操作共测量五次，得拟合方程的常数 $b_1$ 分别为 $-0.8546$、$-0.8213$、$-0.8213$、$-0.8754$ 和 $-0.9089$，求得平均值为 $-0.8563$，故压强传感器与注射器间细管中空气的体积 $V_a$ 为 0.8563mL。

**2. 测量大米的密度**

我们用质量 $m=6.83$ g 的大米，通过上述方法测量到 $p$、$V$ 值，如表 2 所示。

表 2　待测物为大米时注射器内空气的体积、压强数据

| $V$（mL） | 20 | 19.5 | 19 | 18.5 | 18 | 17.5 | 17 | 16.5 | 16 |
|---|---|---|---|---|---|---|---|---|---|
| $p$（$\times 10^3$Pa） | 103.1 | 106.8 | 110.2 | 113.6 | 117.8 | 122.7 | 127.0 | 132.1 | 137.3 |
| $1/p$（$\times 10^{-5}$Pa$^{-1}$） | 0.97 | 0.94 | 0.91 | 0.88 | 0.85 | 0.81 | 0.79 | 0.76 | 0.73 |
| $V$（mL） | 15.5 | 15 | 14.5 | 14 | 13.5 | | | | |
| $p$（$\times 10^3$Pa） | 143.3 | 149.9 | 156.4 | 165.0 | 173.3 | | | | |
| $1/p$（$\times 10^{-5}$Pa$^{-1}$） | 0.70 | 0.67 | 0.64 | 0.61 | 0.58 | | | | |

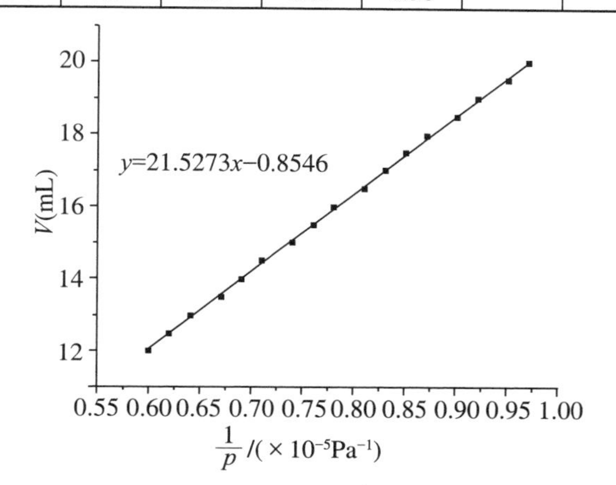


**图 2　无待测物时 $V-\dfrac{1}{p}$ 的拟合图像**

绘制 $V-\frac{1}{p}$ 图像（见图 3），采用线性拟合，得拟合方程为 $y$=16.6959$x$+3.8226。拟合方程的常数 $b_2$ 为 3.8226，求得 $V_s=b_2-b_1$=4.6789，故修正后的大米体积为 4.6789 mL。将大米的质量和体积代入密度公式，求得大米的密度为 1.4597 g/cm$^3$。

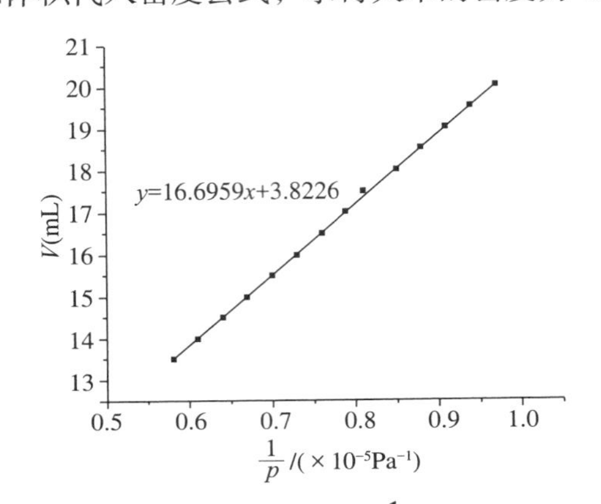


**图 3　待测物为大米时 $V-\frac{1}{p}$ 的拟合图像**

**3. 测量锌粒的密度**

我们知道大米的密度与其质地、品种、含水量等有关，它的密度并没有一个标准值，因此，用同样的方法测量了标准锌粒（$m$ =11.73 g）的密度，具体实验数据如表 3 所示。

**表 3　待测物为锌粒时的体积、压强数据**

| $V$（mL） | 20 | 19.5 | 19 | 18.5 | 18 | 17.5 | 17 | 16.5 | 16 |
|---|---|---|---|---|---|---|---|---|---|
| $p$（$\times10^3$Pa） | 103.1 | 105.8 | 108.7 | 111.9 | 115.1 | 187.4 | 121.9 | 126.2 | 129.6 |
| $1/p$（$\times10^{-5}$Pa$^{-1}$） | 0.97 | 0.95 | 0.92 | 0.89 | 0.87 | 0.84 | 0.82 | 0.79 | 0.77 |
| $V$（mL） | 15.5 | 15 | 14.5 | 14 | 13.5 | 13 | 12.5 | 12 | |
| $p$（$\times10^3$Pa） | 135.0 | 140.0 | 144.6 | 149.7 | 155.7 | 162.0 | 168.7 | 176.5 | |
| $1/p$（$\times10^{-5}$Pa$^{-1}$） | 0.74 | 0.71 | 0.69 | 0.67 | 0.64 | 0.62 | 0.59 | 0.57 | |

绘制 $V-\frac{1}{p}$ 图像（见图 4），采用线性拟合，得拟合方程为 $y$=19.8109$x$+0.7922。拟合方程的常数 $b_2$ 为 0.7922，当考虑压强传感器与注射器间细管中空气的体积时，求得 $V_s=b_2-b_1$=1.6485，故修正后的锌粒体积为 1.6485 mL。

将锌粒的质量和体积代入密度公式，求得锌粒的密度为 7.1155 g/cm$^3$，标准锌粒的密度为 7.14 g/cm$^3$，误差仅为 $\delta$=0.34%。

通过对标准锌粒密度的测量，发现考虑压强传感器与注射器间细管中空气的体积时，实验的误差较小，这表明运用理想气体状态方程测量固体颗粒的密度时，压强传感器与注射器间细管中空气的体积对实验测量结果影响较大，不可忽略。

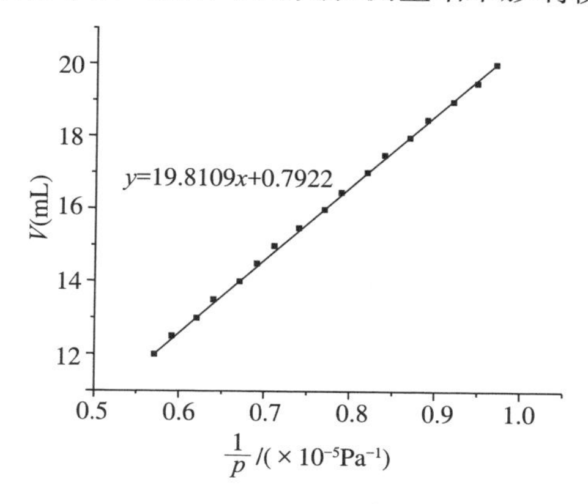


**图 4 待测物为锌粒时 $V-\frac{1}{p}$ 的拟合图像**

（四）实验注意事项

考虑压强传感器与注射器间细管中的空气体积可以显著减少误差。但在实验过程中仍需注意以下几点事项来减少其他误差来源。

（1）该实验对气密性要求较高，要保证装置具有良好的气密性。

（2）保证每一次在大气压强下起始推动活塞的位置相同。

（3）读取注射器上的示数时，要保证视线与刻度垂直。

（4）将注射器与细管相连时，要尽量弄到最紧，并且每一次相连都要在同一位置，否则误差较大。

（5）手不能握在注射器封闭气体的部分，同时每次改变气体体积都要缓慢移动活塞，以免等温条件不能满足。

## 三、教学启示

测量固体和液体的密度是《义务教育物理课程标准（2011 年版）》初中物理必做实验之一，教师在课堂中带领学生开展的密度测量实验较常规，待测物基本是规则固体、不溶于水的不规则固体或液体，对于有间隙的易溶于水或吸水的固体颗粒的密度测量实验涉及较少。新形势下物理教育需注重培养学生的思维能力和科学素养，重视学生对科学探究过程的体验和尝试，应用科学方法研究真实物理问题[7]。为落实“双减”工作，提高课后服务质量，开展趣味物理数字化实验课，物理教师可以参考本文在课后服务中引导学生开展溶于水的固体颗粒密度测量的 DIS 实验。测量该类固体颗粒密度的关键在于准确测量其体积，教师可以先通过提问的形式启发学生思考如何设计实验。由于初中生还未学习波意耳定律的相关知识，待学生思考片刻后，教师可以简单介绍该定律，学生会列出相应公式即可。经小组讨论确定实验方案后，在教师的引导下运用 DIS 实验仪器设备测量标准锌粒的密度，通过小组交流与分享，发现实验结果与标准值误差较大。各小组针对误差原因分析再次展开讨论后，教师给予提示并启发学生思考细管中的空气体积，以进一步减小误差。对实验方法改进后，各小组可自行选择待测物，例如大米、红豆、绿豆等固体颗粒。DIS 实验既可以激发学生的学习兴趣，又可以培养学生运用计算机进行数据处理的意识。除此之外，在自主探究过程中还能提高学生发现并解决问题的能力、培养学生科学思维的能力和实事求是的科学态度，有利于培养学生的物理学科核心素养。在社会信息化的大背景下，将数字化实验融入传统实验中，充分发挥现代信息技术的优势，建构有效的教学方式。

## 四、小结

在中学物理中，DIS 实验比较普及，但由于器材的限制，所能开展的实验没有传统实验多。有文章提到，运用理想气体状态方程测量固体颗粒的密度时，连接注射器和压强传感器的细管要尽量短和细一些，可以减少误差。而在实际实验中，压强传感器是已经配好细管的，我们是没法改变的。通过本文分析可知，该细管中的空气对实验结果确实会造成较大影响，不可忽略不计。因此，本文介绍的测量固体颗粒密度的实验装置和实验方法可以作为中学物理的一个拓展实验，有利于培养学生的创新意识，提高动手能力。在小组合作动手实验结束后，让同学处理实验数据并发现存在较大的误差，引导他们思考如何减小误差，进一步培养学生的科学思维和科学探究能力。最后，本实验的实验器材简单，实验误差较小，实验所花时间也很短，适合于设计成探究性实验。

## 参考文献

[1] 曹惠贤 . 可溶性物质质量密度的测量 [J]. 大学物理 . 2004, 23(1):37−38.

[2] 张瑛，李艳茹，张皓晶，张雄 . 测量可溶性固体颗粒密度的新方法 [J]. 物理教师 . 2016，37(9): 51−53.

[3] 冯华荣，罗先平 . 巧用理想气体方程测量大米的密度 [J]. 实验教学与仪器 . 2019(11):33−34.

[4] 董丽花，俞晓明，何捷 . 测量可溶性固体物质密度的两种方法 [J]. 物理教学探讨 . 2004，22(6): 52−53.

[5] 韩晔 . 利用气体状态方程测量食盐的密度 [J]. 湖南中学物理 .2020(9): 79−80.

[6] 张泓筠，邓生平，孟波，韩伟超，杨永亮 . 水溶物密度测量新方法 [J]. 物理教学探讨 .2016，34(1): 58−60.

[7] 中华人民共和国教育部 . 义务教育物理课程标准（2011 年版）[M]. 北京：北京师范大学出版社，2011.

（本文发表于《物理教学探讨》2022 年第 7 期 P.48-51，55，作者为徐丽佳、方伟、刘爱云、张鑫燚、温凯丽）

# 遍寻误差来源，培养问题证据意识和科学论证能力

## ——以“验证玻意耳定律”的DIS实验为例

［**摘要**］本文以“验证玻意耳定律”DIS实验中出现的系统误差为对象，遍寻误差来源，分别提出并实施“补偿体积法”“增大体积法”“润滑油密封法”“推拉改进法”等四种方法来减小系统误差，在科学探究的过程中培养学生的问题证据意识和科学论证能力。文中提出的实验设计方案和教学思路旨在培养学生的科学思维、科学探究和科学精神，最终提高学生的问题解决能力。

［**关键词**］玻意耳定律　DIS实验　系统误差　问题证据　科学论证

科学探究是高中物理核心素养的重要内容，《普通高中物理课程标准（2017年版2020年修订）》将科学探究定义为“基于观察和实验提出物理问题、形成猜想和假设、设计实验和制定方案、获取和处理信息、基于证据得出结论并作出解释，以及对科学探究过程和结果进行交流、评估、反思的能力，主要包括问题、证据、解释、交流等要素”。对于物理课程而言，科学探究既是学习内容，也是一种学习方法，还是一种科学精神[1]。如何培养科学探究能力是高中物理课堂的重点。面对物理这一理论与实验相结合的学科，要想培养学生的科学探究能力，并不能一味地开展单一性知识的讲解教学，而是要结合物理实验教学，来培养学生科学探究能力[2]。

我们在做“验证玻意耳定律”DIS实验中发现，该实验内容及其误差来源分析蕴含着丰富的培养学生证据意识和科学论证能力的教学元素。本文将通过若干个发现问题—寻找证据—做出解释—交流评价的科学探究过程，组成一次问题驱动式的实验教学，以实验来探寻证据，实现培养物理学科核心素养的目的，希望能对中学物理教师提供教学参考。

## 一、实验背景介绍

“验证玻意耳定律”为《普通高中物理课程标准（2017年版2020年修订）》中选择性必修第三册的必做实验，要求学生“探究等温情况下一定质量气体压强与体积的关系”。玻意耳定律作为第一个描述气体变化的数量公式，为气体的量化研究和化学分析奠定了基础[3]。DIS实验则可以提高物理实验的可视性及数据收集的有效性，并能用图表等方式提高学生数据处理的效率，在一定程度上解决学生数据分析、图像处理能力较弱的问题。

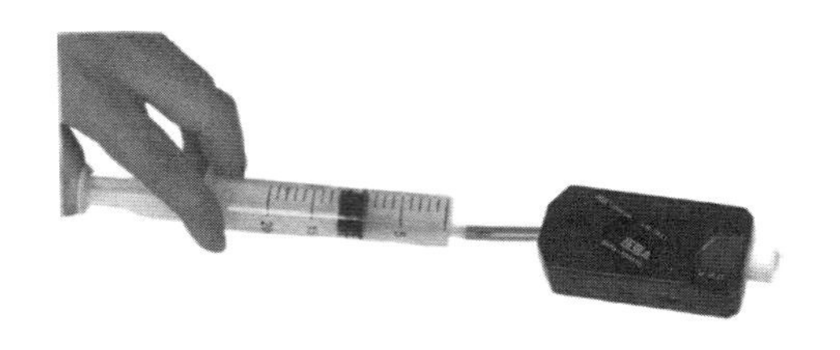

图 1　实验装置图

该DIS实验装置如图1所示，具体操作如下：拉动20 mL注射器的活塞至最大处，将注射器与压强传感器相连，录入体积 $V$ 值，并记录此时压强 $p$ 值；逐步推动注射器活塞，改变体积 $V$，并记录所对应的压强；根据实验数据，拟合 $p-\frac{1}{V}$ 图线。

## 二、初见问题，系统分析

### （一）核心问题的初步分析

根据玻意耳定律，在温度不变的情况下，一定质量的气体压强与体积成反比关系，故 $p-\frac{1}{V}$ 图线应为过原点的直线。但实验中的拟合图线并没有过原点，而是与纵坐标有一段正截距。如表 1、图 2 所示。

表 1　“验证玻意耳定律”实验数据

| $p$/kPa | 103.0 | 109.3 | 114.6 | 120.9 | 127.9 | 135.6 | 145.3 | 155.1 | 167.0 | 180.1 | 195.7 |
|---|---|---|---|---|---|---|---|---|---|---|---|
| $V^{-1}$/($mL^{-1}$) | 0.0500 | 0.0526 | 0.0556 | 0.0588 | 0.0625 | 0.0667 | 0.0714 | 0.0769 | 0.0833 | 0.0909 | 0.1000 |

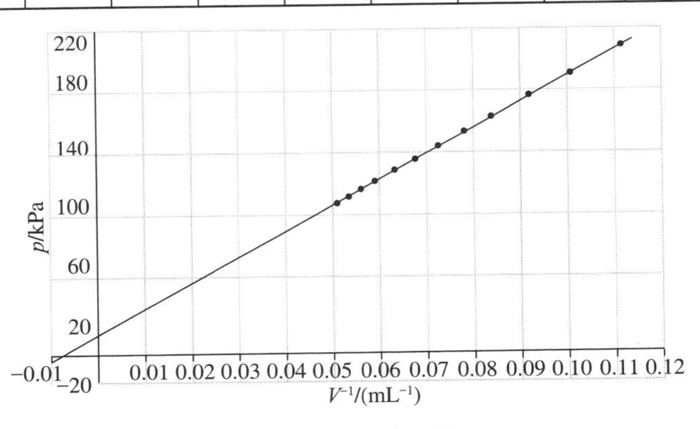


图 2　线性拟合图线

图 2 中拟合直线函数表达式为 $y$=1827.31$x$+13.47。为避免操作不当所引起的误差，在确保温度不变并缓慢推进注射器的条件下多次重复实验，$p-\frac{1}{V}$ 图线始终不过原点，且截距总为正，这说明本实验存在相当明显的系统误差。而系统误差主要

来自实验仪器和实验操作，这就引出了本文的核心问题：在现有实验方案下，如何引导学生分析导致这些系统误差的原因？能否通过改进实验操作、流程和器材来减小系统误差？如何引导学生推理论证改进方案的有效性？这些问题的解决过程也就是物理核心素养的培养过程。

结合实验器材不难发现，玻意耳定律涉及的三个物理量中，气体体积 $V$ 是在改进实验方面最具操作性的物理量。因此，可以针对核心问题，围绕体积提出关于系统误差影响因素的两个问题：

问题 1：实验中使用的体积 $V$ 为刻度示数，而实际上的体积还应加上连接导管中的气体体积，如图 3 所示。是否是这部分体积的缺失带来了系统误差？

问题 2：进行实验时，实验器材是否会发生漏气，导致系统误差的出现？

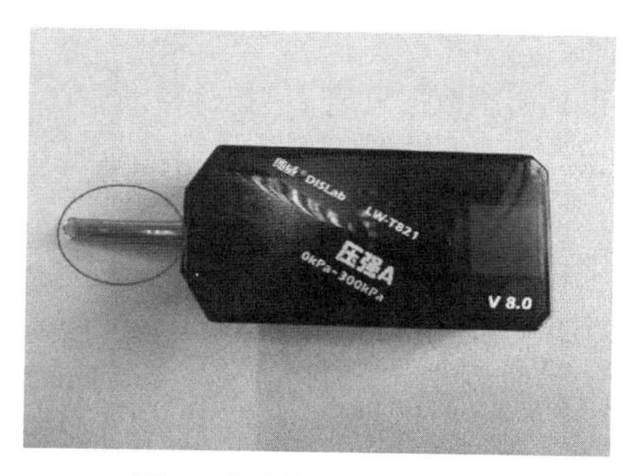


**图 3　传感器中的连接导管**

## （二）关于补偿体积的验证与思考

针对问题 1，即未计入连接导管内的气体而产生系统误差，可以引导学生先查阅文献资料，再通过实验的方式进行验证。这一过程可以培养学生的问题证据意识、科学论证能力。

通过查阅资料，发现已有研究指出导管内的气体是引起系统误差的原因。刘力文、陈林桥对于“玻意耳定律”实验数据的研究[4]、徐成华对体积测量误差的研究[5]、穆琳对 DIS 实验图像误差进行的分析[6]以及崔卫国、徐锐对本实验的误差分析[7]都指出了这一点，并给出了数个改进方案。本文采用“补偿体积法”这一改进方案，即估算连接导管内的气体体积，并在每次输入体积数据时“补偿”加上该体积，使拟合得到的 $p$ - $\frac{1}{V}$ 图像得到修正[4]。

**表 2　“补偿体积法”实验数据**

| $p$/kPa | 103.0 | 108.8 | 114.7 | 121.3 | 128.2 | 136.2 | 145.7 | 155.9 | 167.2 | 181.1 | 197.9 | 214.9 |
|---|---|---|---|---|---|---|---|---|---|---|---|---|
| $(V+V_0)^{-1}$/(mL$^{-1}$) | 0.0483 | 0.0507 | 0.0534 | 0.0564 | 0.0598 | 0.0636 | 0.0679 | 0.0729 | 0.0786 | 0.0853 | 0.0933 | 0.1029 |

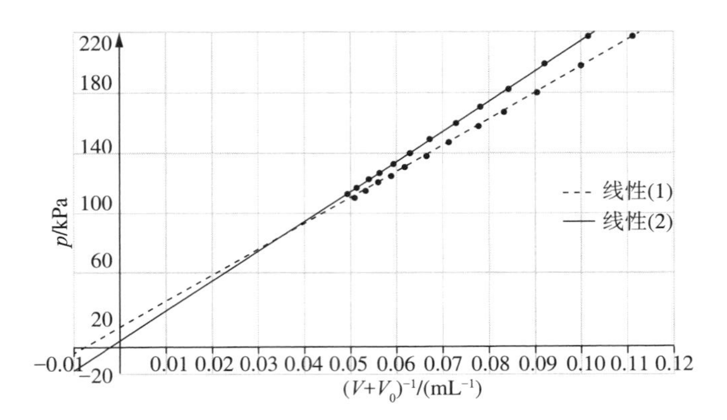


**图 4 “补偿体积法”的拟合图线**

使用游标卡尺对导管进行测量，估算得出连接导管的平均体积 $V_0$ 约为 0.72 mL。采用“补偿体积法”后得到实验数据见表 2。拟合得到 $p-\dfrac{1}{V+V_0}$ 图线，如图 4 中实线所示，其中虚线（1）为原始拟合图线（即图 2 中的直线），实线（2）为考虑“体积补偿法”后得到的 $p-\dfrac{1}{V+V_0}$ 拟合直线，函数表达式为 $y$=2060.92$x$+4.83。其截距仅为 4.83，较之 13.47 大幅减小，可以看出该方案确实能够很大程度上减少实验的系统误差，提高实验的精度，同时也证实了导管内的气体体积确实造成了本实验的系统误差。

我们再来从理论上分析导管内的气体体积问题，其带来误差的原因在于：存在额外体积 $V_0$ 时，有：

$$p=\frac{C}{V_0+V}=\frac{C}{V_0}-\frac{C}{V_0\left(\dfrac{V_0}{V}+1\right)}$$

令 $\dfrac{1}{V}=x$，整理得

$$p=\frac{C}{V_0}\left[1-\frac{1}{V_0x+1}\right]$$

由上式可知，在实际情况中 $p$ 与 $\dfrac{1}{V}$ 并非是线性关系，而是呈双曲线函数分布。至于图 2、4 中看不出数据点的双曲型分布，可以引导学生分析：实验中针筒的体积 $V$ 远大于 $V_0$，故 $V_0$ 的影响较小。若针筒内的气体体积取较小值，此时 $V_0$ 的影响将会凸显，双曲线分布将会呈现。随后可以组织学生实验予以验证，培养证据意识。

图 5 是实验得到的数据拟合，可以看出相较于线性拟合，双曲线拟合曲线的拟合效果更好，其 $R^2$ 的值可达 0.99947，可信度较高。由此可知，在实际情况中

$p$ - $\frac{1}{V}$ 图线为平移后的双曲线。

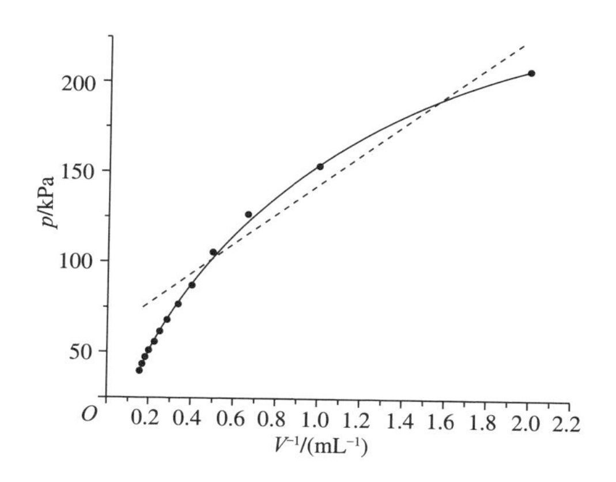


**图 5 双曲线拟合图线**

通过实验发现“补偿体积法”的效果不错，但该方法最关键的一步在于对连接导管内容积 $V_0$ 的测量。但由于导管尺寸较小、具有弹性，且一部分在传感器内部，难以直接用游标卡尺进行测量，需要配合估算，操作麻烦且精度不高。因此，是否有更简单便捷的方案作为代替？我们将在后续“方案再探”部分进行探究。

接着，我们将通过文献调研和实验验证的方法对问题 2 进行探究，分析漏气是否也是产生系统误差的主要原因。

### （三）对器材漏气的研究和思考

查阅资料发现，注射器漏气可能是活塞磨损严重，气密性变差导致的。而涂抹润滑油可以在活塞与注射器管之间形成微米级的油膜，填充活塞磨损后留下的空隙，提高气密性。因此，可以通过涂润滑油来验证注射器是否出现漏气现象（下文称此方法为“润滑油密封法”）。在为注射器涂上润滑油后进行重复实验，得到如下数据（见表 3）及其拟合图线（见图 6）。

**表 3 “润滑油密封法”实验数据**

| $p$/kPa | 102.6 | 107.9 | 113.3 | 119.8 | 127.3 | 134.8 | 143.5 | 153.9 | 166.4 | 179.5 |
|---|---|---|---|---|---|---|---|---|---|---|
| $V^{-1}$/（$mL^{-1}$） | 0.0500 | 0.0526 | 0.0556 | 0.0588 | 0.0625 | 0.0667 | 0.0714 | 0.0769 | 0.0833 | 0.0909 |

实验的正截距为 8.44，与原截距 13.47 相比有一定降低，证明在改善气密性后，系统误差减少，验证了实验过程中确有漏气现象。但与“补偿体积法”（问题 1）使其截距减少为 4.83 相比，改善效果略有不足。

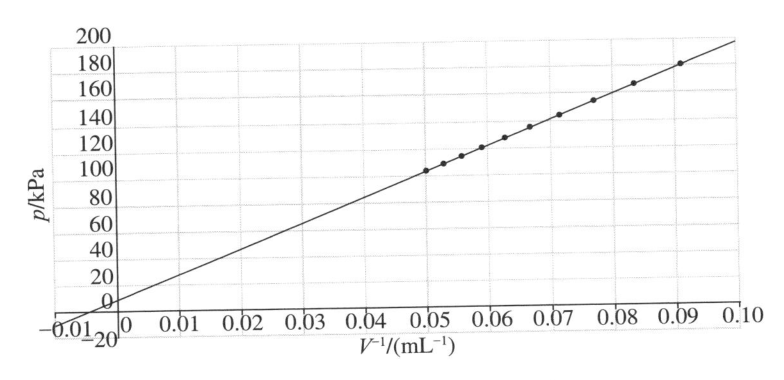


图 6 “润滑油密封法”拟合图像

## 三、方案再探，深入改进

对于本实验中存在的较大系统误差，经过上文的初步探究，可以从修正气体体积和改善器材漏气两条并行路线出发，进一步进行探索。

**气体体积修正的再探索：“增大体积法”**

结合前文补偿体积的理论公式 $p=\dfrac{C}{V+V_0}$ 可以发现，当气体体积 $V$ 增大，$V_0$ 对式子整体的影响将会相应地减小，进而起到改善系统误差的效果。因此，我们将用较大体积的针筒代替原始方案中的针筒进行实验，验证是否可以减小系统误差(下文称此方法为“增大体积法”)。用 30 mL 的注射器代替 20 mL 的原始注射器，采集相同组数的压强数据重新实验。最终，得到的数据见表 4，拟合图像如图 7 所示。图中图线表达式为 $y$=2509.6$x$+2.41，可以看出，“增大体积法”改进效果良好。

表 4 “增大体积法”实验数据

| $p$/kPa | 86.1 | 89.0 | 92.0 | 95.6 | 98.3 | 102.9 | 106.9 | 111.5 | 117.4 | 121.3 |
|---|---|---|---|---|---|---|---|---|---|---|
| $V^{-1}$/(mL$^{-1}$) | 0.0333 | 0.0345 | 0.0357 | 0.0370 | 0.0385 | 0.0400 | 0.0417 | 0.0435 | 0.0455 | 0.0477 |

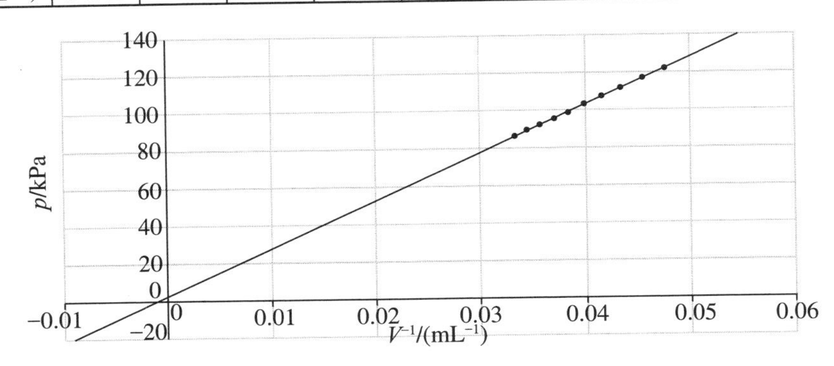


图 7 线性拟合图线

与“补偿体积法”相比，“增大体积法”仅需更换一个较大体积的注射器，便有更佳的实验效果。但该方法有些“治标不治本”，对造成误差的导管内气体体积本身并没有做出改进，两个方案各有优劣。此外，使用“增大体积法”并不意味着放弃“补偿体积法”，在误差要求较高的情况下，可以同时采用两种方法。

**改善器材漏气的再探索：“推拉改进法”**

前文中，“润滑油密封法”的实验探索证实了实验器材发生漏气，从而导致系统误差的假设。由表2数据可知，气筒中的压强最大值达到了214.9 kPa，两倍于外界大气压强。不难推测，实验过程中过大的内外压强差也会加剧漏气，增大系统误差。可以引导学生合理推理：对于漏气现象引起的系统误差，除了增加密封性来减少外，还可以通过减少实验过程中气筒内的压强来改善。

通过分析发现，针管内外压强差过大的原因在于实验时，原有方案是单向推压活塞来采集数据的，在这个过程中压强不断增加。我们可以帮助学生打破思维定式：难道不能在拉动活塞、增大体积的情况下收集数据吗？验证波意耳定律一定要在减少体积的情况下收集数据吗？引导学生分析玻意耳定律的公式：在密封条件下，将针筒向外拉与向内压所得图像应当是一致的，都遵循玻意耳定律。因此若能将单向的推压法改进为有推有拉的推拉法（下文统称为“推拉改进法”），即不以体积采集范围的最大值为起点，而是以体积采集范围的中点作为起点，在与连接导管相连后，先将针筒推杆向外拉至体积采集范围的最大值，然后开始收集数据，慢慢将活塞推至最小值，从而显著减小内外压强差，实现减少漏气的效果。我们预估“推拉改进法”不仅能改善漏气现象，还可以一定程度上改善过分压缩导致的气体升温现象，从而更好地减小系统误差。

为验证“推拉改进法”的效果，重新设计实验流程，以15 mL，103.0 kPa为起点，将针筒拉至20 mL，再压缩至10 mL，每隔1 mL记录压强数据，见表5。

表5 “推拉改进法”实验方案的数据表格

| $p$/kPa | 78.1 | 82.0 | 86.6 | 91.2 | 96.6 | 103.0 | 109.6 | 117.9 | 126.8 | 137.5 | 150.0 |
|---|---|---|---|---|---|---|---|---|---|---|---|
| $V^{-1}$/（$mL^{-1}$） | 0.0500 | 0.0526 | 0.0556 | 0.0588 | 0.0625 | 0.0667 | 0.0714 | 0.0769 | 0.0833 | 0.0909 | 0.1000 |

根据该表可知，在保持初始压强、体积采集范围不变的条件下，“推拉改进法”的应用使最大压强降为150.0kPa，较之表2中的最大压强（214.9 kPa），降低了约25%，大大解决了压强过大的问题。从图8的拟合图像来看，图中函数表达式为$y$=1441.8$x$+6.44，与“润滑油密封法”相比，显然效果更佳。

更重要的是，从教学角度来看，在实验中增大和减少气体体积，显然比单纯的压缩气体体积更能加深学生对玻意耳定律的理解，有利于概念教学。笔者在调研过程中发现，此处应用的“推拉改进法”在论文[8]中已有应用，但未明确提出作为一种改进系统误差的方法。本文提出此种改进系统误差的方法，并用数据加以验证。

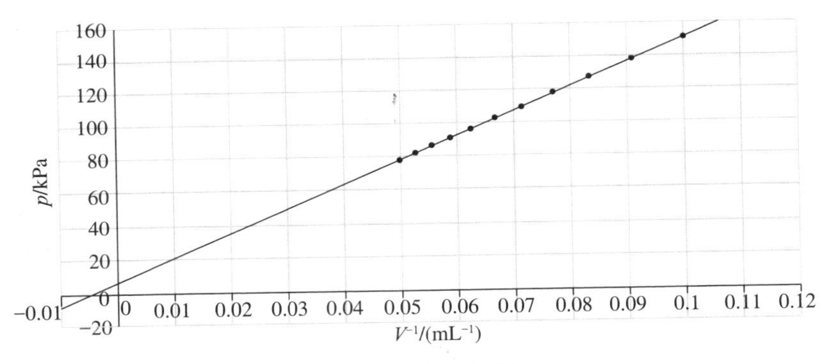


**图 8　线性拟合图线**

**整体方案的再探索：综合性问题**

经过上文的探究和验证，我们已经能对本文提出的“核心问题”做出回答：连接导管内存在的气体体积和实验器材发生的漏气现象导致了系统误差的出现；而我们可以通过使用“补偿体积法”“增大体积法”“润滑油密封法”“推拉改进法”等方法来减小系统误差。但在探究这些方案的可行性时，为了控制变量以及合理评估改进方案的效果，这些方法都是相互独立的，没有结合到一起进行过实验。那么，将这四种行之有效但各有优劣的方法相互配合起来，形成不同的实验方案时，如何在这些方案中做出取舍，使得实验方案的缺点不那么令人难以接受的同时，尽可能改善实验系统误差？这是比核心问题更进一步的综合性问题。这一综合性问题与前文的所有问题都不相同，因为“最佳方案”本身就是一个相对主观的概念，没有一个量化的标准作为判断依据。此时，这一问题的答案应该交由学生思考、讨论和决策，从而充分调动其思考的积极性。也能让学生认识到“科学探究中并不是所有问题都有明确的答案”，在这一层面顺势而为地培养学生科学态度与责任这一物理学科核心素养。

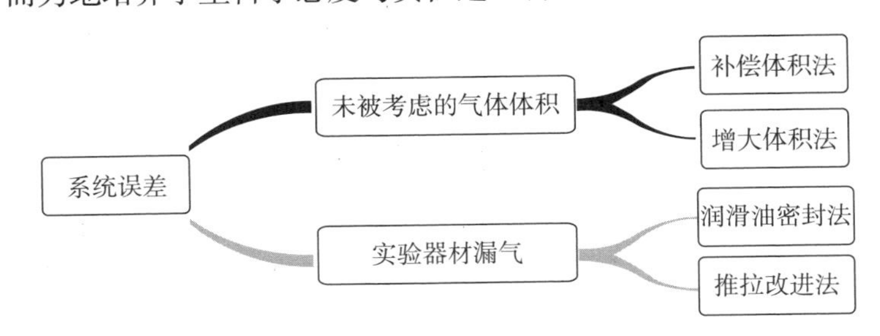


**图 9　系统误差来源分析的思维导图**

## 四、教学启示

当下物理教育需注重培养学生的物理学科核心素养，重视培养学生在经验事实的基础上进行模型建构、推理论证和质疑创新，重视学生对科学探究的体验、尝试和应用科学方法研究真实物理问题的过程[9]。而“验证玻意耳定律”实验本身所承载的科学知识简单，实验操作简洁，加之在DIS设备辅助下实验过程及其数据处理都相对便捷，这就为教师在这个实验的教学中通过引导学生分析和减小实验系统误差来培养科学思维、科学探究和科学精神提供了很好的契机。教学效果良好的精髓在于“道而弗牵、强而弗抑、开而弗达”，教师可以通过本文介绍的思路和方法，引导学生分组讨论和分析并自行完成实验的设计和实施。在对核心问题的反复细化、追问、验证、解释、评价、提出新问题的过程中，充分渗透和实现科学思维、科学探究、科学精神的培育。

## 参考文献


[1] 张大昌 . 从物理课程看科学探究 [J]. 中学物理教学参考，2006(1):2−5.

[2] 王宗炜 . 高中物理科学探究能力培养研究 [J]. 新教育，2021(28):60.

[3] 罗伯特 · 波义耳 . 波义耳定律 [J]. 数理化学习（高中版），2020(1):2.

[4] 刘力文，陈林桥 . 科学地选择图像处理“玻意耳定律”的实验数据 [J]. 物理教学，2023，45(07):29−30.

[5] 徐成华 . 体积测量误差引起压强图像变化的研究 [J]. 物理教学探讨，2015，33(12):53−54.

[6] 穆琳 .“用 DIS 探究气体压强与体积的关系”实验误差的分析 [J]. 物理通报，2014(2):90−92.

[7] 崔卫国，徐锐 . 用 DIS 系统验证玻意耳定律实验的误差分析 [J]. 物理实验，2008(9):19−20.

[8] 陈小磊 . 玻意耳定律的 DIS 系统——问题 改进 拓展 [J]. 物理通报，2018(1):71−72+78.

[9] 中华人民共和国教育部 . 普通高中物理课程标准（2017 年版 2020 年修订）[M]. 北京：人民教育出版社，2020.


（本文将发表于《大学物理》，作者为杨洲、王晨宇、夏兴、刘锋、方伟）

# DIS实验助力模型建构

## ——以绳速度分解模型为例

[摘要]在绳速度分解模型中，辨别绳速度为合速度还是分速度是教学的难点，也是学生的易错点。本文利用DIS实验装置助力绳速度分解的模型建构，将实验数据图像与正确和错误的理论分析图像进行对比验证，使学生更加直观地感受正确的绳速度分解方式。DIS实验助力课堂理论分析的教学方式有利于加强学生的模型建构能力，培养学生的科学探究和推理论证能力。本文对物理师范本科生、研究生和中学物理教师有教学上的参考价值。

[关键词]模型建构　绳速度分解模型　DIS实验

### 一、引言

高中物理中，速度分解问题属于运动学的一部分，是分析物体运动规律的基础知识之一，也是重要的考点。但是，相关习题的形式多种多样，要求学生灵活运用水平竖直正交分解和按实际效果正交分解的方法。学生常常在判断是否需要按实际效果进行分解，以及如何按照实际效果进行分解两方面出现问题。尤其是在绳速度分解问题上，很多学生会不知道如何分解绳的速度，甚至不知道应该分解哪种速度。因此，教学中应该不仅带领学生进行理论推导，还应该通过实验的方式，让学生更加直观地感受哪一种绳速度分解才是正确的情况，从而激发学生的学习兴趣。

近年来，随着科学信息技术的发展，数字信息化实验（DIS）逐渐被引入实际教学课堂。DIS实验通过传感器、数据采集器和计算机等设备实时将实验数据传递到计算机上，具有高灵敏度、高采集速度等优点，因此可以很好地解决传统实验中存在的一些问题。本文将通过DIS实验装置，可以很好地观测绳端点速度的变化情况，并对实验结果进行分析，助力学生更加直观地感受到绳端点速度是如何分解的，从而提高教学质量。

### 二、绳速度分解的模型建构

#### （一）速度分解

速度分解是指将一个物体的速度按照不同方向分解成多个分速度的过程。在高中习题中，通常可以以两种方式进行分解，即水平竖直的正交分解和按实际效果的正交分解。

水平竖直的正交分解，通常是指将原始速度分解成水平和竖直方向上的速度。例如，一个物体以速度 $v$ 斜向上运动，可以将其速度分解成竖直方向上的分速度 $v_1$

和水平方向上的分速度 $v_2$，如图 1 所示。

按实际效果分解则是根据原始速度的实际现状，分解成两个既不水平也不竖直的速度。如图 2 所示，一个物体与斜面成一定夹角，以速度 $v$ 做斜抛运动，可以将其速度分解成沿着斜面方向的分速度 $v_1$ 和垂直于斜面方向的分速度 $v_2$ 来进行研究。

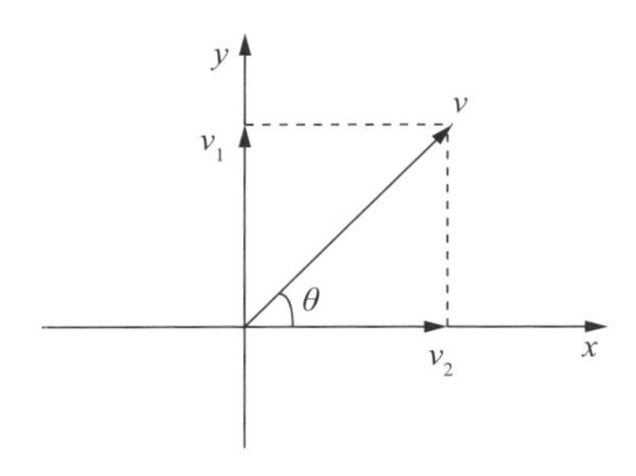


**图 1　水平竖直的正交分解**

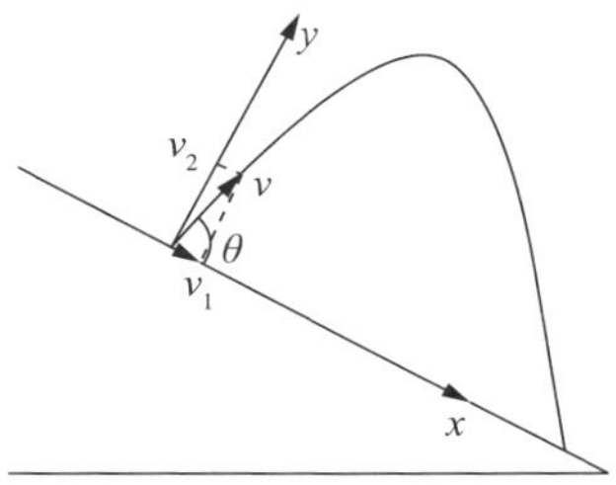

**图 2　按实际效果的正交分解**

### （二）绳或杆速度分解问题

如图 3，5，6 是常见的绳或杆速度分解问题，是运动的合成与分解中的一个难点也是易错点。解决绳或杆速度分解问题的关键是确定运动对象，判断什么是关联速度。关联速度是指当两个物体通过绳或杆的连接运动时，两物体沿绳或杆方向上的分速度，此时两个分速度的大小相等。绳杆关联速度模型具有三大特点，分别是：（1）绳或杆质量忽略不计；（2）绳或杆不可伸长；（3）沿绳或杆方向的速度分量大小相等。

### （三）解决绳或杆速度分解问题的一般步骤

（1）确定对象：确定需要进行运动分解的对象。（2）找关联点：物体和绳或杆的连接点。(3)找出物体实际运动速度: 先确定物体的实际运动，即物体的合运动，判断应该对哪一个速度进行分解。(4)分解合速度: 确定合运动的两个实际作用效果。一种是沿绳或杆方向的平动效果，这个效果改变速度的大小。另一种是沿垂直于绳或杆方向的转动效果，这个效果改变速度的方向。将合速度按照这两种实际效果进行正交分解，即沿绳或杆方向的速度和垂直于绳或杆方向的速度。（5）进行求解：根据沿绳或杆方向的速度的大小相等对物体列方程求解。

### （四）常见的模型

（1）一绳一物模型：如图 3 所示，绳与物不在同一水平方向上运动，物体沿着轨道向左运动。对物体的末端速度 $v$ 的分解，将物体的实际运动速度分解为沿绳收缩方向上的速度 $v_1$ 和垂直于绳方向速度 $v_2$。此时沿绳方向的分速度 $v_1$ 就是绳子收缩时速率，即拉绳的速率，公式如下：

$$v=\frac{v_1}{\cos\theta}$$

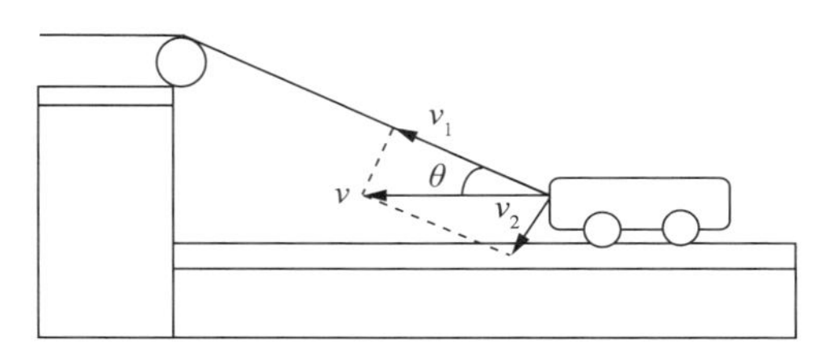


**图 3　一绳一物模型正确分解** [1]

但在日常做题过程中，学生在思维定势的影响下，容易认为所有的运动都可以按照水平竖直的方向进行分解，错误地认为沿绳收缩方向的速度 $v$ 为合速度，将绳速度分解为水平竖直两个方向的分速度 $v_1$ 和 $v_2$，如图 4 所示，公式如下：

$$v_1 = v\cos\theta$$

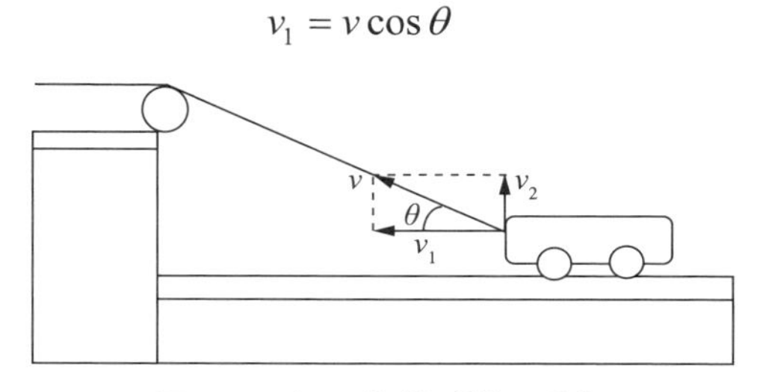


**图 4　一绳一物模型错误分解**

（2）两物一绳模型：两物通过细绳跨接在定滑轮两侧，同时向左进行运动。两物与绳的速度均不相同。在定滑轮两侧的绳子的速度的方向也不相同。在绳子末端的两个物体的速度都需要分解。根据前面介绍的绳杆关联速度模型的特点之三，可知两个物体在沿着绳子方向的分速度的大小是相等的。如图 5 所示，即为 $v_{A_2} = v_{B_1}$。

（3）两物一杆模型：在杆两端的物体的运动速度不相同，$A$ 点向下运动，$B$ 点向右运动。将杆的两个端点 $A$，$B$ 的速度沿杆和垂直于杆的方向进行分解，则 $A$，$B$ 两点沿杆方向的分速度大小相等。如图 6 所示，$v_{A_1} = v_{B_2}$。

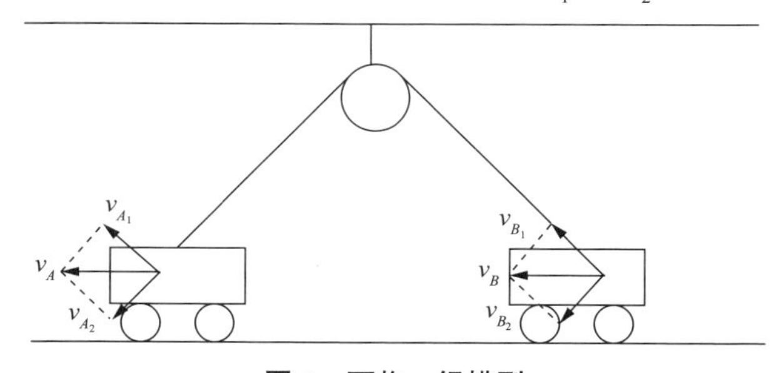


**图 5　两物一绳模型**

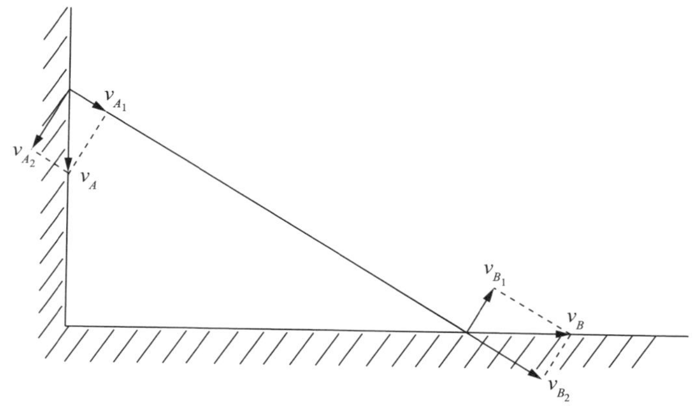

**图 6　两物一杆模型**

## 三、DIS 实验助力难点突破

### （一）难点分析

在“绳速度分解的模型建构”中介绍了常见的几种连接体问题的速度分解方法，模型建构相当清晰，图像也很直观，但是在教学中往往发现学生还是不知道哪个才是合速度，不清楚应该分解哪个速度。其原因除了可能没有理解速度分解的基本原理，即速度分解应该分解的是物体运动的实际速度，而不是基于思维定式全部按照水平竖直的分解方法进行分解；还可能是问题本身比较抽象，而现实中又没有简便直观的方法来直观验证正确和错误的速度分解结果，即正确与错误都只是停留在课本和习题答案上。如果教师在教学过程中能将理论推导和实验论证与直观的物理现象联系起来，让学生从理论和实验两个角度来看待同一问题，可能会加深对物理问题的理解，提升学生的物理思维能力，同时也能提高学生的探究能力和推理论证能力。接下来我们将以一绳一物模型为例，介绍和讨论如何利用 DIS 数字化实验来助力模型建构中的难点突破，让学生“看见”正确的速度分解，从而改善学习效果。

### （二）DIS 实验

实验装置图如图 7 所示，由两个力学导轨、四个光电门、两个小车、若干铜线、电机组成。

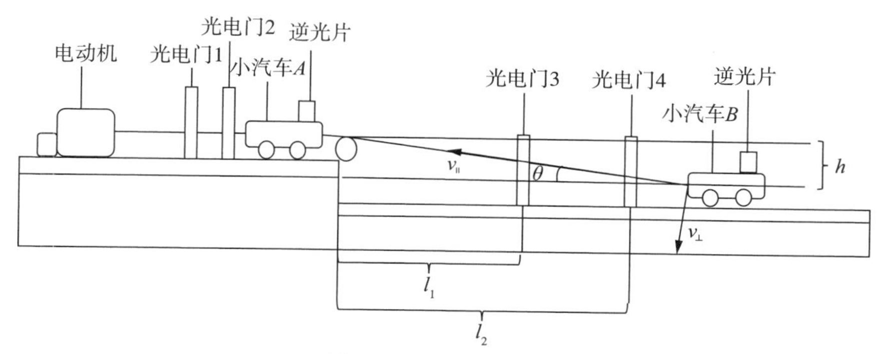

**图 7　DIS 实验装置图**

由前节的图 3 和图 4 可以看出，假设绳速度为分速度时，绳速度应该小于小汽车的速度，绳速度应该在小车运动速度的下方，如图 8 所示；假设绳速度为合速度时，绳速度应该大于小汽车的速度，绳速度应该在小汽车速度的上方，如图 9 所示。具体情况及图像如表 1 所示。为了更好地让学生直观感受绳速度的分解情况，我们利用 DIS 实验设备将实验结果与理论结果进行对比，就可以更加直观地判断绳速度究竟是分速度还是合速度。

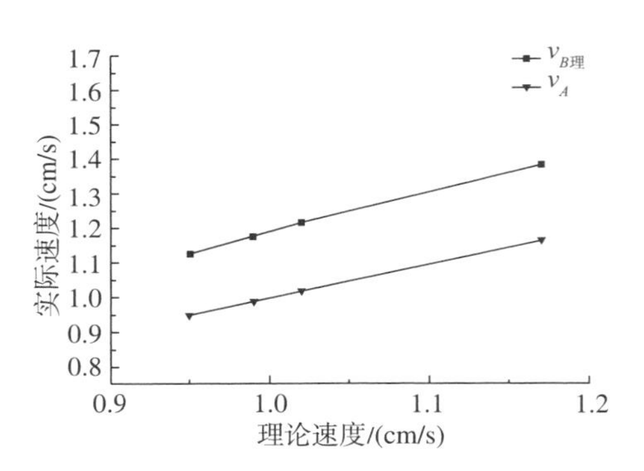


**图 8　绳速度为分速度实验对比**

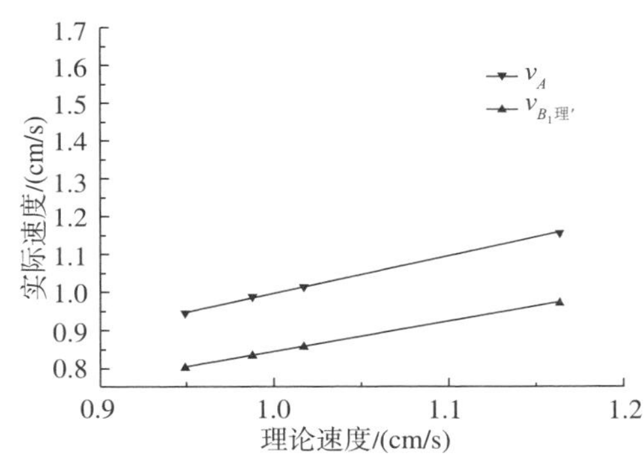


**图 9　绳速度为合速度实验对比**

**表 1　绳速度为分速度或合速度的理论分析**

| 绳速度为分速度 | 绳速度为合速度 |
|---|---|
| $v_{车}=v_B=\dfrac{v_{绳}}{\cos\theta}=\dfrac{v_A}{\cos\theta}$ | $v_{车}=v_B{}'=v_{绳}\cos\theta=v_A\cos\theta$ |

图 7 所示实验装置原理是利用电动机的匀速转动，使得小汽车 $A$ 匀速向左运动，并带动小汽车 $B$ 向左运动。设小汽车 $A$ 和 $B$ 匀速运动的速度分别为 $v_A$、$v_B$，小汽车 $B$ 的绳索与水平面的夹角为 $\theta$ 时，小汽车 $B$ 的速度分解为两个效果：一是滑轮与小汽车 $B$ 之间的绳缩短，二是绳绕滑轮顺时针转动。因此，将小汽车 $B$ 的速度分解为沿绳方向的速度 $v_{\parallel}$ 和垂直于绳方向的速度 $v_{\perp}$，计算公式如下：

$$v_{\parallel}=v_B\cos\theta$$

$$v_{\perp}=v_B\sin\theta$$

由于同一根绳上沿绳方向的速度相等，即

$$v_A=v_{\parallel}$$

测量得到小汽车 $B$ 到滑轮顶端的高度 $h$，力学导轨 2 上的两个光电门到滑轮正下端的水平距离为 $l_1$，$l_2$。设小车 $B$ 经过光电门 3 和光电门 4 时，小车 $B$ 的速度分别为 $v_{B_1}$ 和 $v_{B_2}$，绳子与水平方向的夹角分别为 $\theta_1$ 和 $\theta_2$，对应的 $\cos\theta_1$ 与 $\cos\theta_2$ 的表达式如下：

$$\cos\theta_1 = \frac{l_1}{\sqrt{l_1^2 + h^2}}$$

$$\cos\theta_2 = \frac{l_2}{\sqrt{l_2^2 + h^2}}$$

综合上述表达式，我们可以得到 $v_A$ 与 $v_B$ 之间的关系：

$$v_B = \frac{v_A}{\cos\theta}$$

$$v_{B_1} = v_A \frac{\sqrt{l_1^2 + h^2}}{l_1}$$

$$v_{B_2} = v_A \frac{\sqrt{l_2^2 + h^2}}{l_2}$$

理论上小车 $A$ 的速度应该一直保持不变，但是因为实验中摩擦力、绳子张力等因素的影响，光电门 1 和光电门 2 测量出来的小车 $A$ 的速度会不一样。为减少误差，选择将光电门 1、2 测出的速度 $v_{A_1}$ 、$v_{A_2}$ 的平均值作为小车 $A$ 的速度，即：

$$v_A = \frac{v_{A_1} + v_{A_2}}{2}$$

在实验开始前通过直尺测出力学导轨 2 到滑轮顶端的高度差 $h$ = 11 cm，光电门 3 到滑轮的水平距离 $l_1$=17 cm，光电门 4 到滑轮的水平距离 $l_2$=37 cm。由此我们可以得到绳子在光电门 3 处与水平方向的夹角为 $\cos\theta_1$=0.8396，光电门 4 处与水平方向的夹角为 $\cos\theta_2$=0.9585。

在将四个光电门与数据收集器相连接后，遮光片通过不同光电门所用的时间会被传导到计算机上，如表 2 所示。其中 $t_1$、$t_2$、$t_3$、$t_4$ 分别为通过光电门 1、2、3、4 所用的时间。

**表 2　遮光片通过不同光电门所用的时间**

| 计算表格 | $t_1$（s） | $t_2$（s） | $t_3$（s） | $t_4$（s） |
|---|---|---|---|---|
| 2 | 1.980198 | 2.272727 | 1.754385 | 1.941747 |
| 3 | 1.869159 | 2.197802 | 1.69485 | 1.869158 |
| 4 | 1.960784 | 1.941748 | 1.574803 | 1.980198 |
| 1 | 1.652893 | 1.769912 | 1.481481 | 1.612903 |

根据 $t_1$、$t_2$、$t_3$、$t_4$ 以及遮光片的长度 2 cm，可以分别得到小汽车通过四个光电门时的平均速度 $v_{A_1}$ 、$v_{A_2}$ 、$v_{B_1实}$、$v_{B_2实}$，如表 3 所示。

表 3　小汽车通过四个光电门时的平均速度

| 实验次数 | $d$（cm） | $v_{A_1}$（cm/s） | $v_{A_2}$（cm/s） | $v_{B_1实}$（cm/s） | $v_{B_2实}$（cm/s） |
|---|---|---|---|---|---|
| 1 | 2 | 1.01 | 0.88 | 1.14 | 1.03 |
| 2 | 2 | 1.07 | 0.91 | 1.18 | 1.07 |
| 3 | 2 | 1.02 | 1.03 | 1.27 | 1.11 |
| 4 | 2 | 1.21 | 1.13 | 1.35 | 1.24 |

**实验数据分析**

整理上述数据，并进行理论验算后，得到以下数据：

表 4　数据整理

| 实验次数 | $v_{A_1}$（cm/s） | $v_{A_2}$（cm/s） | $v_A$（cm/s） | $v_{B_1实}$（cm/s） | $v_{B_1理}$（cm/s） | $v_{B_2实}$（cm/s） | $v_{B_2理}$（cm/s） |
|---|---|---|---|---|---|---|---|
| 1 | 1.01 | 0.88 | 0.95 | 1.14 | 1.13 | 1.03 | 0.99 |
| 2 | 1.07 | 0.91 | 0.99 | 1.18 | 1.18 | 1.07 | 1.03 |
| 3 | 1.02 | 1.03 | 1.02 | 1.27 | 1.22 | 1.11 | 1.07 |
| 4 | 1.21 | 1.13 | 1.17 | 1.35 | 1.39 | 1.24 | 1.22 |

为了更加直观地感受绳速度分解情况，从三个维度对速度分解情况进行对比分析，分别从绳速度 $v_A$ 与小车通过光电门 3 的速度 $v_{B_2实}$以及光电门 3 的理论速度 理进行对比分析，绳速度 $v_A$ 与小车通过光电门 4 的速度 $v_{B_2理}$以及光电门 4 的理论速度 $v_{B_2理}$进行对比分析，绳速度 $v_A$ 与小车通过光电门 4 的速度 $v_{B_2实}$以及光电门 3 的速度 $v_{B_1实}$进行对比分析，得到图 10、图 11、图 12。

由图 10 可见，光电门 3 的实际速度 $v_{B_2实}$（小方块）与以绳速度为分速度计算出的理论速度 $v_{B_2理}$（实心原点）相吻合，而与以绳速度为合速度计算出的理论速度 $v_{B_2理}'$（倒三角，最下面一条数据线）相差甚远，实验数据很好地验证了一绳一物模型建构的速度分解。

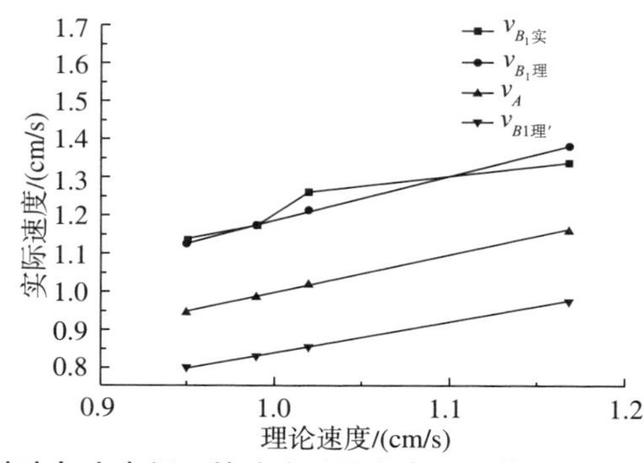


**图 10　绳速度与光电门 3 的速度以及光电门 3 的理论速度对比分析图**

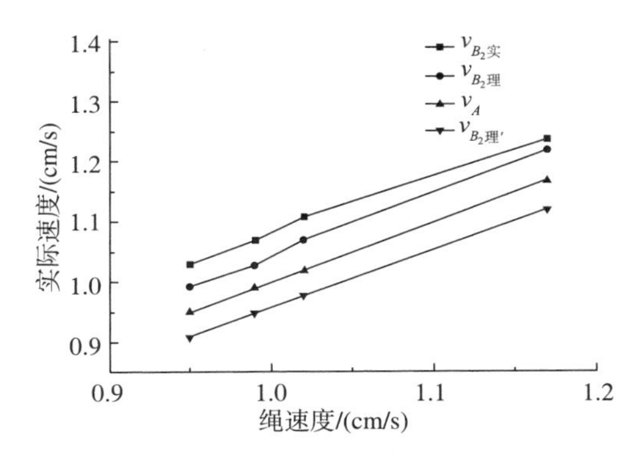


**图 11　绳速度与光电门 4 的速度以及光电门 4 的理论速度对比分析图**

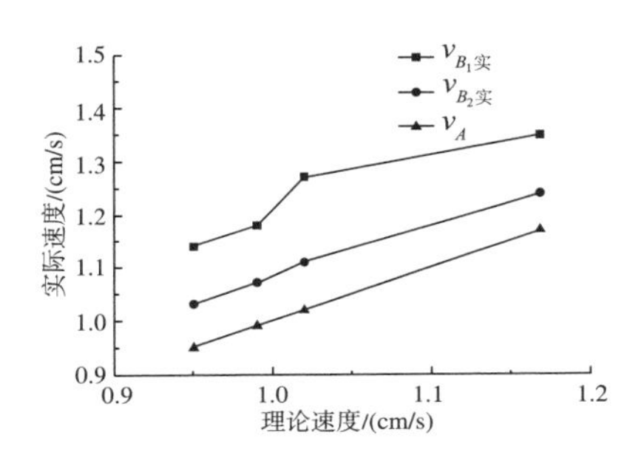


**图 12　绳速度与光电门 4 的速度以及光电门 3 的速度对比分析图**

与图 10 同理，由图 11 可见，光电门 4 的实际速度 $v_{B_2实}$（小方块，第一条数据线）与以绳速度为分速度计算出的理论速度 $_{\text{理}}$（实心圆，第二条数据线）相近，而与以绳速度为合速度计算出的理论速度 $v_{B_2理}'$（倒三角，最下面一条数据线）相差甚远，实验数据较好地验证了一绳一物模型建构的速度分解。此处光电门 4 的实际速度与以绳速度为分速度计算出的理论速度（即第一条数据线与第二条数据线）理应如图 10 所示的一样重合，但实际上并没有。分析可能的误差来源有三点：①小汽车在运动过程中绳本身会带有一定的弹性（伸缩性），会影响小汽车的运动情况；②相比光电门 3，光电门 4 绳子与水平方向的夹角 $\theta$ 更小，导致测量误差更大；③光电门测得速度为平均速度而非瞬时速度。

图 12 可以更直观地看出绳速度 $v_A$（正三角，最下面一条数据线）为分速度，因为光电门 3 的实际速度 $v_{B_1实}$（小方块，第一条数据线）和光电门 4 的实际速度 $v_{B_2实}$（实心圆，第二条数据线）都比绳速度要大，且光电门 3 的实际速度与光电门 4 的实际速度曲线都更加贴合如图 8 所示的 $v_B=\dfrac{v_A}{\cos\theta}$ 的理论速度曲线。除此之外，因为光电门 3 对应的 $\theta_1$ 比光电门 4 对应的 $\theta_2$ 大，相对应的 $v_{B_1实}$大于 $v_{B_2实}$，与绳速度为分速度的理论推导相符合，从侧面验证了实验结果的可靠性。

综合以上数据，结合理论分析，我们可以清晰地看到，小车 $A$ 的速度，即绳收缩的速度应该为分速度，小汽车 $B$ 的速度为合速度。在实际运动过程中，小汽车 $B$ 的速度应分解为沿绳方向和垂直于绳方向的两个速度。

## 四、结论与展望

通过上述实验我们可以看出，通过 DIS 实验的定量研究，可以更加直观形象地帮助学生判断合速度和分速度以及绳速度分解模型中速度的正确分解方法，即应将物体的实际运动速度分解为沿绳方向和垂直于绳方向的两个分速度。由此我们可以发现，DIS 实验的有效利用可以帮助学生更好地理解物理现象和物理知识，将模型建构中较抽象的物理理论计算转化为能够可以直接观测到的物理现象和物理实验数据。因此，将 DIS 实验引入到实际课堂习题讲解过程中，将会有利于提高学生对物理课程的兴趣，培养学生对物理实验设计的更多思考和科学探究的能力，有利于培养学生的创新意识和创新能力，从而真正地理解物理。本文仅以绳速度分解的模型为例，但本文的方法和思路可以推广到其他情况中。

## 参考文献

[1] 陈丁丁 . 高中物理速度分解问题的探究 [J]. 数理化解题研究，2022(6): 86−88.

[2] 黄晓博，呼格吉乐 . 传统实验与 DIS 实验在高中物理教学中的对比研究——以“平抛运动”实验教学为例 [J]. 中学物理教学参考，2023, 52(12): 67−68.

[3] 庄步华 . 关联速度模型中的三种解法 [J]. 中学物理教学参考，2022, 51(21): 65−67.

（本文将发表于《物理教学探讨》，作者为柴洁云、刘阳、任佳乐、方伟）

## 3.5 竞赛启迪：在指导竞赛中寻找论文灵感

在指导学生竞赛的过程中，会有一些好的想法可以成文。比如中学物理教师指导学生物理奥赛，可以发表有关竞赛试题方面的文章。

前文讲过，笔者曾经在指导教育硕士研究生参加物理教学技能竞赛的时候，有感于学生大气压的课堂导入不够引人入胜，在学生试讲的几分钟内构思出了“空杯来酒”双层魔术酒杯，之后利用3D打印成型，学生带着这个魔术酒杯去比赛获得了较好的成绩，同时笔者鼓励学生以“空杯来酒”魔术教具的制作及教学启示为题，写出了论文投稿，该篇论文之后还被人大复印资料全文转载，这些都是笔者没有预想到的结果。笔者看似突然有了这个“空杯来酒”的想法，其实也不是偶然。笔者开设了一门面向全校提高科学素养的通识课程《宇宙中的奥秘》，其中有一节讲到要相信科学、信仰科学的问题，里面举了一些号称能隔空取蛇、意念搬运、空杯来酒的所谓气功大师的骗术，其实都是魔术，根本就没有特异功能，因此对这些较为熟悉，是有准备和有积累的。从这个例子也能看出，教学是互通的，很多时候你的努力不知道会在哪里开枝散叶，只管做好你的因，不刻意追求那个果，有时候会有不经意的收获。

笔者曾经指导本科生参加2015年第六届全国大学生物理学术竞赛（CUPT），其中第六题是有关马格努斯滑翔机的问题，自转着向前运动的轻质圆柱体可能会出现“反重力”的现象，会向上升起之后再下落，现象非常明显，也很有趣。根据其动力学受力情况，可以从理论上预言其运动轨迹，而实验上又可以通过视频分析软件Tracker来追踪，从而可以实现理论与观测的完美验证。由于竞赛时间有限，学生并不能充分深入研究这个问题。在竞赛结束后，笔者将这个题目凝练成本科毕业论文的课题，让学生利用Tracker和Maple软件研究马格努斯滑翔机，完成一篇本科论文，同时让本、硕师范生合作，完成基于Tracker软件的马格努斯效应分析的教研论文。

这种利用一个物理问题作为载体，本、硕师范生一体化培养的案例相当奏效。在随后的指导中，笔者复制这个培养模式。有一个关于“落磁”的原始问题，即一个磁球落入非铁磁性的金属管内，由于楞次定律，该磁球不会做自由落体运动，而是先做加速度不断变小的变加速落体运动，之后会达到最大速度并以这个最终落速匀速下落，这个最终落速与什么因素有关？理论上可以计算得到，这个最终落速与金属管的材质（铝、铜）、管壁厚度、管径大小等有关，而实验上可以通过自制教具来测得这个最终落速，同时可以通过控制变量来验证理论推导的结果是否正确。为此笔者帮学生买了多个不同管壁厚度、不同内径、不同材质（铝、黄铜、紫铜）的金属管，花费超过千元。这篇本科论文设计迄今仍然是笔者指导的本科生中花费“最贵”的论文。最终以这个原始问题为载体，形成了一篇本科毕业设计并获优秀毕业论文，制作了一个自制教具获得“格致杯”全国物理自制教具比赛二等奖，公开发表了一篇教研论文，多名学生从中得到了培养。

# 基于 Tracker 软件的马格努斯滑翔机运动分析

[摘要] 马格努斯效应是一种在力的作用下旋转球体的运行轨迹发生偏转的现象，属于流体力学的范畴，用马格努斯滑翔机可以研究产生这种现象的本质问题。与其他关于马格努斯滑翔机的研究不同的是本文利用了 Tracker 视频分析软件对滑翔机的轨迹进行了描述，并通过逐帧分析确定滑翔机角速度随时间演化的关系式，进而通过建立理论模型推导出滑翔机的轨迹公式，使得不易直接测量的动态数据更加可操纵和量化。经 Maple 软件可以检验轨迹公式描绘的图像与实际轨迹是否吻合。

[关键词] 马格努斯效应　Tracker　角速度

## 一、引言

### （一）马格努斯效应研究现状

当流体在横向流过一个绕着自己的轴而转动的圆柱体时，类似于绕翼型的环量也要产生（由于粘性的作用），并且在这种情形下产生一个横向力（图 1），它的量值在流动的垂直方向的每单位长度圆柱上是 $\rho\tau v$（$\rho$ 代表滑翔机运动时的空气密度，$\tau$ 代表滑翔机周围流体产生的环量，$v$ 代表滑翔机质心运动的速度）。这种力的方向总是从来流与环量流动的方向是相反的那一边指向是相同的另一边，这个现象就以其发现者马格努斯为名，称为马格努斯效应 [1]。

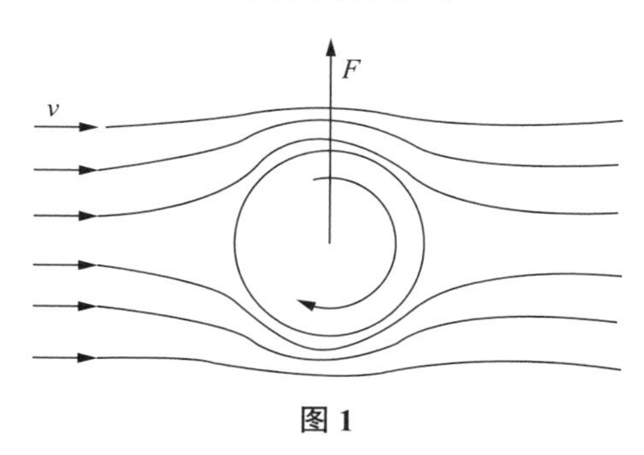


**图 1**

近些年来，不断有研究者围绕马格努斯效应的力学模型以及各方面的应用进行研究。而且对马格努斯效应的分析也越来越深入了。早前 1995 年潘慧炬在《马格努斯效应的力学模型》一文中定量解释马格努斯效应，从伯努利方程出发建立了马格努斯力的数学表达式，探讨了在马格努斯力作用下旋转球的横向位移 [3]；2012 年于凤军在《马格努斯效应与空竹的下落运动》一文中主要分析了绕水平轴旋转的空竹竖直下落的力学机制，推导出不考虑空气阻力时的运动轨迹方程 [2]；2015 年吴海娜等人在《马格努斯滑翔机运动的探索与研究》中则以马格努斯滑翔机为对象研究其运动轨迹的成因，在建立轨迹方程中考虑到了阻力的作用以及角速度衰变 [4]；

2016 年冀炜等人通过建立数据模型和理论计算进一步探讨了不同旋转方向下马格努斯滑翔机运动轨迹的成因 [5]；同年郝成红等人针对文献 [2] 从理论上深入分析了不同出射角和初速度下空竹的运动轨迹，推理过程严谨透彻 [6]。从以上分析中可以看出研究者对马格努斯效应的研究愈发复杂和严谨。

与前人研究不同的是，本文的理论模型将不仅考虑空气阻力对马格努斯滑翔机质心运动的影响，而且考虑了空气阻力对滑翔机转速的衰减作用。除了理论模型更与实际接近之外，本文中我们引入了可进行视频分析的 Tracker 软件。基于实验的前提下，我们利用 Tracker 软件对实验现象进行了分析，试图从理论和实验两方面对马格努斯滑翔机进行详尽讨论。

### （二）Tracker 软件简介

Tracker 软件是由国外设计的应用于物理实验教学的一个免费视频分析软件，其主要功能是对视频中物体的运动进行动态分析，特别是对物理实验中质点的运动模型，如自由落体运动、抛体运动、单摆等的研究提供了极大的便利。

Tracker 软件必须配合相应的视频使用，由于视频记录的只是物体的时间和空间，也就限制了 Tracker 软件在物理实验研究中的实验范围，所以它一般用于分析运动学和动力学的模型。它的优点在于能够手动或自动跟踪视频中物体位置、速度和加速度，可以建立和调整各种坐标系（如极坐标系和直角坐标系），并可以通过表格和图像动态显示出来。为了方便分析，软件中还设置了针对所描绘图像的函数拟合功能，软件中出现的时间 – 位移数据表格也可以导出供人们进一步研究。

Tracker 软件中还设置了定标尺定标杆等比例标度，在视频中可以找出一个已知长度的物体，然后将定标尺移到物体上并输入物体的真实长度，之后进行视频分析时软件就会根据比例把视频中的位移转化成真实的尺寸，在这种情况下所作的分析将更加真实 [9]。

国内已经有一些学者利用 Tracker 软件来研究物理问题，但总体上并不太多，如庞玮等人利用 Tracker 软件测量液体黏度来减少实验中的误差 [7]；王经淘等人用它来分析气垫导轨上弹簧振子的阻尼运动，利用软件自带的功能拟合出振动曲线方程和包络线方程，从而计算出气垫导轨的阻尼常数 [8]；吴志山以抛体运动和简谐运动为例分析了 Tracker 软件在物理教学中功能——帮助学生探寻规律、辅助实验观察与教学以及研究性学习的有力工具 [9]；徐忠岳等则更为详细的解释了 Tracker 软件的特点、使用方法和教学中的应用，为更多有兴趣使用 Tracker 软件的人提供了便利 [10]。本文要研究的马格努斯滑翔机的运动之前没有人利用 Tracker 软件研究过。

## 二、用 Tracker 软件分析马格努斯滑翔机的运动

### （一）马格努斯滑翔机的制作及拍摄

马格努斯滑翔机的做法是把两个一次性杯子杯底对杯底粘在一起，本实验用的

杯子是白色的纸杯，为了方便后面观察分析滑翔机的角速度，特意把一个杯子的一面涂成了红色（如图 2）。拿一根有弹性的皮筋绕在滑翔机的中心，留下橡皮筋的一端用手拉住，另一只手握住马格努斯滑翔机。水平拉长橡皮筋后释放滑翔机，滑翔机便会旋转着飞出去，其运动轨迹是先上升到一定高度再斜向下落。

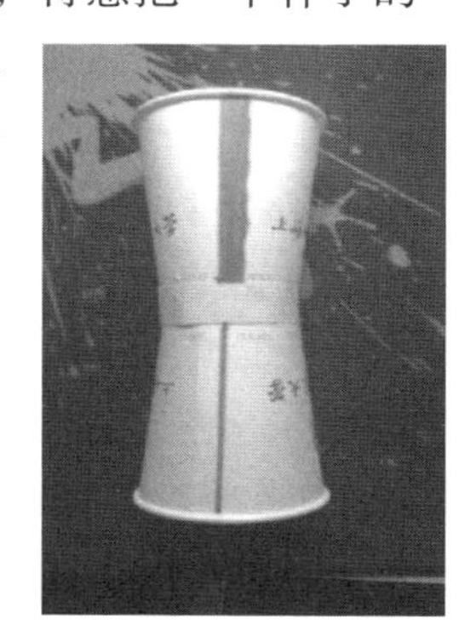

**图 2　马格努斯滑翔机**

拍摄滑翔机的运动视频时，要注意从两个角度同时拍摄。一是释放前开始从侧面拍摄滑翔机的运动轨迹，二是释放前开始从正面拍摄滑翔机的运动，前者用来描绘运动轨迹，后者用来测定角速度的衰变。

（二）Tracker 软件对马格努斯滑翔机的分析过程

**1. 对滑翔机的侧面运动分析**

把侧面拍摄的滑翔机运动视频导入 Tracker 软件，把视频中的黑板的长度定为已知尺寸，经测量黑板长度为 3 m，在工具栏选取创建—Calibration Tools—定标尺，把定标尺起始点与黑板下底边两端点对齐，单击定标尺上的数字删除并输入数字 3，到此比例标度得以确定。

第二步建立直角坐标系，以滑翔机开始运动的位置为原点建立平面直角坐标系，根据视频拍摄角度微调坐标系，使坐标系横轴与视频中黑板的长边平行。接下来拉动视频播放进度条观察滑翔机开始飞行的时间点，并把它设置为起始帧，视频结束时的一帧设置为结束帧。创建质点模型，以滑翔机的中心为质点对象对滑翔机进行逐帧标记，质点轨迹的形状和颜色都可以自由选择。

把每一帧都标记后，滑翔机运动的轨迹便可以清晰地显示出来（如图 3），同时在软件界面右下角会显示滑翔机每帧定格时对应的时间 $t$、$x$ 坐标和 $y$ 坐标的数据表格。利用软件中的速度矢量功能，点击显示速度矢量可以看到软件计算出的每一点的速度大小（图 4），本次实验中滑翔机的初速度大小为 $v_1$=5.713 m/s。

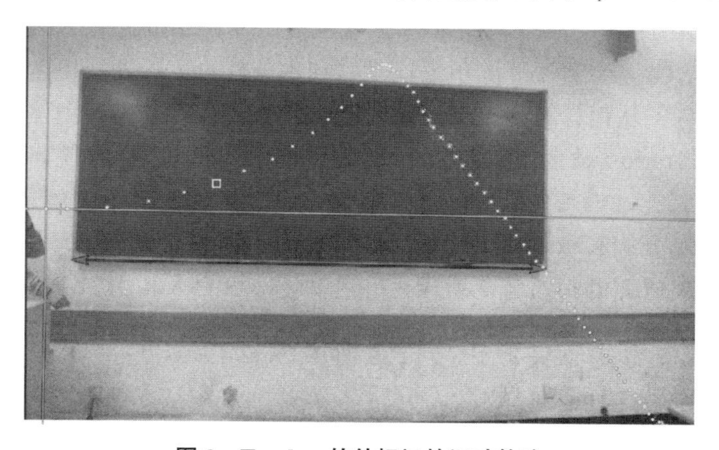

**图 3　Tracker 软件标记的运动轨迹**

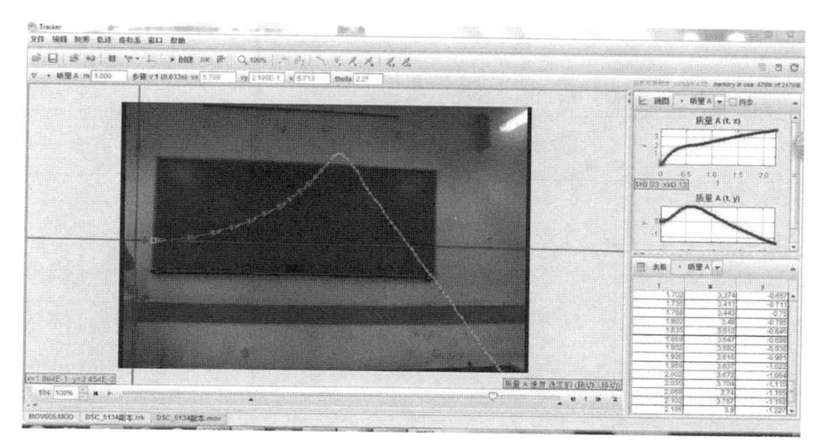

**图 4　Tracker 软件分析结果一览图**

### 2. 对滑翔机的正面运动分析

把正面拍摄滑翔机运动的视频导入 Tracker 软件中，选取滑翔机开始运动的起始点（在开始运动的几帧中选取容易观察辨别的位置），对滑翔机的运动进行逐帧分析，记下滑翔机每转一圈的帧数。本实验中以 78 帧为起点、120 帧为终点，帧率为 29.97/s，帧间间隔为 0.033 s，这一过程中滑翔机的转动周期发生了两次变化，以 78 帧时为 0 时刻计算。

具体分析见下表 1。

**表 1　滑翔机转动周期与转速**

| 相同周期 | 位置（帧） | $t_{中间}$（s） | 周期帧数 | $T$（s） | 角速度 $\omega$（rad/s） |
|---|---|---|---|---|---|
| 1 | 78~90 | 0.198 | 3 | 0.099 | 63.47 |
| 2 | 90~110 | 0.726 | 4 | 0.132 | 47.60 |
| 3 | 110~120 | 1.221 | 5 | 0.165 | 38.08 |

利用 Excel 表格对 $t_{中间}$和角速度进行处理，以 $x$ 轴为时间 $t$，$y$ 轴为角速度 $\omega$ 建立坐标系描点（图 5），分别添加线性趋势线和指数趋势线，对比可以发现角速度随时间的变化关系更接近于指数关系，并且指数函数为 $\omega=69.532e^{-0.5t}$。

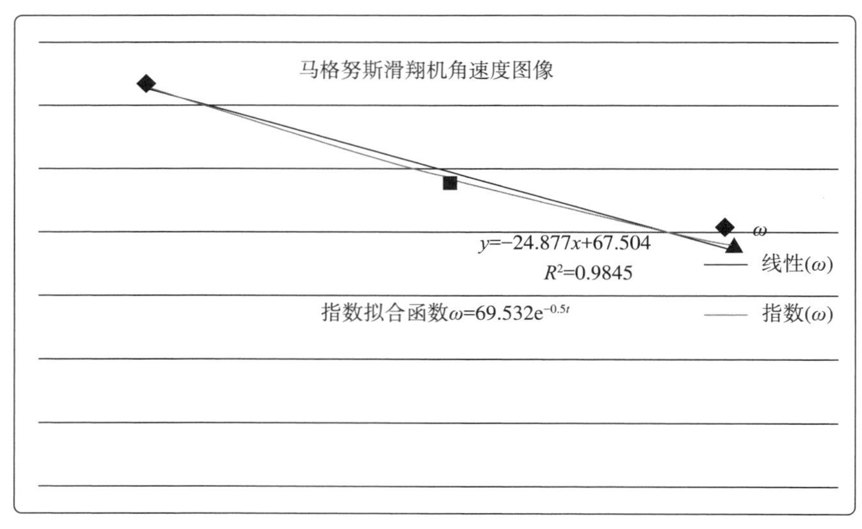


**图 5　角速度与时间的函数关系**

## 三、根据原理推导马格努斯滑翔机的运动轨迹公式

马格努斯滑翔机基于两个原理：一是马格努斯效应（前面已指出）；二是伯努利原理，也就是流体的机械能守恒：动能 + 重力势能 + 压力势能 = 常数。我们可以把马格努斯滑翔机看作是一个圆柱体，则此圆柱体绕自身轴线旋转并且有流体在垂直于该轴线方向流过时，受到一个垂直于流动方向的横向力 [4]。这个力叫作马格努斯力，也称为升力。

给滑翔机一水平速度并使其逆时针旋转，则在滑翔机周围流体中将会产生环量 $\Gamma=\oint_{c} v_{流} \cdot dl$，若滑翔机质心的速度为 $v$，周围的空气密度为 $\rho$，空气速度为零，由运动的相对性，滑翔机单位长度上的升力为 $F_M=\rho v\Gamma$ 。将环量代入公式，即 $F_M=\rho v\Gamma=\rho v\oint v_{流}\cdot dl=\rho v\oint r\omega\cdot dl$，滑翔机所受升力的方向即为自身速度反方向与其角速度 $\omega$ 叉乘的方向，即竖直向上。[2]

对滑翔机侧面图建模，看作一个圆面，对其进行受力分析，如图 6 所示，考虑空气粘滞阻力 $F_D$ 的作用，速度大小为 $v$，方向与 $x$ 轴正方向成 $\theta$ 角时，滑翔机受到重力、升力和空气粘滞阻力的作用。

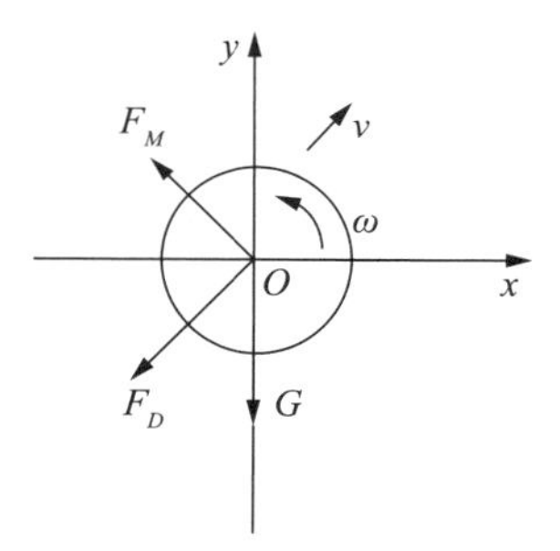


**图 6　滑翔机受力分析**

建立动力学方程式：$F_M+F_D+G=0$ 则有

$$\begin{cases} F_{My} - G - F_{Dy} = ma_y = \dfrac{mdv_y}{dt} = \dfrac{md^2y}{dt^2} \\ -F_{Mx} - F_{Dx} = ma_x = \dfrac{mdv_x}{dt} = \dfrac{md^2x}{dt^2} \end{cases} \tag{1}$$

其中 $F_{\boldsymbol{M}} = \rho v \oint r\omega \cdot dl = \rho hv \times \Gamma = \rho hv \times \oint v_{流} \cdot dl = 2\pi r^2 h\rho v\omega k$ （2）

（式中 $h$ 表示滑翔机的线度）

滑翔机在空气中受到的粘滞阻力与无量纲雷诺系数相关，当雷诺系数 $Re$ 小于 1 时，空气粘滞阻力可以用斯托克斯公式（$f = 6\pi\eta rv$）表示；当雷诺系数 $Re \approx 10^3 \sim 10^5$ 时，空气粘滞阻力可以用公式 $f = C_d \dfrac{\rho v^2 S}{2} = 0.2\pi r^2 \rho v^2$ 表示（$C_d$ 是曳引系数），雷诺系数 $Re = \dfrac{\rho dv}{\eta}$。[11][12]

查询资料可知，室温条件下，空气密度约为 $\rho$=1.23 kg/m$^3$，空气的粘性系数 $\eta$=1.82×10$^{-5}$ Pa · s，$d$ 为滑翔机的直径，经测量计算为 0.03175 m，滑翔机在空气中飞行的速度在 5 ~ 8 m/s，所以雷诺系数 $Re = \dfrac{\rho dv}{\eta} \approx 1.287 \times 10^4 \sim 1.717 \times 10^4$，在 $10^3 \sim 10^5$ 范围内，因此滑翔机受到的空气阻力为

$$F_D = -\frac{1}{2} C_D \rho v S \boldsymbol{V} = -0.2\pi r^2 \rho v \boldsymbol{V} \text{（负号表示与速度方向相反）} \tag{3}$$

把（2）（3）式代入（1）中两式得

$$\begin{cases} \ddot{y} = \dfrac{2\pi r^2 h\rho\omega}{m} \dot{x} - \dfrac{0.2\pi r^2 \rho v}{m} \dot{y} - g \\ \ddot{x} = -\dfrac{2\pi r^2 h\rho\omega}{m} \dot{y} - \dfrac{0.2\pi r^2 \rho v}{m} \dot{x} \end{cases} \tag{4}$$

令 $B = \dfrac{2\pi r^2 h\rho}{m}$，$\gamma = \dfrac{0.2\pi r^2 \rho}{m}$，又 $v = \sqrt{v_x^2 + v_y^2} = \sqrt{\dot{x}^2 + \dot{y}^2}$，则（4）式变为

$$\begin{cases} \ddot{y} = B\omega\dot{x} - \gamma\sqrt{\dot{x}^2 + \dot{y}^2}\,\dot{y} - g \\ \ddot{x} = -B\omega\dot{y} - \gamma\sqrt{\dot{x}^2 + \dot{y}^2}\,\dot{x} \end{cases} \tag{5}$$

## 四、确定参数，求出轨迹方程

测量一次性杯子的上下底半径、高度和质量分别如表 2 所示：

表 2　滑翔机自身参数测量数据

| 一次性杯子的参数 | |
|---|---|
| $D_1$ | 75 mm |
| $h$ | 85 mm |
| $D_2$ | 52 mm |
| $m$ | 10 g |

马格努斯滑翔机是由两个杯子对底粘在一起，所以其长度 $l=2h=0.17$ m，半径 $r=\dfrac{D_1+D_2}{2\times 2}=0.03175\text{m}$，滑翔机质量 $M=2m=0.02$ kg，面积 $A=l\times\dfrac{D_1+D_2}{2}\approx 0.01\text{m}^2$，拍摄视频时的温度约为 14℃，空气密度约为 1.23 kg/m$^3$。将以上参数代入滑翔机的运动轨迹方程中，求出 $B$ 和 $\gamma$ 的数值，即

$$B=\frac{2\pi r^2 h\rho}{m}=\frac{2\times 3.14\times 0.03175^2\times 0.17\times 1.23}{0.02}=0.0662$$

$$\gamma=\frac{0.2\pi r^2\rho}{m}=\frac{0.2\times 3.14\times 0.03175^2\times 1.23}{0.02}=0.0389$$

又 $\omega=69.532\text{e}^{-0.5t}$，所以轨迹方程为

$$\begin{cases}\ddot{y}=4.603\text{e}^{-0.5t}\dot{x}-0.0389\sqrt{\dot{x}^2+\dot{y}^2}\,\dot{y}-g\\ \ddot{x}=-4.603\text{e}^{-0.5t}\dot{y}-0.0389\sqrt{\dot{x}^2+\dot{y}^2}\,\dot{x}\end{cases}\qquad(6)$$

## 五、用 Maple 软件验证求出的轨迹方程

将求出的轨迹方程（6）输入到 Maple 软件中，反求此方程组的轨迹图像，结果如下图所示：

从图像 7 中可以看出用轨迹方程求得的图像与实际轨迹图像（图 3）不太吻合，可能是由于测量误差或者其他方面的原因导致的。通过方程参数的调整，可得出一个和实际轨迹十分相近的图像，如图 8 所示（此时方程（5）中的参数 $B\omega=4.83315\text{e}^{-1.1t}$）。

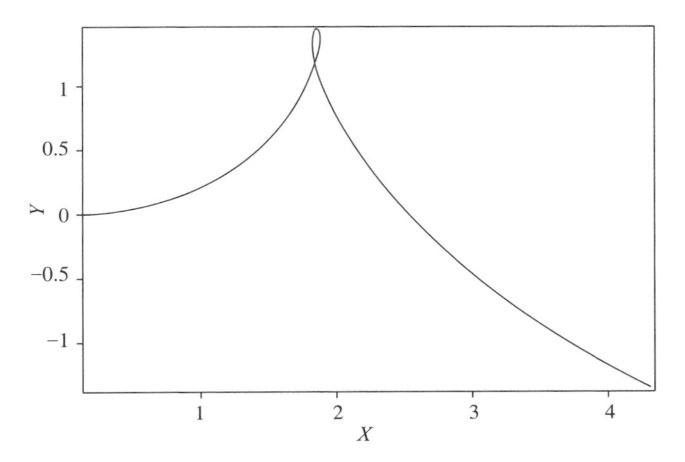


**图 7　用轨迹方程（6）描绘的轨迹图像**

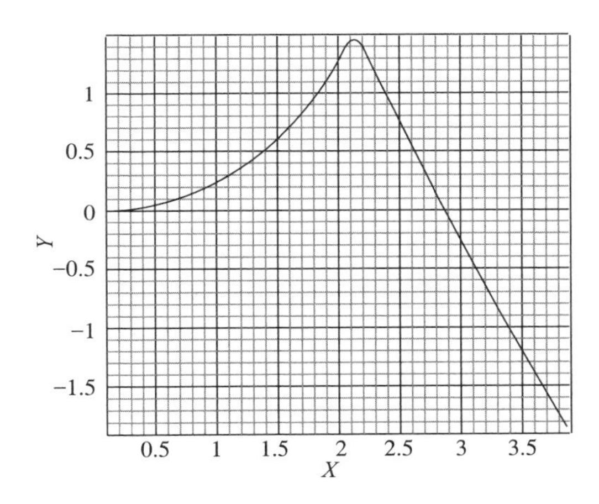


**图 8　调整部分参数后得到的图像**

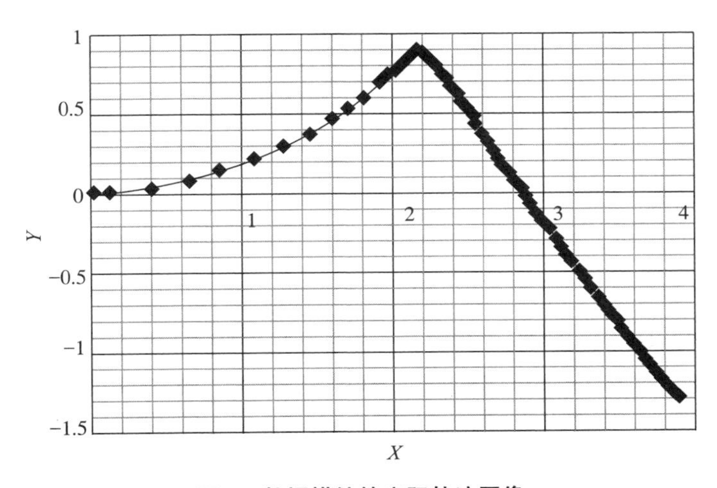


**图 9　数据描绘的实际轨迹图像**

## 六、结束语

本文通过实验的方法来研究马格努斯滑翔机的运动，主要工作在于利用视频分析软件 Tracker 对实验同时拍摄的两种视频进行逐帧分析，找出角速度随时间衰变的关系式和马格努斯滑翔机的实际运动轨迹；考虑了滑翔机运动时所受到的阻力，并确定阻力的适用方程；通过建立力学模型推导出滑翔机的运动轨迹方程，最后利用数学软件 Maple 画出所求轨迹方程的曲线来验证理论分析的正确性。不可否认的是，本文中用理论推导出来的马格努斯滑翔机轨迹方程描绘的运动路径与实际路径存在一定的出入（图 7），一部分原因在于条件所限，视频拍得不够清晰，测量时会存在一定的误差，另外空气阻力对滑翔机质心运动和转动的影响比较复杂，文章考虑得还不够精细，这是以后需要注意的问题。本研究的实际意义在于利用 Tracker 软件作为联系理论与实验两方面的桥梁，锻炼中学生和大学生在理论建模、实验设计与操作、数据处理与分析等全方位的能力。这样的思路可以用来设计开放式、创新性实验，在培养学生的物理核心素养、锻炼学生能力方面起到积极的作用。同时我们的工作为马格努斯效应的研究提供了一种更为高效便利的研究方法，并且考虑了空气阻力对马格努斯滑翔机平动和转动两方面的影响，使得理论的建模与实际情况更为接近，具有一定的参考意义。

## 参考文献


[1] 李世珊 . 流体的力学 [M]. 上海：上海教育出版社，1982: 117−118.

[2] 于凤军 . 马格努斯效应与空竹的下落运动 [J]. 大学物理，2012(9): 19−21.

[3] 潘慧矩 . 马格努斯效应的力学模型 [J]. 浙江体育科学，1995(3): 17−19.

[4] 吴海娜等 . 马格努斯滑翔机运动的探索与研究 [J]. 大学物理实验，2015(5): 4−6.

[5] 冀炜等 . 马格努斯滑翔机运动在不同旋转方向下的运动成因 [J]. 科技风，2016(4): 13−14.

[6] 郝成红等 . 考虑空气阻力时空竹的斜抛运动 [J]. 大学物理，2016(3): 15−16.

[7] 庞玮等 . 利用 Tracker 视频分析软件测量液体粘度 [J]. 大学物理，2012(4): 25−27.

[8] 王经淘等 . 利用 Tracker 软件分析气垫导轨上弹簧振子的阻尼振动 [J]. 大学物理，2014(4): 23−24.

[9] 吴志山 . 让真实定量、定格——Tracker 软件在物理教学中的应用 [J]. 物理教师，2012(7): 53−54.

[10] 徐忠岳等 . Tracker 软件在物理实验教学中的应用 [J]. 中国教育信息化，2014(12): 75−77.

[11] 赵凯华等 . 新概念物理教程力学 [M]. 北京：北京高等教育出版社，2004: 236−239.

[12] 赵林明等 . 不可小觑的空气阻力 [J]. 北京：物理教师，2013, 34(10): 83−84.


（本文发表于《物理通报》2017 年第六期 P.92，作者为李超华、热买提江、岳仲谋、吴喜洋、汤伶俐、方伟）

# 落磁实验的教具制作与定量探究

[摘要]本文从理论分析、教具制作和定量实验探究等三方面研究了磁铁在非铁磁性金属管中下落的原始物理问题。基于理论分析，实验探究了最终落速 $v_m$ 与圆柱金属管内径 $r$、金属管电导率 $\sigma$ 以及厚度 $b$ 的定量关系，发现实验结果非常好地符合理论预期。最后我们指出本文中的工作可以设计成适合高中和大学层次的探究性和验证性实验，还可设计成融入 STEM、创客等理念的课外科技创新活动，并可改造成定量验证楞次定律背后的能量守恒与转化定律，在培养学生的科学探究能力、科学推理能力、动手能力和问题解决能力等方面具有丰富的教育价值。

[关键词]落磁　教具制作　楞次定律　控制变量法

落磁实验一般是指将一块圆柱体或球形磁铁放入一个竖直放置的非铁磁性金属圆管内并使其“自由”下落的实验，此时看到的实验现象是该磁铁并不会自由下落，而是如有一股神力撑托着磁铁一样，非常缓慢地下降。演示此实验时若在下落的磁铁上粘上与金属管等长的彩色吸管[1]，则演示效果非常明显，给学生的视觉冲击很强，因而常被用来作为课堂演示实验，向学生展示楞次定律、安培力等相关的物理规律。在一些科技馆里也常会见此类实验。该实验也常作为保送生、自主招生甚至是研究生招生的面试题目[2]。但停留在此阶段的实验还仅仅是定性的演示实验，其内在的教育价值远未被挖掘。

本文拟对落磁实验进行定量研究。在论文第一部分我们首先通过文献综述和理论推导，得出磁铁的最终落速与非铁磁性金属管的半径、管壁厚度、电导率（材质）的定量关系；在论文第二部分详细介绍如何自制能定量测量磁铁最终落速的教学仪器；紧接着在第三部分利用该自制仪器来定量探究最终落速与金属管的半径、管壁厚度、电导率的关系，并与理论推导进行比较；论文最后指出该实验通过恰当的教学设计，可以作为不同层次学生（高中和大学阶段）的探究性或验证性实验，还可以作为融入 STEM 理念的课外科技创新活动。整个自制教具制作过程和实验探究过程具有很强的教育启示意义。

## 一、落磁最终落速的理论推导

前人对落磁实验过程进行了较为详尽的理论分析。孙阿明等人探究了落磁法演示楞次定律实验中磁环的运动规律，得到了在其他条件不变的情况下，磁块最终落速与金属管的电阻率 $\rho$ 成正比的结论[3]。G. Donoso 等人在更早的文章中从电磁学的角度仔细分析了圆柱形磁块在金属圆柱管中下落的受力情况，得到最终落速与柱

金属管内径 $r$、金属管的电导率 $\sigma$（即电阻率的倒数 $\rho^{-1}$）、管壁厚度 $b$ 的定量关系[4]，两文中有关最终落速与金属管电阻率的结论是一致的。

如图 1 所示，圆柱形磁铁在金属管中下落，圆柱体磁铁与金属圆柱管的轴线重合，且取竖直向下为 $z$ 轴正方向，在磁铁的运动过程中，管壁长 $dz$ 处产生了感应电流 $di$，$r$ 为金属管内径，$B_\rho$ 为管壁处磁感应强度 $B$ 的径向分量。可以通过一系列理论推导，得到磁铁金属圆管中受到的安培力大小为[4]：

$$F_A = \frac{45\pi^2}{128} \cdot \frac{\sigma b \mu^2}{r^4} \cdot v \tag{1}$$

其中 $\sigma$ 为非铁磁性金属管的电导率，$b$、$r$ 分别为金属管的厚度和内径，$\mu$ 为下落磁铁的磁偶极矩，$v$ 为磁铁下落的瞬时速度。

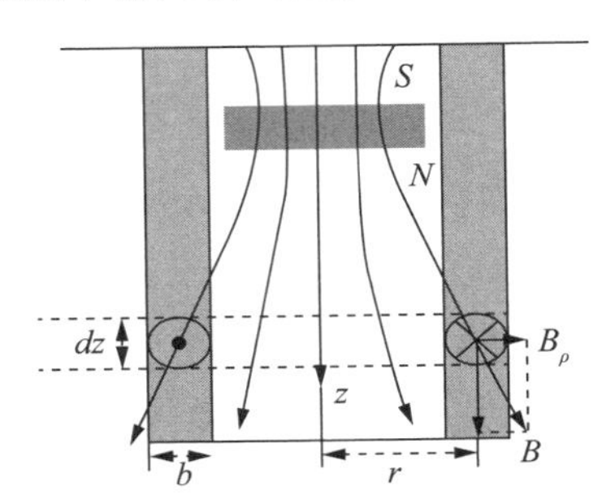


**图 1　落磁实验模型的切面图**

分析磁块在金属管中的下落可知，磁块初速为 0，只受重力，加速下落。随着磁块开始运动且速度不断增加，产生的感应电流不断增加，受到金属管中由感应电流产生的对小磁块向上的安培力也不断增加，直至与重力平衡（$F_A=mg$），此时小球速度不再增加，我们称此速度为最终落速（收尾速度）$v_m$[4]：

$$v_m = \frac{128g}{45\pi^2} \cdot \frac{m}{\mu^2} \cdot \frac{r^4}{\sigma b} \tag{2}$$

式（2）中第一项为常数，第二项是和下落磁块有关的常量，第三项则是和非铁磁性金属圆柱管相关的物理量。在下落磁块不变的情况下，落磁实验的最终落速 $v_m$ 与圆柱金属管内径 $r$ 的四次方成正比，与管的电导率 $\sigma$、厚度 $b$ 均成反比。如果能测出金属管中下落的磁块的最终速度，通过改变不同的金属管，可以利用式（2）设计出验证性或探究性的实验。金属管中磁块的最终落速是比较难测的，我们将在后续内容中介绍能测量最终落速并能完成整个验证性或探究性实验的教具。

## 二、落磁实验的教具制作

图 2 和图 3 所示分别是落磁实验教具的原理图和实物图。教具底座及构架采用木板制作，使用螺丝钉安装两对利用 3D 打印出来的塑料固定架，用于固定和更换

不同厚度、材质和内径的金属管。金属管下端与地面保持一定距离，便于观察磁铁是否落出。

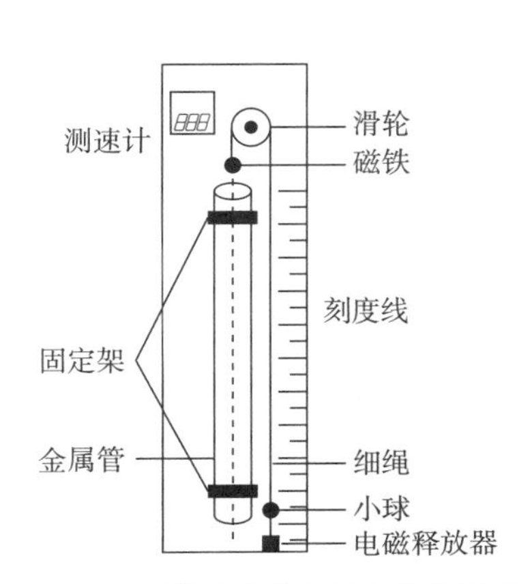


**图 2　落磁实验自制教具原理图**

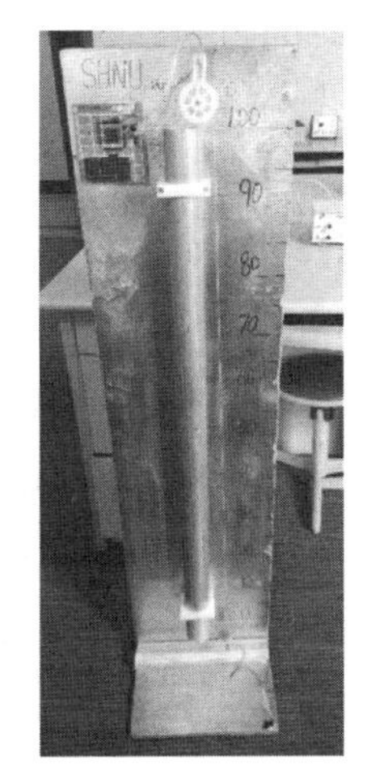


**图 3 “落磁实验”自制教具实物图**

磁铁的最终落速采用自制电子测速计测量。电子测速计由主板、带传感器的滑轮、细绳、小球和电磁释放器组成。主板上由单片机 STC12C5A08S2 作为主控，数码管实时显示滑轮的转速。具体测量原理是：滑轮上粘有一小磁铁，滑轮座上安装了霍尔传感器，滑轮上的磁铁每经过一次霍尔传感器，单片机便开始计时。滑轮转过一圈时小磁铁再次经过传感器，单片机记录下此时间段滑轮转速，然后重新从零开始计时。系统采用 USB 普通移动电源供电，方便教具在没有电源处的使用。实验时在磁铁绕过滑轮的另一端系一轻质红球，在拉直细绳的同时能实时反映下落磁铁的运动状况。电磁释放器则用于释放磁铁开始实验，使得操作更便捷。速度显示数码管选用了较大尺寸，便于读数。整个教具设计合理简洁，操作简单便利，效果明显直观，蕴含了 STEM 里的科学、技术、工程、数学等各要素，易于引起学生兴趣和思考，适合开展探究式或验证性的课外科技创作和拓展课，也适合在课堂上作为简单的演示实验。

## 三、“落磁实验”的定量探究

S. R. Pathare 等人结合霍尔效应和数字秒表，通过在铜管侧面打孔的方式自制了测量最终落速的仪器，并进行了实验探究。但该工作中只改变了金属管的厚度，对于金属管的内径和材质均没有研究[5]。A. K. Thottoli 等人利用一套软硬件设备（ExpEYES17）测量了 4 种材质（紫铜、黄铜、不锈钢、铝）共 7 根不同金属管中落磁的最终落速，但这 7 根金属管的厚度、内径均不相同，无法开展探究式实验[6]。本小节我们将利用自制的教具来探究磁铁最终落速 $v_m$ 与圆柱金属管内径 $r$、金属管

电导率 $\sigma$、厚度 $b$ 的定量关系。在实验过程中采用控制变量法，即改变 $r$、$\sigma$、$b$ 中的某个变量，保持其他两个变量不变。利用电磁释放器释放磁铁，然后记录磁铁下落的最大速度，多次实验取平均，得出最终落速 $v_m$ 的平均值与该变量的关系。整个实验过程不更换下落的磁块（一个直径约为 25 mm 的球形钕铁硼磁铁），并选用了 5 个铝管、1 个黄铜管、1 个紫铜管作为实验对象（见图 4），忽略轻质小红球的重力对下落磁铁速度的影响，磁铁下落速度由数码管显示的滑轮转速与滑轮半径之积得到。

**图 4　实验探究所用的不同规格、不同材质的金属管（长度均约 1m）**

以下是落磁实验的数据及结果分析：

1. 保持金属管的内径 $r$ 和材质（电导率 $\sigma$）不变，改变金属管的管壁厚度 $b$，重复实验 5 次，算出平均落速 $v_m$（见表 1 左部）；

2. 保持金属管的内径 $r$ 和管壁厚度 $b$ 不变，改变金属管的材质（分别用黄铜、铝和紫铜，电导率 $\sigma$ 依次增加），重复实验 5 次，算出平均落速 $v_m$（见表 1 中部）；

3. 保持金属管的管壁厚度 $b$ 和金属管材质不变（电导率 $\sigma$），改变金属管内径 $r\left[r \text{与实测内直径及厚度之间的关系式为} r=\dfrac{a+b}{2}\right]$，重复实验 5 次，算出平均落速 $v_m$（见表 1 右部）。

**表 1　厚度 $b$、电导率 $\sigma$、金属管内径 $r$ 变化时测到的最终落速 $V_m$ 表**

| | 金属管壁厚度（$b$/mm） | | | 金属管材质［电导率 $\sigma\times10^7/(\text{s}\cdot\text{m}^{-1})$］ | | | 金属管内直径［$a$/mm, $r=(a+b)/2$］ | | |
|---|---|---|---|---|---|---|---|---|---|
| | 4 | 5 | 10 | 黄铜（1.4） | 铝（3.5） | 紫铜（5.5） | 30 | 40 | 68 |
| 1 | 113 | 104 | 53 | 226 | 104 | 226 | 35 | 113 | 805 |
| 2 | 120 | 99 | 53 | 218 | 99 | 218 | 33 | 120 | 806 |
| 3 | 93 | 100 | 53 | 230 | 100 | 230 | 36 | 93 | 801 |
| 4 | 139 | 99 | 53 | 215 | 99 | 215 | 35 | 139 | 805 |
| 5 | 148 | 108 | 53 | 223 | 108 | 59 | 34 | 148 | 818 |
| 平均转速（rpm） | 122.60 | 102.00 | 53.00 | 222.40 | 102.00 | 61.20 | 34.60 | 122.60 | 807.00 |
| 平均落速（m/s） | 0.26 | 0.21 | 0.11 | 0.47 | 0.21 | 0.13 | 0.07 | 0.26 | 1.69 |

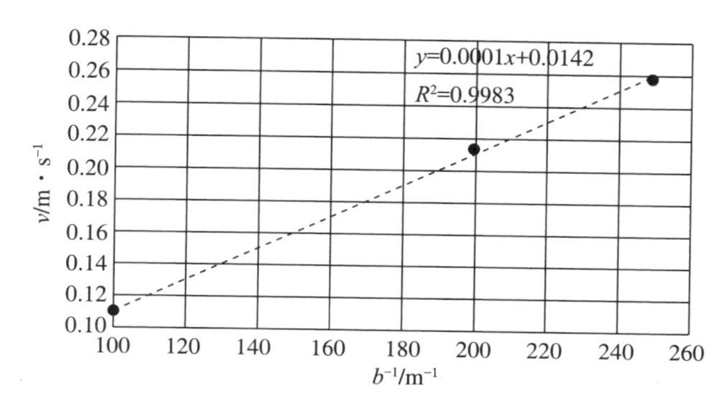


**图 5　最终落速 $v_m$ 与厚度倒数 $b^{-1}$ 的线性关系**

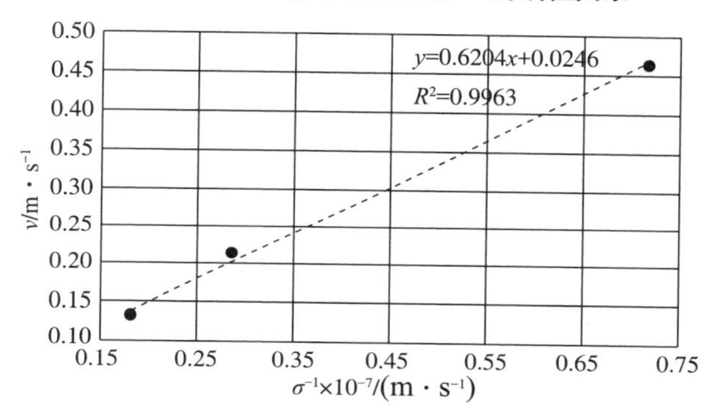


**图 6　最终落速 $v_m$ 与电导率倒数 $\sigma^{-1}$ 的线性关系**

由图 5~ 图 7 可知，磁铁的最终平均落速 $v_m$ 分别与圆柱金属管内径 $r^4$ 成正比，与管的电导率 $\sigma$ 成反比，与厚度 $b$ 成反比，这和理论结果［式（2）］吻合得非常好。由于本实验主要是面向高中生的探究实验，此处的数据分析没有包含误差分析，图中也没有给出误差棒。实验的偶然误差主要来自各金属管厚度、内径的测量。电导率为查表所得，由于厂家生产工艺原因，实际购买的铝管、黄铜管、紫铜管的电导率不可能与查表所得完全一致。系统误差来自磁块下落位置不可能严格处于金属管的中心轴线上，标示磁块运动的小红球的质量对最终落速也会有所影响等。

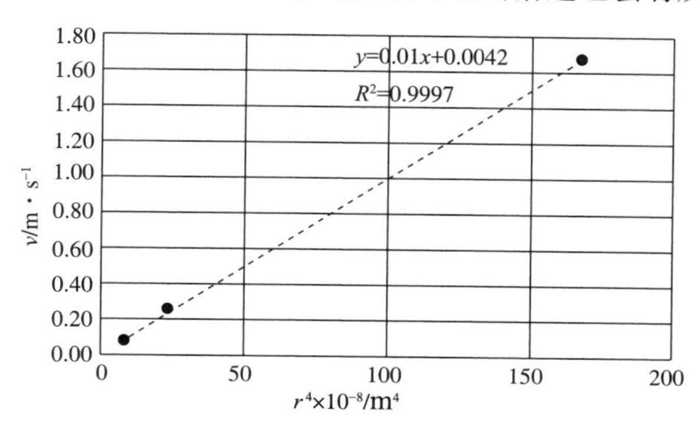


**图 7　最终落速 $v_m$ 与内径四次方 $r^4$ 的线性关系**

本实验的不足之处在于控制变量的数据点只有三个,这是受到现实条件的制约。在市场上难以购买到更多变量的金属管。如改变电导率，我们花费巨大精力才找到同样规格的铝管、黄铜管和紫铜管。教具的缺点是约 1 m 长的金属管非常笨重，最重的单根紫铜管质量达到 6.15 kg，整个仪器所有质量达到几十千克，若能改造成小一个数量级的可携带教具，效果会更好。

## 四、小结及教学启示

综合本文的理论分析、教具制作和实验探究可以发现，落磁实验作为一个典型的原始物理问题，除了简单地作为楞次定律的演示实验外，其丰富的教育价值更可用在不同层次、不同类型的活动中。

1. 可设计成高中层次和大学层次的实验。若用在高中物理课堂，理论推导部分无法着墨太多，主要集中在教具制作的科技活动和研究最终落速可能与哪些因素有关的探究性实验。对于大学层次的学生，特别是学习过电磁知识后，整个理论分析、教具制作都可开展，同时探究性实验亦可设计为验证性实验；

2. 可设计成探究性和验证性实验。如上所述,对于高中学生,由于无法推导公式,设计成探究性实验较好,整个过程可以很好地培养物理核心素养里的科学探究能力,而对于大学层次的学生，根据教学目标的不同，探究性实验和验证性实验均可开展。

3. 可改造定量验证楞次定律背后的能量守恒与转化定律。在此实验之后，通过适当改造，还应能设计出定量演示楞次定律背后所蕴含的能量守恒与转化定律。具体方法是通过此实验启发学生认识到，其实外面的金属管相当于很多个闭合回路的金属线圈，在此类比概念被接受后 ，可购买单股紫铜电线（或铝电线）来绕制圆柱长筒状线圈（相当于铜管和铝管）。此时可以和本文的方法一样，求得最终落速，但不同的是此时可以测量出磁块匀速下落时通过线圈的电流。按照能量守恒和转化定律，磁块在单位时间内下落的高度（势能减少）$mgh$ 应该等于单位时间内线圈中产生的热能 $I^2R$，此实验若能成功应该是一个非常好的实验，能培养学生的能量观，同时进行科学思维和科学探究能力的培养。在本文写就之际，笔者和研究生购买了 50 米 6.0 平方规格的单股铜芯导线绕制，落磁在绕制的线圈中下落时，能测量到线圈中有电流通过，但落磁几乎是自由落体下落，实验效果不明显。关于利用落磁定量验证能量守恒与转化定律这一方面还需要更细致地研究。

4. 可设计成融入 STEM、创客等理念的课外科技创新活动。无论是教具制作过程，还是实验探究过程，无不在体现培养学生的科学探究能力、科学推理能力、动手能力和问题解决能力。整个实验设计过程体现“学生主体，教师主导”的原则。

## 参考文献

[1] 郭训盛，朱向阳．"落磁"实验小改进 [J]. 中学物理（高中版），2012, 30(1): 37.

[2] 吴好．强磁铁在铜管（或铝管）中下落时的涡流分析 [J]. 中学物理（高中版），2011, 29(5): 20−22.

[3] 孙阿明，沈云，吴琪娉．落磁法演示楞次定律实验中落环运动规律的探究 [J]. 大学物理实验，2014, 27(2):49−51.

[4] G Donoso,C L Ladera, P Martin. Magnet fall inside a conductive pipe: motion and the role of the pipe wall thickness[J]. European Journal of Physics, 2009, 30: 855–869.

[5] Shirish R. Pathare,Saurabhee Huli,Rohan Lahane and Sumedh Sawant. Low−cost timer to measure the terminal velocity of a magnet falling through a conducting pipe[J]. Phys. Teach, 2014, 52(3): 160−163.

[6] Abdul Kareem Thottoli,Mohammed Fayis,T. C. Mohamed,T. Amjad,P. T. Shameem and Muhammed Mishab. Study of magnet fall through conducting pipes using a data logger[J]. SN Applied Sciences, 2019(9):1−8.

（本文发表于《中学物理（高中版）》2021 年第 39 期 P.62-65，作者为方伟、赵塞君、曹峻、刘昭岩）

# 第四章　学位论文写作之路

笔者在指导物理教育研究生学位论文时常告诫同学们，一定要高度重视学位论文的选题与写作，要全身心投入，力求精益求精。学位论文作为科技档案，永久保存，全网可查，它可能是研究生成为卓越教师路途中的一座“里程碑”，也可能是研究生为未来埋下的一颗“潜在雷”。本章将漫谈物理教育类的专业背景，解析物理教育类专业的独特定位与发展脉络，进而深入探讨学位论文的专业阅读、基本要求、选题范围及常见雷区等。通过具体案例与经验分享，旨在明确学位论文的写作规范与技巧。

## 4.1　物理教育类本硕博专业漫谈

本科物理学（师范）专业的专业代码是 070201，但大多数人可能不知道的是，这个专业代码并不是物理学（师范）所独有的专业代码。理学类物理学类大类下，名称为“物理学”的本科专业，其专业代码都是 070201，这在教育部公布的 2012 年版和 2024 年版的《普通高等学校本科专业目录》中都是如此。也就是说，物理学（师范）和物理学本质上说是同一个专业，所不同的是如果所就读的高校是师范类高校，将其开设成具有师范性质的专业，在学习物理学本科课程的同时，开设了师范类课程，将物理学本科专业的人才培养方向聚焦在中学物理教师，则就是物理学（师范）专业。但物理学（师范）是属于理学类物理学类专业，并不属于教育学类专业。而看似与物理学（师范）极其相近的科学教育本科专业，其专业代码是 040102，属于教育学类专业，这两个本科层次的专业，一个专注物理教育，另一个聚焦科学教育，看似如此相近的专业，却分属理学和教育学两大类。

相对而言，学科教学（物理）教育硕士是真正具有独立专业代码、与物理学（师范）本科专业直接对口的专门培养高层次中学物理教师的专业，其专业代码为 045105。04 代表专业大类属于教育学，代码第三位从“5”开始的为专业学位类别，即教育硕士（Master of Education，Ed. M）。学科教学（物理）是本、硕、博三个人才培养层次中唯一具有专属专业代码的专业，旨在为中学培养高层次复合型、职业型卓越物理教师。语文、数学、英语、历史等其他各个学科的教育硕士也都有相应的专属专业代码。除 045101 为教育管理外，02—20 分别为学科教学（思政）、学科教学（语文）、学科教学（数学）、学科教学（物理）、学科教学（化学）、学科教学（生物）、学科教学（英语）、学科教学（历史）、学科教学（地理）、学科教学（音乐）、学科教学（体育）、学科教学（美术）、现代教育技术、小学教育、心理健康教育、科学与技术教育、学前教育、特殊教育、职业技术教育。物理排在思政、语文、数学学科之后，可以看出物理学科的重要性。

1996 年 4 月，国务院学位委员会第十四次会议审议通过《关于设置和试办教育硕士专业学位的报告》，并于 1997 年开始招生试点工作。但查阅 1997 年版教育部学位管理与研究生教育司颁布的学科专业目录，里面还没有设置 0451 教育专业学位，直到 2011 年版的《学位授予和人才培养学科目录》开始，里面设置了 0451 教育专业学位。

2009 年，国务院学位委员会下发文件，批准在我国设置和试办教育博士专业学位（Doctor of Education，Ed. D），即教育专博。目前最新版的《研究生教育学科专业目录（2022 年）》是国务院学位委员会、教育部于 2022 年印发自 2023 年起实施的，在文件中表述 0451 为教育专业学位，可授硕士、博士专业学位。适合中小学教师、教研员报考的教育专业博士为“学校课程与教学”（专业代码为 045171），并没有明确区分方向，也就是说语文、数学、物理、历史等学科的“学校课程与教学”方向的专业博士，其专业代码都是 045171。上面讲的教育硕士、教育博士都是专业学位，与之相对应的是学术型学位，如课程与教学论，专业代码是 040102，如果是物理或历史方向的学术型硕士或博士研究生，则可写为课程与教学论（物理）或课程与教学论（历史），但专业代码都是 040102。

有很长一段时间，由于基层教育管理部门或中小学没有很好地学习教育部相关政策文件，不清楚教育部关于研究生学位设置的这些信息，招聘时仅面向物理学（师范）本科专业和课程与教学论（物理）学术型研究生专业，将教育部设置的专门用来培养中小学高层次教师的学科教学（物理）排除在外，给教育硕士研究生的求职带来诸多不便和困惑，也闹出了不少笑话，语文、英语、数学、历史等其他学科教学类教育专业硕士也都存在被排除在招聘范围之外的问题。2023 年 11 月，教育部印发《关于深入推进学术学位与专业学位研究生教育分类发展的意见》，其中明确强调要进一步提升专业学位研究生比例，到 2025 年“十四五”末将硕士专业学位研究生招生规模扩大到硕士研究生招生总规模的三分之二左右。在文件中除了重申两类学位同等重要，都是国家培养的高层次创新型人才外，还指出学术学位重在面向知识创新发展需要，培养具备较高学术素养、较强原创精神、扎实科研能力的学术创新型人才，而专业学位重在面向行业产业发展需要，培养具备扎实系统专业基础、较强实践能力、较高职业素养的实践创新型人才。

总而言之，对于中学物理教师，本科层次专业最对口的是物理学（师范），属于理科物理学大类，除了学习物理学专业的所有课程之外，还补足了师范教育类课程。硕士研究生层面专业最对口的是学科教学（物理）和课程与教学论（物理），前者是教育专业硕士学位，后者是学术型硕士学位，博士层面专业最对口的是学校课程与教学（物理）和课程与教学论（物理），前者是教育专业博士学位，后者是学术型博士学位。所有这些层次的专业中，只有硕士层次的学科教学（物理）具有专属学科代码045105。如果师范生不专指本科生的话，以上专业的学生都可以称之为物理学师范生。如果师范生专指本科生，则以上本、硕、博三个层次的学生均可称为物理教育类学生。2020年9月，教育部印发了《教育类研究生和公费师范生免试认定中小学教师资格改革实施方案》的通知，对专业代码为0401的教育学学术学位研究生、学位代码为0451的教育专业学位研究生和专业代码为0453的汉语国际教育专业学位研究生实施教师资格证免试认定改革。

2014年新一轮教育改革之初，由于最初几批省份高考选科改革的影响，选修物理的学生人数骤降，中学物理教师就业也受到了影响。由于物理学科作为基础学科的极端重要性，其教育程度直接决定着国家的科技水平，其后开始改革的省份均从“3+3”模式转向“3+1+2”模式，即学生必须在物理和历史中选择一门。2021年7月，教育部办公厅印发了《普通高校本科招生专业选考科目要求指引（通用版）》。在大学专业设置的所有92个专业门类里，65个门类要求必选物理，占比71%。这样一来，就从高中出口和大学入口两个关口保证了学生学习物理的规模，这对于国家的科技教育人才强国政策是十分必要的，调整也是非常及时的。

综上所述，物理教育类研究生特别是学科教学（物理）教育专业学位研究生，其未来的发展前景是看好的。面对各种因素交织的压力和社会对高素质教师人才的渴求，选择学科教学（物理）教育专业继续深造，对于个人发展来说，将是个具有深远意义和重要影响的选择。作家柳青曾经说过，“人生的道路虽然漫长，但要紧处常常只有几步”，大学一入学就应志存高远，做好规划，最终毕业时不论是否能继续深造，但“法乎其上，得乎其中”，较好的成绩也能助力你顺利求职。

## 4.2 物理教育硕士学位论文阅读准备

如饥似渴地进行专业阅读是物理教育硕士提升自我修养的不二法门，也是其进行学位论文开题与撰写之前必须做的事情。本章所谈的物理学位论文写作，适合物理学（师范）本科生、物理教育专业学位硕博研究生以及课程与教学论（物理）硕博研究生。

上文说过，物理学（师范）本科专业属于理学物理学大类，而与之直接对应的研究生专业，无论是学科教学（物理）专业学位，还是课程与教学论（物理）学术型学位，都是属于教育学专业，可以归类到广义上的文科大类。文科的特点是知识广博，定论少而流派多，感性表达诸多，强调发散性思维，更多的是个人表达，且见仁见智。相比而言，理学的特点是知识较为深奥，但定论多，基本无流派。教育学则兼具文理特点，需要理论与实践并举，需要科学的研究方法和基于实证的研究，同样要遵循科学研究的学术规范。

理科讲究理性与科学思维，逻辑性强，是认识和描述自然的系统理论。文科学者与理科学者个人性格尽管各有差异，但长期受到文科特色和理科特色思维方式的影响，在做事风格等方面还是会有明显差异的。

英国剑桥大学理科博士出身的著名作家 C.P. 斯诺在 1959 年曾发表过一次著名演讲《两种文化与科学革命》，在文中他提到了自然科学与人文科学这两种文化之间存在显著差异和隔阂，且这两类知识分子之间存在相互偏见和厌恶。比如人文学者会觉得没读过莎士比亚著作（也许类似于中国人没读过四大名著）的科学家们粗俗没有文化，但斯诺认为依此逻辑，不知道热力学第二定律的人文学者也应该被认为是没有文化的。因此他强调科学的重要性，呼吁加强科学与人文的交流与融合。

从前面的介绍我们知道，学科教学（物理）和课程与教学论（物理）专业的研究生们应该要横跨文理的。按照 C.P. 斯诺先生的说法，读过四大名著且理解热力学第二定律内涵的这类，是真正有文化的人，作为物理教育工作者，我们需要“融通文数理，学贯中与西，深藏物理功，方显育才名”。

概括来说，学科教学（物理）和课程与教学论（物理）专业的研究生们需要进行如下的阅读，当然这些阅读同样适合中学物理教师。

首先，应该阅读一些教育学、心理学、教育心理学的著作，知道从行为主义、认知主义、建构主义到人本主义的各种流派，熟悉元认知、多元智能、有效教学、深度学习、学习进阶等各种概念。同时至少要重点研读课程论、教学论和学习论方面的著作各一本。课程论、教学论和学习论分别解决“教什么”“怎么教”和“怎么学”的问题，三者相辅相成，共同解决“为什么这么教”的问题。同时还应该阅读和学习一些教育研究方法，阅读教育史相关知识，选读一些中外教育名著。

其次，应该研读教育部最新颁布的初高中课程方案和物理课程标准，必要时还应该对比新旧两版物理课程标准，对比其中的变化，把握教学改革的方向。具体来说，应仔细研读 2011 年版和 2022 年版的义务教育物理课程标准，以及 2003 年版和 2017 年版 2020 年修订的高中物理课程标准，这些文件在教育部网站上都能直接下载。

再次，应该阅读一些主流中学物理教研杂志，这些杂志在前文已有赘述，此处不再展开。对于自己感兴趣的方向，还应该重点阅读一些学科教学方向的优秀硕博论文，重点看文章的章节架构、逻辑脉络和主要方法。

最后，要阅读有关学位论文方面的纲领性文件。最新版的《教育硕士专业学位论文基本要求》是 2019 年 5 月由全国教育专业学位研究生教育指导委员会公布的，这里面给出了教育硕士专业学位论文的基本要求，当然也适合学科教学（物理）专业。

## 4.3 学位论文选题策略与范围

据笔者不完全统计，最近几年全国学科教学（物理）研究生的招生量在 1000~1500 人之间，意味着每年产出数以千计的物理教育专业硕士论文，后继者要想找到具有创新性的题目，并不容易。但是不容易不代表找不到。正如前文所说，基于物理核心素养的研究论题很大，但是物理核心素养的内涵很丰富，比如科学思维里的模型建构，深入研究这个模型建构，可能就会别有洞天。

我们要学会“螺蛳壳里做道场”，以小见大。类比物理和数学里的分形概念，很多问题具有自相似性，有无限结构，钻研得足够深、足够细，每一个细节里都会有结构，都可以去深入研究。还可以类比体育运动，比如对羽毛球不了解或粗浅了解的人，可能会觉得打羽毛球就是你接到球并能使劲打回去的简单问题。但深入其中，会发现其中的门道非常多。例如，羽毛球的手法、站位和跑位，每一个都是学问。单就手法而言，就包括如何握拍、发球、接球，击球有高远球、平抽球、杀球等，仅仅网前就有搓球、放网、勾对角、推球、扑球、挑球等，场上如何站位、跑位的步法更是大有讲究，打羽毛球有“三分手法，七分步法”之说。因此对于选题，要明确的是，往往不是没有问题，而是缺少发现问题的眼睛。发现不了新问题，只能代表你钻研得还不够深。

依据创新性的递增，论文选题可以分为：①老方法解决老问题，②新方法解决老问题，③老方法解决新问题，④新方法解决新问题。对于纯物理的前沿研究，第一种情形是没有任何研究意义的，但在教育硕士专业学位论文的选题里，若在新的形势和背景下，或在新的研究对象下，也是可以研究的，尽管并不推荐。

论文的选题可以选择物理课程与教材研究，比如对物理学科核心素养、新课程标准的研究，以及对新教材、新高考的研究。也可以选择物理教与学的研究，如教学策略研究、深度备课、单元教学设计、学习进阶、深度学习、元认知、多元智能等，或对物理概念教学、规律教学、习题教学、作业设计、实验教学的研究，还可以是基于各种量表的调查、教学实验等实证研究，或选择教育教学评价方面的选题，像学生学习评价、教师教育评价、课堂教学观察等。

## 4.4 学位论文写作基本要求

物理教育硕士学位论文是教育硕士专业学位研究生在导师指导下独立完成的研究工作成果，论文必须具备完整性、系统性和规范性。教育硕士专业学位与学术型硕士学位的培养目的是不一样的。对于物理教育硕士专业学位，培养的就是未来高层次的中学物理教师，因此撰写论文的目的在于教会他们规范地运用科学理论和科学的研究方法来解决教育教学中的实际问题，为其专业发展服务。因此物理教育硕士学位论文研究的问题必须是基础教育领域中存在的实际问题。如果研究的内容超出中学物理范畴，严格来说就是选题出现了一些问题，研究生和导师在开题时要注意避免。比如研究小学教育中的偏物理的科学教育问题，是否可行呢？按照全国教育专业学位研究生教育指导委员会的文件《教育硕士专业学位论文基本要求》，这是不行的。再如研究大学物理的教学问题，研究物理本、硕师范生的培养问题，研究学科教学（物理）专业的育人问题，研究师范生或教育硕士的三习（见习、实习、研习）问题，这些都是与高等教育相关的，超出了学科教学（物理）教育硕士的学位论文范畴，也是不行的。但这些题目作为课程与教学论（物理）学术型硕士的论文题目，是没有问题的。

论文的题目不能太长，也不能太短太笼统。如“中学物理教育相关问题研究”就是一个非常笼统的题目，不清楚要研究什么问题。学位论文题目一般不超过 25 个字，当然也没有必要机械地限制在 25 个字以内，如果题目过长，可以以副标题的形式缩短题目，比如“基于学习进阶的高中物理‘运动和力的关系’单元教学设计研究”这个题目较长，可以改为“基于学习进阶的单元教学设计研究——以高中物理‘运动和力的关系’为例”，这样改后，不仅题目缩短，而且更清晰，三个关键词“学习进阶”“单元教学”“教学设计”清楚显现。再如“新课改情形下新疆喀什地区初中物理双语教学存在的问题与对策研究”，字数达到 30 个字，若改为“新课改下物理双语教学存在的问题与对策研究——以新疆喀什地区初中物理教学为例”则较为清晰。

总体来说，学位论文的题目要求简洁规范、逻辑清晰、内涵准确，足够细化，不要拐弯抹角，不要含蓄朦胧，要开门见山，要直击关键问题。**论文题目一忌**“小人戴高（大）帽”，如此选题过于宽泛或宏大，而论文里的实际研究内容却又相对狭窄或不够深入，使得论文空洞无物，缺乏实际价值和深度。**论文题目二忌**“挂羊头卖狗肉”，这类论文里的实际内容与题目标题不符。题目往往选得不错，但在实际研究和撰写中，受限于研究生本人的投入程度和水平，没有很好地分解论文任务，最终只是在题目上画了一个饼，论文里该重点研究的基本没研究，导致草草收场，张冠李戴，表里不一。还有一种情况，就是研究生本人对论文题目理解得不够透彻，最终走偏了方向，导致研究内容与题目不相符的情况，因此导师的作用就是副驾驶上的教练，要常常关注学生的论文进展，关键时刻给予指点。后一种情况如果在预答辩前后才发现，可以通过微调论文题目来修正，还有抢救的机会。但对于第一种情况，学生不投入、不努力，屡教不改的，只能严格对待。**论文题目三忌**“陈词滥调炒现饭”，尽管相比学术型研究生，教育硕士专业学位论文选题的学术性和创新性要求没那么高，但还是要避免选用已被广泛讨论的重复性、陈旧性题目。要充分关注当前教育领域的前沿问题、热点话题以及新兴的研究领域。平时在见习、听取行业报告和前沿讲座时多留心，通过深入钻研已有研究来发现尚未被充分探讨的问题，从而找出具有一定新颖性和创新性的题目。在选题时，除了研读和借鉴本专业的论文之外，还可以考虑从跨学科的角度入手，将不同学科的理论和方法结合起来，如研读学科教学（数学、化学、生物）、现代教育技术等教育硕士的优秀研究生论文，借鉴新的研究视角和解决方案，这样不仅能够丰富研究内容，还能够提高研究的深度和广度。

论文的文献综述陈述的是别人的工作，看似易写，实则很难。文献综述最能体现作者的文献信息检索与甄选能力、归纳总结能力、批判性分析能力以及写作能力。文献综述就是在介绍“巨人的肩膀”，在茫茫的海量论文中，哪些是“巨人”哪些是该被扫进历史的垃圾堆，靠的是作者的慧眼识英，前提是作者要海量阅读，对这些文献进行归纳和总结，找出共性和差异，理顺这些研究之间的演变脉络和逻辑关系，这需要作者思路清晰，逻辑严密，准确把握研究领域的整体框架和发展趋势。文献综述还需要作者具有独立思考能力和批判性的分析能力，能敏锐地找到前人工作的优点和不足，发现存在的局限性和未解决的问题，具有质疑创新的能力，从而有破有立，推动领域内的研究向前发展。**文献综述一忌**简单罗列堆砌，有些同学甚至直接将他人论文的摘要拷贝过来，一篇文章的摘要作为一段，下一段再接着拷贝另一篇文章的摘要，直到达到一定的篇幅量为止。甚至也不关心综述的文献是否与自己的论文强相关。**文献综述二忌**没有观点，文献综述切记不能随意篡改别人的观点，但也忌讳默默无言，没有自己的观点，“综”而不“述”，“述”而不“评”都是不对的。**文献综述三忌**没有套路，文献综述的目的是为自己当前的工作找到“巨人的肩膀”和“做下去的理由”，要通过文献的综述巧妙地将读者赶到你预设的“套路”上去，让他认识到你对研究工作的整体把握很全面，你的工作很有意义，你的工作可行性很强。**文献综述四忌**“金屋藏娇”，笔者在指导学生论文的时候发现，有个别同学在综述论文时，文献综述一大堆，但反而会将与自己工作最密切的那一篇论文隐去不评不引，这篇被“金屋藏娇”的论文往往就是直接启发学生论文思路的那篇文章，也可能这个学生论文所用的方法就是直接参考这篇论文的。学生往往会担心将此文列入，读者知道了这篇论文，会降低其论文工作的创新性和独创性。此时导师一定要明察秋毫，及时告知并告诫学生：首先是要告知学生将此文在综述中详细分析，并不会影响将要开展的研究工作的创新性和独创性，研究工作都是在前人的基础上开展的，只要能深入钻研和实践，一点点小的创新性和独创性也能做出一篇大文章。其次是要告诫学生，不引用此文是学术不规范的一种表现，不是随随便便的事情，是原则性问题和红线问题，必须杜绝此事的发生。在学生开始写作的第一步，导师明确红线、底线，帮学生扣好第一粒纽扣，这是导师的职责所在，比教会学生具体的技能还要重要，是“道”与“器”的关系，“道”走得不对，会误入歧途。

论文的研究方法应根据论文需要和研究主题的特殊性，合理选择最适合、最恰当的研究方法，避免使用单一的研究方法，也要避免列举实际上没有用到的方法。教育硕士论文要实证研究，这里的实证研究包括定量研究和定性研究。比如进行教学干预，利用现成或编制的问卷和量表进行前后测，这属于定量研究，较多使用Excel、SPSS、R 等软件。定性研究也称为质性研究，如个案观察法、访谈法、案例分析法等，可能会用到质性分析软件 Nvivo 等。目前教育硕士论文中定量研究较多，质性分析的反而较少，其原因是优秀的质性研究工作难度反而较高，而同样是水平较低的定性研究和定量研究论文，低水平的定性研究论文不通过的可能性更大。但实际上很多教育硕士的定量实证论文偏向了伪实证的道路。比如问卷拿来主义，将前人论文中的问卷生搬硬套，不考虑适切性。又如量表粗制滥造，不考虑信效度，有些根本算不上量表，导致前后测没有意义。再如教学实验或教学干预不能很好地控制变量，持续时间短，数据分析显示出的教学结果却能出奇的明显，且往往有正面效应。这可能是学生误以为教学实验或教学干预必须有明显的、积极的、正面的结果，否则可能会导致论文送审不通过，因而在数据收集和处理时，故意舍弃一些不利的结果。严格来说，这违背了科学研究的基本准则，导师应该明确告诉学生，教学实践的成功与否不在于前后测结果的提升，而在于是否科学、专业地开展了这项研究工作，教学实践的价值不在于教育干预本身是否取得了更好的教学成绩，而在于向读者展示最真实的结果。数据显示教学干预有显著效果是成功的研究，数据显示教学干预没有显著效果甚至是出现了负面的效果，这也是成功的研究，“失败”也是成功的结论，也是有价值的成果，告知别人此路不通，同样具有重要意义和价值。

论文的结构一般由标题、中英文摘要、目录、正文、参考文献、附录等部分组成。实验数据、问卷量表、观察记录、访谈记录、教学设计等文件可作为附录。按照全国教育专业学位研究生教育指导委员会的文件《教育硕士专业学位论文基本要求》，论文正文字数不少于 2 万字，但根据笔者指导的论文和审阅其他学校的论文来看，物理教育硕士论文的正文平均有 4~5 万字。

此处特别强调学位论文摘要的写法。首先明确论文摘要的行文风格和论文正文完全不同，论文摘要行文要求简洁凝练，其次要明确期刊教研论文的摘要和学位论文摘要的写法也不太相同。期刊教研论文的摘要一般要包含研究的背景、目的、问题、结果和结论等要素，但由于期刊论文的摘要字数限制在 200~300 字之间，需要仔细组织和凝练语言，确保在有限的行文中传达出关键信息。相比而言，学位论文的摘要篇幅可以放宽一些，大约在一千字以内，一般以不超过一页 A4 纸为宜。

根据研究主题的不同，教育硕士论文可有如下四种形式，分别是专题研究论文、调查研究报告、实验研究报告和案例分析报告。但在实际指导和审阅中，笔者发现选择专题研究的论文较多，其原因是多方面的。调查研究报告往往存在深度不够、理论性不强的缺点。由于不少学科教学（物理）研究生的学制只有两年，实习所在学期还面临找工作等现实问题，学生有效实习时间只有两三个月，再加上实习学校的限制，很难开展符合科学规范的教学实验，因此研究生和导师们在开题时也不敢选择实验研究报告作为论文类型，除非选题来源于中学教师或教研员的一线真实课题，有中学物理教师或教研员的帮助，可以提前开展相关实验工作。对于案例分析报告，一般需要选取个案进行深入的蹲点观察和质性研究，形成案例分析报告同样需要长周期和来自一线中学的支持。根据笔者的观察和审阅，现在很多冠以案例分析的教育硕士论文，其实并不是严格的案例分析报告类论文，这些论文往往给出几个课堂教学设计案例或实验教学设计案例，这是曲解了案例分析报告的概念，课堂教学设计案例或实验教学设计案例并不是严格意义上的案例。对于什么是教学案例，笔者将在下一章叙述。

目前教育硕士论文选择专题研究的较多，而且大多数的专题研究论文往往还兼具其他三类论文类型的特点。比如有一章进行某一问题或现状的问卷调查，有教学实验的实践和问卷量表的前后测，之后还会提供一两个案例。这样的选题和结构较为“安全”，篇幅也较为饱满，但是大多数情况下很难得出有深意的结果。其实只要选题得当，研究深入，工作量饱满，无论是专题研究论文、调查研究报告、实验研究报告还是案例分析报告，都可以做出有意义的论文。此处提到的论文类型问题其实是个共性问题，值得全国教育专业学位研究生教育指导委员会的专家、物理教育硕士的研究生指导教师的深入探讨，并提出应对策略。

## 4.5　学位论文写作雷区与规避

如前文所述，物理教育硕士专业学位论文要紧密联系基础教育实际，关注学校教育教学和管理实践中具有现实意义和应用价值的重要问题，致力于教育实际问题的解决和教育实践的改进，论文选题要与所学专业领域和方向一致。此处可以提炼三点认识：①必须是基础教育中的问题，不得涉及高等教育领域的问题；②必须是与所学专业一致的问题，不得研究非物理或者与物理学科跨度太大的问题；③必须是教育中实际的、真实的问题，不能是假问题和伪问题。

现实情况下，有不少导师同时指导学科教学（物理）教育硕士专业学位研究生和课程与教学论（物理）学术型研究生，他们往往同时开题、同时答辩，导致很多导师混淆了两类研究生的培养目标，实际上，两类不同类型的研究生的论文选题方向应该是不同的。对两类研究生的指导趋同化，往往会导致学科教学（物理）教育硕士专业学位研究生的选题偏离了全国教育专业学位研究生教育指导委员会所发文件的要求。如出现了学科教学（物理）教育硕士学位论文选题研究物理教育硕士本身，这类选题可以作为课程与教学论（物理）学术型研究生的论文选题，但若作为学科教学（物理）教育硕士学位论文选题，就偏离了方向。因此在物理教育硕士论文的指导中，要**“三不三强调”**。

**一不涉高等**，论文选题要专注中学物理教育，应回避大学物理教学研究方向，同时也不能涉及有关物理本、硕师范生培养等高等教育领域，物理教育硕士只培养高素质卓越中学教师，不培养大学老师，论文选题应严格限制在中学物理教育领域。

**二不失实践**，选题内容要坚持实践导向，要与所教学科的教育实践问题密切相关，物理教育硕士不是学术型课程与教学论（物理）方向，选题避免纯粹的学术性研究。

**三不越雷池**，论文选题要恪守学科边界，与所学专业领域 [ 即学科教学（物理）方向 ] 一致，凸显学科特色，要有“物理味”。

**一要强调**现代教育理论在物理教学实践中的应用。这也是全国教育专业学位研究生教育指导委员会 2023 年 8 月修订的全日制教育硕士专业学位研究生指导性培养方案文件里的要求，要求学生系统掌握现代教育理论，了解教育专业、学科专业前沿和发展趋势，了解党和国家的教育方针政策、教育法律法规，具有较强的数字化教育教学能力，能有效运用数字化技术手段和资源开展教育教学工作。

**二要强调**新课程理念在物理学科教学中的落实。课程标准是规定某学科的课程性质、课程理念、课程目标、课程结构、课程内容及评价的指导性、纲领性文件，从“双基”到“三维目标”，再到“物理学科核心素养”，课程理念、目标、内容的不断演进，正是不断适应社会新形势发展的需要。2017 版 2020 年修订的普通高中物理课程标准的课程理念主要是注重体现物理学科本质，注重课程的基础性、选择性、时代性，引导学生自主学习，注重过程评价等。2022 年版义务教育物理课程标准的课程理念主要是面向全体学生，从生活走向物理，从物理走向社会，以主题为线索，注重科学探究，发挥评价的育人功能等。这些新课程理念有些存在于旧版课程标准的课程理念中，有些则是新增的，要准确把握其中的变与不变。作为培养高素质中学物理教师的摇篮，学科教学（物理）学位点必须在教育硕士培养全过程和论文撰写要求上强调新课程理念的落实，促进未来教师转变教学观念和教学行为。

**三要强调**新课程目标在教学设计中的细化、具体化。不管是义务教育还是高中教育，中学物理学科都是培养和促进学生物理学科核心素养的养成和发展。物理学科核心素养内涵丰富，有物理观念、科学思维、实验探究、科学态度与责任四个部分，每个部分还有具体的二级要素，每个要素都是可以且需要深入研究的。因此学科教学（物理）的学位论文应该强调如何将这些课程目标在教学中具体细化实施，为自己未来的物理教学做好准备，也对中学物理教学研究贡献自己的一份力量。

## 4.6 论文指导经验分享

笔者依据近十年的物理教育硕士论文指导的经验探索，总结如下几点，供相关领域的导师参考。这些建议既适合物理学本科生论文的指导，同时也适合本、硕物理师范生论文的指导，对其他师范专业的论文指导也有启发意义。

一、**未雨绸缪早规划**。在教育硕士秋季入学并选定导师后，可在国庆节后组织研究生组会，每周一次研读分享物理教研论文或组织相关著作的读书会，鼓励学生积极将各类想法和思路写成文字。组会分享不仅可以帮助学生找到自身的学术兴趣点，还能锻炼学生的口头表达能力。

二、**尊重学生把方向**。论文选题应结合教育硕士专业学位研究生的研究专长、兴趣和实践体验，不可越俎代庖，不可将导师自己的研究兴趣强加给自己所带的学生，要充分尊重学生。要积极看待学生选取与自己研究兴趣不同的方向这一问题，因为这本身也能拓宽导师自身的学术领域广度。优秀资深导师的养成，很难说里面没有历届学生的功劳，优秀师生之间是可以相互成就的。另外，要明白导师只是副驾上的教练，主要作用是把握方向、负责刹车和提示更换车道，加油门的事情需要学生自己来做，因此不可能出现导师帮助学生写毕业论文的荒唐情形，所谓道而弗牵，开而弗达。学生要积极主动，大部分导师所带同年级的学生都不止一个，有些学生比较之后，会有我的导师有点“偏心”的感觉。其实这在绝大多数的情况下是学生自己的错觉。《学记》有云，“力不能问，然后语之。语之而不知，虽舍之可也”。《学记》还有另外一句话，“叩之以小者则小鸣，叩之以大者则大鸣”。很多时候是由于学生自身的不积极导致。比如导师在组会讨论的时候，可能就有了一个极佳的思路和点子，于是凝练成题目，让在场感兴趣的学生去写成论文，有的学生在一两个礼拜之内就写出了论文初稿，尽管初稿在导师看来可能“惨不忍睹”，但毕竟态度可佳孺子可教也，于是费尽心力去修改。修改的过程可能不亚于重写，但是负责任的导师心甘情愿地去做，这是蜡炬成灰的教育情怀。如果多次的组会，作为学生，你都不积极地去写作和互动，最后却怪导师花费太多的精力偏心培养自己的同门同学，这样的偏心要怪谁？所以《学记》也说到，“善学者，师逸而功倍，又从而庸之；不善学者，师勤而功半，又从而怨之”，说的就是这个道理。

三、**丑话在前严在先。**研究生和导师之间可以是亦师亦友的关系，但是毕竟是师生关系，该严厉的时候一定要严厉。强调过程性评价，在平时的组会、学位论文的开题和预答辩过程中，要异常严格。开题前要让学生有充分的论文阅读量，对论文的创新性、可行性进行严苛的要求，学位论文大纲要细化到三级标题。学位论文开题之后的暑假、开学后的实习，都是学生写论文的好时机，也是学生容易懈怠的时候，一定要每一两个星期督促检查论文进展，必要时可以召其回校给低年级学弟学妹们汇报进展，要明白“行百里者半于九十”的道理。

四、**选题须要“小清新”。**要善于解构、细化学位论文的选题内容，选题忌大忌空，大题小作不可取，小题大做要盛行。题目和内容要清爽，要有逻辑性，不要杂糅太多概念，任务清单要清朗；论文选题要有一定的创新性。

五、**质性研究和定量研究相结合。**实证研究不仅仅是定量研究，质性研究也是实证。定量研究也可能是伪实证。

六、**眉毛胡子分开抓。**在预答辩之后论文送审之前，导师就进入了繁忙的批改论文季。对于导师而言，论文的修改阶段要有章法可循，要依次考虑论文的安全性、匀称性、漂亮性。第一轮修订看章节结构、层次与版块，是否与论文选题相切合，论文选题中的关键点是否在论文章节中都有体现，此时要确保论文的“建筑安全”。第二轮修订看研究方法、论证过程及结论，研究工作的原则、策略与实践是否相呼应，不能理论与实践脱节，变成了两层皮，此处要确保论文整体“身材匀称”，没有畸形。第三轮修订看具体行文、写作规范，论文语句通畅，无语法、拼写和排版错误，行文优美，确保“面容姣好、漂亮”，如此往返多次后可基本定稿。在论文定稿后，一定要让学生把论文打印出来，给其两三天的时间，让其从头到尾地毯式地再通读一遍，拿着有修改痕迹的纸质版给你审阅，此时你会发现学生能发现电子版所不能发现的诸多错误。在此之后，如果时间允许，还可以发起组内研究生们互阅互评。比如你有三个学生甲、乙、丙，则让甲审阅乙的论文，乙审阅丙的论文，丙再审阅甲的论文，这样还可能找出一些不容易发现的细节问题，如此之后，论文就可以定稿了，基本不会有太大的问题。

# 第五章　教学案例撰写

好的教育经验、教学实践和教研探索需要凝练、宣传、推广和传承，教学案例的写作越来越成为中学教师需要掌握的一项写作技能。与此同时，随着对培养教育专硕人才的重视，案例教学作为一种重要的教学方法，也日益受到关注。近年来，教育部多次发文强调加强案例教学，特别是在专业学位研究生教育中，案例教学已成为提升实践能力、促进理论与实践融合的关键途径。本章结合物理学科的特点，从案例教学的定义、历史发展，到物理教学案例的撰写技巧等，深入探讨案例教学和教学案例撰写的核心要义。

## 5.1　案例教学定义与演进

2013 年 4 月，教育部、国家发展改革委、财政部《关于深化研究生教育改革的意见》中明确指出，要“加强案例教学，探索不同形式的实践教学”，特别指出专业学位研究生要构建符合专业学位特点的课程体系，改革教学内容和方式，加强案例教学。同年 11 月，教育部、人力资源社会保障部下发《关于深入推进专业学位研究生培养模式改革的意见》（教研〔2013〕3 号），其中六次提到“案例”，涉及案例教学、教学案例、案例库等内容，强调要创新教学方法，加强案例教学；要完善教师考核评价体系，将优秀教学案例等纳入专业学位教师考核评价体系；要将案例教学等改革试点成效作为培养单位申请新增专业学位授权点及专业学位授权点定期评估的重要内容，要加强对培养单位的指导，推动案例库建设等。2015 年 5 月，教育部专门出台《关于加强专业学位研究生案例教学和联合培养基地建设的意见》（教研〔2015〕1 号），意见指出，加强案例教学是强化专业学位研究生实践能力培养、推进教学改革、促进教学与实践有机融合的重要途径，是推动专业学位研究生培养模式改革的重要手段；要充分认识加强案例教学的重要意义，案例教学也将作为专业学位授权点合格评估的重要内容。2023 年 11 月，教育部印发《关于深入推进学术学位与专业学位研究生教育分类发展的意见》，意见强调对于专业学位研究生的培养，应提倡采用案例教学、专业实习、真实情境实践等多种形式。还应分类加强教材建设，要将优秀教学案例等纳入专业学位研究生的专业核心教材，支持与行业产业部门共同编写核心教材，做好案例征集、开发及教学，加强案例库建设等。

什么是案例教学？前文提到的《关于加强专业学位研究生案例教学和联合培养基地建设的意见》文件中，对案例教学有明确界定：案例教学是以学生为中心，以案例为基础，通过呈现案例情境，将理论与实践紧密结合，引导学生发现问题、分析问题、解决问题，从而掌握理论、形成观点、提高能力的一种教学方式。对于教育硕士的案例编写，要吸收中学一线教师、研究生等共同参与，同时鼓励教师将编写教学案例与基于案例的科学研究相结合，编写过程注重理论与实际相结合，开发和形成一大批基于真实情境、符合案例教学要求、与国际接轨的高质量教学案例。

一般认为，现代意义上的案例教学是在 1870 年由哈佛大学法学院时任院长朗代尔（C.C.Langdell）首先提出的，这是案例教学的雏形。20 世纪 20 年代，哈佛大学商学院正式推行案例教学。如今案例教学已经从哈佛大学走向了全世界，在法律、商业、医学等领域被广泛应用，效果卓著。至于案例教学在教师教育中的应用，一般认为始于 20 世纪 80 年代中期，由美国学者李・舒尔曼（L.S.Shulman）首先提出。他的妻子朱迪思・H. 舒尔曼（Judith H.Shulman）也是案例教学研究的专家，研究兴趣集中在教师编写案例手册的开发。朱迪思・H. 舒尔曼在 1992 年主编了《教师教育中的案例教学法》一书，在书中分别阐述了案例如何作为教学工具以及案例如何作为学习工具。它山之石，可以攻玉，该书对我们实现本土化的教学案例编写和案例教学具有重要的启示意义和借鉴价值。

其实在中国古代也有将案例用于实践的雏形，有些具有使用案例学习和教学的某些特征。被誉为“法医学之父”的南宋提刑官宋慈著有《洗冤集录》一书，书中不仅系统总结了尸体解剖、现场勘探、死因分析等方法，还给出了诸多判案验尸的法医学案例，内容非常丰富。该书成书于南宋淳祐七年（1247 年），比国外最早的类似著作早 300 多年，可以说是世界上第一部法医学著作。明朝开国皇帝朱元璋曾经亲自编撰《御制大诰》，该书发布于洪武十八年（1385 年），是一部重刑法令，其中就包含了由他亲自审理、判决定案的各种实际案例。另外，在中国史书中记载诸多历史典型案例，对后世有诸多警示价值和借鉴意义，如晋献公的假道伐虢、越王勾践的卧薪尝胆、管仲的弃粮为桑策略等。“以史为鉴可以知兴替”这句话本身就蕴含了案例教学的真谛，历史案例是一面镜子，反映出错综复杂的各种关系和问题，通过研究历史案例，可以帮助今天的我们处理现实世界中的真实问题，规范并帮助我们作出决策。对比案例教学，案例本身一定是来源于一个已经发生过的真实事例，严格来说，就是一段“历史事件”，有人物，有情节，通过案例编写者基于事实的再创作，突出故事性与冲突性。案例教学过程中将学生带入案例的真实情境，深入剖析问题，培养学生的问题解决能力。禅宗中也有诸多类似于案例的公案，如“赵州吃茶去”公案、“拈花一笑”公案等，对于修习者来说，具有类似于案例的学习价值。

案例教学中往往会应用苏格拉底式提问法来处理问题。苏格拉底式提问法的特点是不直接给出答案，通过连续追问、暴露问题、澄清概念，最终让学生自己找到问题的答案，因此也称为精神助产术（产婆术）。与此类似，案例教学也是不直接给出答案，通过呈现案例的真实情境，引导学生深入问题之中，通过讨论得到解决问题的方案和途径，而且这些解决问题的方案和途径往往是开放的、不唯一的。案例教学有别于讲授式的单向教学，而是强调师生之间的双向交流和平等沟通，注重的是知识体系的自我建构。

## 5.2 物理教学案例精选与分析

中国专业学位教学案例中心（China Professional-degree Case Center，简称案例中心 /CPCC）由教育部学位与研究生教育发展中心于 2012 年成立，是由财政部设立专项经费支持建设的国家级专业学位教学案例库，涵盖公共管理、教育、会计、工商管理、法律、医学等多个领域，累计收录 5000 余篇案例，其中教育领域 921 篇。该案例库首篇案例收录于 2014 年 7 月，来自会计专业学位，而最早的教育硕士领域内的案例则收录于 2015 年 5 月，来自教育管理专业学位，首篇学科教学（物理）教学案例收录于 2017 年 12 月。

截至 2024 年 6 月，全国教育专业学位研究生教学指导委员会一共开展了六届全国教育专业学位教学案例征集工作，前五届共收录来自全国 27 所师范类大学的学科教学（物理）专业学位案例共 70 篇（表 1），每届仅收录十余篇，入库难度较大。第六届全国教育专业学位教学案例征集工作已于 2024 年初开展，目前处于提交后的专家评审阶段。

**表 1　入选中国专业学位教学案例中心的学科教学（物理）专业学位案例列表（截至 2024 年 6 月）**

| 序号 | 案例名称 | 作者 | 作者单位 |
|---|---|---|---|
| 1 | IYPT 融入高中物理教学课堂高效吗？ | 陆建隆 | 南京师范大学 |
| 2 | 由单件到积件：物理自制教具的新思路 | 张军朋，余潇杭 | 华南师范大学 |
| 3 | 机械功概念的教学：利用科学史让物理核心素养落地 | 王全 | 南通大学 |
| 4 | 以史知方法：“伽利略对自由落体运动的研究”教学设计 | 胡象岭，李建彬 | 曲阜师范大学 |
| 5 | 初中物理教学：创境—启学—致用—拓展 | 冯一兵 | 信阳师范学院 |
| 6 | 利用物理学史进行科学本质显性化教学 | 侯新杰，陈留定 | 河南师范大学 |
| 7 | 一位实习教师与电流概念学习进阶的“邂逅” | 曾平飞，鲍成章，康春花 | 浙江师范大学 |
| 8 | 自制电池 创新课堂 | 潘苏东，李晶晶 | 华东师范大学 |
| 9 | 高中生对高温环境下覆盖在植物上面黑网功效的探索之旅 | 潘苏东，李晶晶 | 华东师范大学 |
| 10 | 基于实验的探究教学该怎么做？ | 王文清 | 内蒙古科技大学 |
| 11 | 螺旋式编排内容处理的惑与解——牛顿第一定律教学探讨 | 李新乡，杨夏，王赛，李梦宇 | 曲阜师范大学 |
| 12 | Z 教师《通电导线在磁场中受到的力》情境创设的困境与突破 | 高守宝 | 山东师范大学 |

续表

| 序号 | 案例名称 | 作者 | 作者单位 |
|---|---|---|---|
| 13 | 物理课堂教学中相异构想的转变 | 冯杰，胡敏 | 上海师范大学 |
| 14 | 巧解“探究感应电流产生的条件”的教学重难点 | 冯杰，杨丽青 | 上海师范大学 |
| 15 | 激兴趣・设悬疑・引冲突——课堂导入之探 | 陈晓莉 | 西南大学 |
| 16 | M 中学对电容器实验教学改进之旅 | 彭朝阳 | 云南师范大学 |
| 17 | 体验超重和失重 | 许静，高杰 | 天津师范大学 |
| 18 | 一位优秀高中物理教师学科教学知识（PCK）的发展历程 | 侯新杰，陈留定，王莹 | 河南师范大学 |
| 19 | L 老师讨论式教学实践之路 | 潘苏东 | 华东师范大学 |
| 20 | 从碎片化探究到完整探究——D 老师对凸透镜成像规律课的改进 | 张轶炳 | 宁夏大学 |
| 21 | 从“看山只是山”到“看山还是山” ——J 老师等对“带电粒子在电场中的运动”的课例研究 | 李新乡，姜连国，李建彬，王赛，卢翔远 | 曲阜师范大学 |
| 22 | “磁感应强度”概念教学逻辑：Y 老师的一节公开课 | 胡象岭，赵晨，李建彬，杨爽 | 曲阜师范大学 |
| 23 | 专题复习巧用“物理竞答游戏” | 方伟，何佳娜，冯杰 | 上海师范大学 |
| 24 | 费米问题“助力”物理问题教学 | 方伟，童瑜意，冯杰 | 上海师范大学 |
| 25 | 由“讲授”向“数字化实验体验”转变——K 老师的一堂“超重与失重”课 | 陈洪云，马慧 | 天津师范大学 |
| 26 | 如何寻找守恒量？ ——基于学习进阶的“能量”教学 | 黄晓，武志峰 | 浙江师范大学 |
| 27 | 教学目标如何成为教学设计的起点 | 李晶晶 | 海南师范大学 |
| 28 | 以史为线的中学物理课堂 | 冯杰，岳靓 | 上海师范大学 |
| 29 | 逻辑与实验相互融合的理想实验教学 | 冯杰，刘增泽 | 上海师范大学 |
| 30 | 声临其境才能心领神会——S 老师的《声的世界》具象思维图复习课 | 林钦，姚婷婷 | 福建师范大学 |
| 31 | 巧制教具，突破摩擦力之“难” | 黄树清，王素云，薛勇琴 | 福建师范大学 |
| 32 | 在情境的“建”和“去”中构建物理概念——L 老师一堂“大气压强”公开课 | 张丽平，李佩青，宋鸿娜 | 河北师范大学 |
| 33 | P 老师的 N 市“优课”之旅：探索培养学生关键能力的路径 | 王全 | 南通大学 |
| 34 | 教师角色从操控者到引导者的蜕变 ——W 老师等对“阿基米德原理”教学的探讨 | 李新乡，王恩华，郑瑜，王欣，杨瑛 | 曲阜师范大学 |
| 35 | X 老师“欧姆定律在串联电路中的应用”习题教学始末 | 李建彬，陶媛，向优生 | 曲阜师范大学 |
| 36 | 挖掘物理学史的认知功能 ——以阿基米德的故事与“浮力”教学为例 | 高嵩 | 山东师范大学 |
| 37 | 聚焦实验创新，探寻物理规律：《楞次定律》教学中实验创设的突破 | 高守宝，唐艳艳 | 山东师范大学 |
| 38 | 问题引领思维 做中体悟方法 ——L 老师的一堂《温度与温度计》课 | 孙枝莲 | 山西师范大学 |

续表

| 序号 | 案例名称 | 作者 | 作者单位 |
| --- | --- | --- | --- |
| 39 | 在物理课堂教学中渗透物理“能量观念” | 冯杰，赵明丽，许华清 | 上海师范大学 |
| 40 | 循着楞次的足迹 还原规律的发现过程 ——基于科学探究的“楞次定律”教学设计 | 桑芝芳，吴梦雷 | 苏州大学 |
| 41 | 立足科学探究 培养核心素养 | 桑芝芳，严灿云，蒋馨雅 | 苏州大学 |
| 42 | 基于物理学史的实验创新：Z 老师“静摩擦力”的教学设计探索 | 陈晓莉 | 西南大学 |
| 43 | 科学本质怎么教？ ——体现科学本质的“磁场”教学 | 黄晓，朱倩云，骆康康 | 浙江师范大学 |
| 44 | 聚焦科学思维培养的高中物理情境教学设计探索 | 杜明荣，秦煜茜，张格 | 河南大学 |
| 45 | 基于项目式学习的物理跨学科实践活动设计——以《传统弓的制作》活动为例 | 杜明荣，周沐可，王国庆 | 河南大学 |
| 46 | 育德于理：课程思政理念下的初中物理教学设计——以《物体的沉浮条件及应用》为例 | 杜明荣，尹孟歌，王国庆 | 河南大学 |
| 47 | 深度学习视角下高中物理教学设计与实施的探索旅程 | 侯新杰，陈留定，张玉莹 | 河南师范大学 |
| 48 | 深度学习下的“牛顿第一定律”教学探索 | 王震 | 辽宁师范大学 |
| 49 | 显化方法 以史育人：“法拉第电磁感应定律”教学探索 | 陶亚萍，韩礼刚 | 洛阳师范学院 |
| 50 | 基于物理观念展开“探究加速度与力、质量的关系”的教学 | 高嵩 | 山东师范大学 |
| 51 | 用“类比迁移”突破中学物理教学难点 | 方伟，徐丽佳，黄贞怡，徐成华，马秀芬 | 上海师范大学 |
| 52 | 借助“多拍”与“控球”积“势”的优质提问教学法 | 方伟，季美红，冷伟，张艳，吴天健 | 上海师范大学 |
| 53 | 基于逆向教学设计理论的课堂教学重构——以“库仑定律”教学为例 | 桑芝芳，管小庆 | 苏州大学 |
| 54 | 探寻学生学习的自我生长点 ——“安全用电”公开课的教学探讨 | 许静，张汉泉，王秀梅，赵玮 | 天津师范大学 |
| 55 | 巧用影视资源，构建教学主线：L 老师“杠杆”教学主线设计历程 | 陈晓莉，李杨 | 西南大学 |
| 56 | 物理学科核心素养如何培养——J 老师的自由落体运动教学设计与实施 | 冯利 | 伊犁师范大学 |
| 57 | 一位教师对电动势概念教学的探索之旅 | 张军朋，刘晓利 | 华南师范大学 |
| 58 | 在问题解决教学中促进物理学科核心素养的达成 | 田春凤 | 内蒙古科技大学 |
| 59 | 高中物理习题教学中“智慧课堂教学模式” 的探索之路 | 于海波，张晓顺，张鹏宇 | 东北师范大学 |
| 60 | 一节高中物理单元复习课的重构 ——以“静电场”为例 | 李晶晶 | 海南师范大学 |
| 61 | 一则实验引发的智慧融合 —— L 老师的实验教学探索之旅 | 李文娜 | 河北师范大学 |

续表

| 序号 | 案例名称 | 作者 | 作者单位 |
|---|---|---|---|
| 62 | 自制教具促进物理核心素养目标的达成——S老师化解《库仑定律》教学尴尬之旅 | 郭常勇，韩延伦，宋先艳，李振梅 | 鲁东大学 |
| 63 | 基于物理观念的《匀变速直线运动》大单元教学实践 | 于永江，马晓光，吴强 | 鲁东大学 |
| 64 | 中学物理探究教学如何设计与实施 ——以“气体的压强”为例 | 吴伟，窦琪，彭叶蒙，曹熠，杨清华 | 南京师范大学 |
| 65 | 应用思维导图设计“楞次定律”习题课的探索 | 杨薇 | 沈阳师范大学 |
| 66 | 为素养而教：学科大概念统领下“场”的教学设计及实施 | 桑芝芳，王曦，陆玫琳 | 苏州大学 |
| 67 | 核心素养视域下基于HPS的自由落体运动教学设计与实施 | 桑芝芳，杜姜平，徐小泉 | 苏州大学 |
| 68 | 如何培养学生的科学探究能力 ——“平面镜成像”的教学设计与实施 | 许静，武梦玮，张华，刘代凌 | 天津师范大学 |
| 69 | 巧用PBL教学模式，设计跨学科实践教学活动：Y老师“智能流水灯”教学实践探索 | 陈晓莉，杨峻一 | 西南大学 |
| 70 | “讲”还是“做”？一堂“磁感应强度”课引起的教学困惑 | 彭朝阳 | 云南师范大学 |

教学案例与案例教学的关系可以类比宝剑与剑法，既要宝剑锋利，也要剑法纯青，既要有好的典型案例，同时如何利用案例来教学，也是需要进行精心教学设计的。

## 5.3　教学案例撰写实践与技巧

决定教学案例质量高低的主要部分在于案例的选题（标题）、背景信息、案例正文和教学指导手册。值得注意的是，不能将教学案例狭义地理解为关于如何教学的案例，而是用于教学的案例都可以称为教学案例。比如案例“核心素养视域下基于HPS的自由落体运动教学设计与实施”是关于如何教学的，是教学案例，但“一位优秀高中物理教师学科教学知识（PCK）的发展历程”“在职教育硕士生L的学位论文诞生记”并不是与教学直接相关的，但它们仍然是教学案例，可以用于相关专业硕士学位研究生的教学。

### 一、教学案例如何选题

一个好的案例要有好的选题。好的选题不仅能够吸引读者兴趣，而且其本身就能开宗明义，直击问题本身。

如何能有好的选题呢？首先，编写者要把握领域内当下的教育发展大势和热点，准确把握学科教学和学科育人中存在的重要问题，精准把握教育硕士培养过程中的重要问题。只有把握了这些大势、热点和问题，编写者才能具有发现和培育优秀案例的能力。其次，编写者要多与中学一线教师、教研员建立联系，多关注本学科点毕业生在中学的任教情况和他们的职业发展，发现、收集和挖掘现成的案例素材，如本章中的有关多维科学课程的案例，就是来自一位已毕业的优秀物理学师范生。最后，编写者可以基于个人的学术敏锐力，先行凝练案例主题，通过实践来先行先试，前瞻性地进行教学案例的培育工作。

上节列出了自中国专业学位教学案例中心建立以来收录的全部 70 个学科教学（物理）的案例，分析这 70 个选题，我们可以发现其中的一些共性。①案例选题要紧跟教研热点，如深度学习、课程思政、学习进阶、STEM/STEAM 教育、STSE（科学、技术、社会、环境）、SSI（社会性科学议题）、HPS（科学史、科学哲学和科学社会学）、项目式学习等，比如表中的 IYPT 融入高中物理教学、创境－启学－致用－拓展教学模式、深度学习视角下的教学设计与实施等。中学物理课程思政，中华优秀传统文化和革命传统进物理课程、教材、课堂，这些都是教育部专门发文提倡的，但具体如何进物理课程、教材、课堂？并没有类似的优秀案例，因此，笔者认为是可以培育教学案例的。②选题可以结合物理学史、科学史、科学本质、科学态度、科学精神和社会责任，将这些融入教学中，比如表 1 中的利用科学史让物理核心素养落地、科学显性化教学、挖掘物理学史的认知功能等。③创新教学方法、教学模式等，比如表 1 中的自制教具突破教学重难点、物理竞答游戏、费米问题、类比迁移突破教学难点等。④创新实验和探究能力的选题，比如表 1 中的基于实验的探究教学如何做、聚焦实验创新探寻物理规律、平面镜成像培养学生科学探究能力等选题。⑤ 物理跨学科整合，如将物理与数学、化学、生物等学科的融合，或者物理与通用技术、信息技术的整合，像表 1 中的基于项目式的传统弓制作物理跨学科、智能流水灯的 PBL 物理跨学科等。⑥现代教育教学技术在物理学中的应用，比如表 1 中的由讲授向数字化实验体验的转变、智慧课堂教学模式探索、巧用影视资源构建教学主线等。最近生成式人工智能（AIGC）非常火热，人工智能全方位辅助物理教学是一个有待开发的新领域，应该可以前瞻性地培育相关教学案例。⑦教学设计的策略，比如教学目标如何成为教学设计的起点、逆向教学设计、学科大概念统领下的教学设计等。

## 二、如何撰写背景信息

一个从大处着眼、高屋建瓴、事无巨细的背景信息能为整个案例增色不少。背景信息一般交代案例所处的政策大背景和实际存在的问题，讲清案例中涉及的重要知识、概念与理论背景，并交代清楚案例中的人物和对象的相关信息，一般限定在 1000~1500 字以内为宜。比如在 “我是谁——大队辅导员 Q 老师的角色冲突” 这篇案例的背景信息中，就介绍了共青团中央、教育部和全国少工委于 2007 年联合颁布的《少先队辅导员管理办法（试行）》这份文件，引述了其中关于少先队辅导员定位的文字，并且进一步给出了 2010 年由共青团中央、教育部人力资源和社会保障部、全国少工委颁布的《关于进一步加强少先队辅导员队伍建设的若干意见》

的文件。这些政策大背景的介绍，有利于凸显辅导员工作的重要意义，为案例的主题提供了理论依据。又如在“在情境的建和去中构建物理概念”这篇案例的背景信息中，作者就详细介绍了物理概念和情境认知理论（Situated Cognition），让读者在阅读正文前做了充足的准备。再如在“善用外部资源，创建学校办学特色——G小学‘绿色生态教育’的探索之路”案例的背景信息中，作者花了大量篇幅介绍了G小学的背景信息。同样在“我是谁——大队辅导员Q老师的角色冲突”这篇案例的背景信息中，作者花费了较大篇幅介绍大队辅导员Q老师的详细信息，包括其性别、本科专业、工作年限及所在学校的具体信息等。

案例不是学术论文，其背景信息不能写成和学术论文的引言一样，背景信息要有自己的写作逻辑。学术论文可以在正文中详细介绍理论背景或对论文中涉及的重要概念进行界定，但案例在进入正文之后，需要读者具有很深的代入感，要全身心地进入案例所营造的情境和故事情节的冲突之中，要求案例内容具有连贯性。如果在案例正文中还要花费篇幅来介绍相关背景信息和重要概念的话，就会打断案例的连贯性，容易“出戏”。因此必须在案例正文开始之前，将这些信息交代清楚，这类似于一些故事题材和背景都比较复杂的电影，往往在电影开头会有一段旁白来交代时代背景和人物关系，它们都起到相同的作用。

## 三、如何撰写案例正文

案例正文要基于客观事实的真实描述，要包括4W要素（时间when，地点where，主要人物who，关键事件what）。正文要表述流畅，结构完整，条理清晰，决策点突出，数据真实可靠。案例正文篇幅一般要有万余字，具体要求可参见相关文件。案例正文是一个案例的主体部分，直接决定着案例的质量和水平。写好案例正文，需要明确以下几点认知。

① 案例正文是论文也不是论文。首先，说案例正文是学术教研论文，是因为案例和学术教研论文一样，都具有学术性、研究性、目的性的特点。案例具有一定的学术性，需要对相关理论进行阐述和研究，对研究的问题进行分析和论证。案例具有一定的研究性，需要对研究对象进行深入研究和分析，最终得到研究结论，或提出解决方案。二者都有明确的目的性。案例旨在呈现真实的案例情境，将理论与实践紧密结合，引导学生发现、分析并最终解决问题，而教研论文旨在探讨和解决教学中的问题。另外案例和学术论文一样，要遵循各自对应的基本格式要求和类似的学术规范约束。其次，说案例正文不是学术教研论文，是它们的写作目的不同，行文风格不同，读者群体不同。撰写案例是为了分享经验教训、提供某种示范或教学素材，而学术教研论文则是学术研究和理论探讨，在于提出新的教学理论、新的教学方法，解决教育教学全领域的各种理论或实际问题，因此学术教研论文的学术性更强。它们的行文风格也不一样。教学案例通常以第三角度的记叙为主，兼有议

论和说明，行文较为生动、具体和活泼，但学术教研论文则以议论为主，要围绕论点，寻找论据，论证过程要有逻辑，最终明确给出结论，因此对行文的要求更为严谨、简洁和沉稳。教学案例的读者和使用者集中在中学相关学科的教师、高校培养相应专业的教师教育教师，以及制定教育政策的决策者和管理者。比如学科教学（物理）领域的案例，其阅读和使用者是中学物理教师、物理教研员以及从事本、硕物理师范生培养的教师教育教师。而物理教研论文的阅读者集中在中学物理教师、物理教研员和高年级物理本、硕师范生以及高校教师学术群体，两者的阅读和使用群体有一定重合，但后者阅读群体更广。另外，教学案例是一个载体和工具，用于教学，而学术论文不具有这样的功用和功利性，学术论文主要是为了学术交流。

② 案例作者应该是个编剧。案例的正文要讲好故事，其中要有人物，有情节，有冲突，需要编写者具有优秀编剧所具有的故事重构能力，要能将教育教学中的真实事件和情境转化为引人入胜的故事的能力。故事的主题要突出，结构要紧凑，对话要有启发性。人物要鲜活立体，要有人物的内心活动转变和行为探索尝试，如“从看山只是山到看山还是山——J 老师等对带电粒子在电场中的运动的课例研究”这个案例，就有人物的心理刻画和行动上的探索。案例应该是一个具有连贯性、完整性、典型性的真实故事，作者可以经过一定的技术处理，但不可以捏造太多虚构情节，不可以自我演绎太多。案例的冲突性在于要引出问题，突出问题，引发读者思考和情感共鸣，最终目的在于呈现问题并解决问题。

## 四、教学指导手册

前三届的教育专业学位教学案例并没有要求编写“教学指导手册”，但有“案例思考题”和“案例使用说明”等，从 2022 年的第四届开始，将“案例思考题”和“案例使用说明”调整为“教学指导手册”，内容包括教学目标、启发思考题、分析思路、案例分析、课堂设计、要点汇总、推荐阅读等内容。这一调整反映全国教育专业学位研究生教学指导委员会除了组织案例的征集外，将更加重视对案例用于实际教学的引导，因为教学指导手册主要是为案例的使用和教学提供参考。案例正文和教学指导手册的关系类似于学生用书和教师教学用书的关系，因此它们之间要具有互补性和一致性，并且教学指导手册还要具有指导性，因此教学指导手册篇幅不可过长，也不能过短。过长有喧宾夺主之嫌，过短则指导性不够，流于形式，一般在 3000~5000 字左右，或者以案例正文字数的三分之一到二分之一为宜。

## 5.4 专题复习巧用“物理竞答游戏”

[摘要]物理专题复习是物理教学中突破重难点进而提升教学质量的有效途径，但复习过程不像探究新知那样充满挑战和乐趣，难以引起学生高度的热情。本案例引入美国电视游戏节目“Jeopardy”的形式，将“物理竞答游戏”（Physics Jeopardy）与专题复习相结合，提出了“从文字到创设物理情境”“从等式到创设物理情境”“从图表到创设物理情境”三种教学策略，并以“圆周运动”为例，具体阐述了如何运用三种教学策略来引导学生逆向思维构建物理模型。物理游戏还能营造积极主动的学习环境和互动式的教学方式，提高学生物理学习兴趣。

[关键词]物理竞答游戏　专题复习　逆向思维　圆周运动

### 背景信息

2001年6月教育部颁布的《基础教育课程改革纲要（试行）》中明确提出，在教学目标上要求改变课程实施过于强调接受学习、死记硬背、机械训练的现状，倡导学生主动参与、乐于探究、勤于动手，培养学生搜集和处理信息的能力、获取新知识的能力、分析和解决问题的能力以及交流与合作的能力。这就要求教师在课堂教学中更加注重学生综合能力的培养，让学生更加积极主动地参与到课堂教学中。2016年教育部提出中国学生发展核心素养以培养“全面发展的人”为核心，要求学生在学习、理解、运用科学知识和技能等方面所形成的价值标准、思维方式和行为表现，应具体包括理性思维、批判质疑、勇于探究等基本要点。因此，在课程新理念与核心素养的背景下，对于物理学科而言，培养学生构建模型的能力以及逆向思维能力、使学生积极参与到课堂教学中尤为重要。

在传统的习题教学课堂中存在重解题、轻概念、枯燥乏味、灌输式教学的缺点。许多教师虽然认识到了复习课的重要性，但在教学过程中使用的教学策略不当。他们将内容进行罗列和堆砌，学生找不到复习的重点和难点，无法形成良好的知识结构，忽视技能的形成、过程的体验和情感的培养，无法调动学生的积极性，使得复习只能依靠机械记忆，选用的习题代表性不强，学生分析问题和解决问题的能力得不到有效的锻炼和提高，复习陷入“题海”之中。

“圆周运动”的专题复习有利于巩固学生对曲线运动的认识，强化学生对牛顿运动定律的应用，加强学生对圆周运动在实际生活中的应用。同时“圆周运动”是运动学板块的难点，学生有诸多“迷思概念”难以扭转，本专题对学生的建模能力、分析能力要求较高，同时也充分体现了“物理教学要密切联系实际，培养学生应用意识”的教学要求。

在实际教学中学生会习惯性地写出圆周运动的相关公式，然后把相关数字代入得出相应答案，至于其中的关键问题比如：谁来提供向心力，临界点处物体的受力情况如何，应该采用哪个物理模型，甚至单位的书写都没有做相应的分析。

如何将学生套用公式解决问题转换为学生主动构建模型解决问题是教学的关键。如何设计和组织教学才能培养学生的建模能力，关键就在于学生能理解圆周运动的相关概念和公式，积极参与到课堂中来，引发学生的认知冲突，引导学生利用模型来解决问题，本案例中王老师在设计和实施过程中，正是在这些问题上有所突破，为如何进行专题复习提供了新思路。

竞答游戏来源于对“Jeopardy”的翻译，最初来源于一款益智问答游戏节目，该节目的比赛以一种独特的问答形式进行问题设置，其涵盖面非常广泛，涉及历史、文学、艺术、流行文化、科技、体育、地理、文字游戏等各个领域。根据以答案形式提供各种线索，参赛者必须以问题的形式做出简短正确回答，当时这个节目在美国受到了热捧，Alan Van Heuvelen 和 David P.Maloney 在其 *Playing Physics Jeopardy* 一文中采用了 Jeopardy 游戏中的“从答案到问题”的独特的逆向思维模式，并将其命名为“Physics Jeopardy”，并将其运用于物理课堂，在该文中一共介绍了“从等式答案到创设问题”及“从图画、图表的答案到创设问题”两种类型的教学策略并提供了具体实例。表明这种独特的逆向思维模式有助于帮助学生理解概念、注重公式的意义和单位的书写，有利于培养学生的逆向思维，有助于物理模型的构建。后来这种竞答游戏的形式被广泛应用于美国课堂教学中，比如图书馆教学、成人护理教学、电脑编程课程、化学课程、饲料学课程等，在实践过程中表明在课堂中引用 Jeopardy 具有激励学生更为积极地参与到课堂中，使他们承担学习的责任，在课堂上可以发挥学生之间的团队合作能力，加强学生对先前所学概念的理解以及给老师和学生提供了一个大家都喜欢的不一样的学习氛围等优点。

在物理专题复习、习题教学中采用“物理竞答游戏”的形式，巧妙地将习题中学生的易错点、知识的重难点、典型题目与游戏结合，可以克服传统习题教学课堂重解题、轻概念、枯燥乏味、灌输式教学的缺点，有利于物理概念和规律的教学。“物理竞答游戏”中的从答案到问题的逆向思维模式能改变传统的问题解决模式，能更好地提高学生解决问题和构建物理模型的能力。此外物理竞答游戏中小组合作、限时竞答的模式是一种互动式教学模式，有利于营造主动学习的课堂环境，提高学生的团队合作能力，增加习题课的趣味性。

# 案例正文

## 一、“圆周运动”专题复习之困

SX 市 KQ 中学是该市的重点高中，物理组的王老师是一位认真负责，善于与学生沟通，喜欢尝试新的教学方法的老师，王老师在“圆周运动”的教学过程中发现圆周运动作为一种特殊而又复杂的曲线运动，不像直线运动那么简单，也不像抛体运动那样可以运用“划曲为直”方法来解决，这种复杂运动给学生的认识带来一定的困难。本专题对学生的建模能力、分析能力要求较高，同时也充分体现了“物理教学要密切联系实际，培养学生应用意识”的教学要求，还为后一章“万有引力与航天”的学习奠定了基础，王老师认为本专题的复习在高中物理学习中都尤为重要。

王老师从作业的反馈中了解到，学生会习惯性地写出圆周运动的相关公式，然后把相关数字代入得出相应答案，至于其中的关键问题比如：谁来提供向心力，临界点处物体的受力情况如何，应该采用哪个物理模型，甚至单位的书写都没有做相应的分析。

自她任教以来，她也发现学生在习题课上的学习积极性不高且在单元测试、期末考等综合性较大的考试中，学生做大题时只会套用公式，而不知其真正含义，容易忽略物理量单位等。随着学习的深入，学生会误认为学习物理要记的公式越来越多，从而对学习物理失去兴趣。

如何解决这些问题，王老师认为让学生积极参与到物理习题教学的课堂尤为关键，在学生融入课堂的过程中，渗透物理模型的思想，培养学生的建模能力和逆向推理能力。有了学习的热情，以及掌握物理模型解决问题的方法和扎实的基础，这些困难就会迎刃而解。

## 二、如何解决“圆周运动”专题复习之困

王老师为了解决上述问题，查阅了大量文献并且和备课组的老师进行了探讨，发现进行专题复习时，为了提高学生学习的兴趣，主要用到的方法有互动式教学（营造多边互动的教学环境，在教学双方平等交流探讨的过程中，达到不同观点碰撞交融，进而激发教学双方的主动性和探索性，达成提高教学效果的一种教学方式）、同伴教学法（使用专门设计的用于揭示学生错误概念和引导学生深入探究的概念测试题，借助计算机投票系统或手机短信或选项卡片等形式，组织学生参与课堂教学，把传统单一的讲授式变为基于问题的自主学习和合作探究式的教学方法）、翻转课堂（课前学生利用教师制作的微视频、导学案自主学习，课上学生合作探究与教师针对性指导相结合的一种教学模式）等教学方法。

王老师认为这些方法虽然能充分调动学员的积极性，但也存在着组织难度大，学生所提问题的深度和广度具有不可控制性，往往会影响教学进程的问题。

而对于进行“圆周运动”专题复习时，主要用到的方法有建立物理模型法和联系实际生活的方法。这些方法简单明了，具有时效性，但是很难照顾到所有学生。

一次偶然的机会，王老师看到国外有个电视节目“Jeopardy”，该节目的比赛

以一种独特的问答形式进行问题设置，其涵盖面非常广泛，涉及历史、文学、艺术、流行文化、科技、体育、地理、文字游戏等各个领域。根据以答案形式提供各种线索，参赛者必须以问题的形式做出简短正确回答，当时这个节目在美国受到了热捧。王老师觉得这种竞答的方式，以及其特有的问题方式非常有趣，王老师琢磨能不能把该种形式应用到物理教学中去。

王老师查了大量的文献，发现在国外的物理教学中也有文章采用了“Jeopardy”游戏中的“从答案到问题”的独特的逆向思维模式，将其命名为“Physics Jeopardy”，并将其运用于物理课堂，比较遗憾的是该文并没有采用“Jeopardy”的比赛形式，在该文中一共介绍了“从等式答案到创设问题”及“从图画、图表的答案到创设问题”两种类型的教学策略。这种形式在国外的复习课的课堂中非常受欢迎，已被应用到图书馆教学、成人护理教学、电脑编程课程、化学课程、饲料学课程等，在实践过程中表明在课堂中引用“Jeopardy”具有激励学生更为积极地参与到课堂中，使他们承担学习的责任，在课堂上可以发挥学生之间的团队合作能力，加强学生对先前所学概念的理解以及给老师和学生提供了一个大家都喜欢的不一样的学习氛围等优点。而在国内的研究相对较少，并没有文章表明使用该方法在物理习题教学中。

如何将“Jeopardy”的竞答游戏形式以及将“Physics Jeopardy”中的教学策略有效结合，王老师认为在课堂中游戏，在游戏过程中学习，关键是要把握好课堂的节奏，对游戏的规则，以及游戏题目的选择尤为重要。并且在实践过程中也要符合中国学生学习的特点。王老师设计了以下教学方案。

### （一）设计引入方案

王老师认为，在课前可以告知学生今天将分组以“物理竞答游戏”的形式来进行圆周运动专题复习，并让学生以学号为顺序，5 人一组组好队，上课时同组就近落座。并告知学生，他们竞答给出的答案必须是以问题的形式呈现，类似出题人的身份，因而每题的正确答案并不是唯一的。这样一开始学生就带着强烈的好奇心和求知欲进入新课的学习，以此引入新课，王老师希望能够激发学生学习的兴趣。

### （二）设计新课方案

#### 1. 设计“物理竞答游戏”规则

王老师认为为了使物理游戏达到预期的效果，学生应了解游戏的规则和游戏的流程。游戏规则不仅要激发学生的参与热情，还要有利于驾驭游戏和控制课堂，简单、公平、公正显得尤为重要。因此，王老师设计了如下游戏规则：

关于答题流程：为了公平起见，游戏过程采用分组轮流回答；第一轮由抽签决定答题顺序，比如：第一轮是从第一组轮到第四组，那么第二轮就从第四组轮到第一组，第三轮的话可以从比分相对落后的那一组开始。

关于分数统计：答对加相应的分数，答错扣相应的分数，若一组回答错误，允许下一组进行回答，得相应分数；若一组回答不完整，允许下一组进行补充回答，每组各得一半分数；三轮累加分数多者胜出并获相应奖励。

关于回答方式：所有回答均需以问题形式呈现。

**2. 编制“物理竞答游戏”题目**

王老师认为2节课的时间只需10~15个题目，题目应当有一定的覆盖性、层次性、趣味性和挑战性。王老师认为题目的编制应该基于学生知识的掌握现状，应来源于学生的易错点和相应知识的重难点，应是有利于学生运用逆向思维建模的典型题目。基于三种从答案到问题的教学策略，王老师把游戏类别分为“文字类”“等式类”“图表类”等三个类别，每个类别下都设置了4个题目和一个示例题目。

**3. 设计“物理竞答游戏”教学策略**

王老师为了提高学生学习的积极性、主动性，培养学生的团队合作能力，渗透逆向思维和建模思想，加强学生对圆周运动相关知识点的理解营造良好的课堂氛围，她设计了“从文字到创设物理情境的教学策略”“从等式到创设物理情境的教学策略”“从图表到创设物理情境的教学策略”。

### （三）设计课堂小结方案

王老师在该环节根据学生在游戏过程中暴露出来的问题，强调了相应的知识点，总结了运用逆向思维构建问题模型的方法以及在平常解题中应该注意的问题。

### （四）设计作业方案

为了激发学生学习的积极性和兴趣，培养学生的创新思维，王老师布置了一个作业。让学生根据圆周运动相关知识，设计一个“物理竞答游戏”的题目和答案。

## 三、巧用“物理竞答游戏”解决“圆周运动”专题复习之困

### （一）从文字答案到创设问题环节

“从文字答案到创设问题”的策略采用的是教师提供描述性的文字提示，学生根据文字提示，逆向思维，创设包含文字所描述的问题情境，教师根据学生的回答，给予分值和及时反馈。这种教学策略主要针对的是学生在平常的课堂上以及作业中暴露出的对于概念、定义等方面知识点的复习。

**片段一**

王老师把PPT展示到第二页，如下图1所示

师：展现在PPT上的数字分别代表每个题的分值，分值不同，难度不同，每一列有4个题目，此轮每题限时四分钟，同学们要把握好时间。

王老师点开“文字”下面的示例，在屏幕上展现如图2所示的文字。

学生B：老师，是线速度吗?

其他同学均对B同学投以肯定的目光。这个回答在王老师的意料之中，一开始同学们还没建立起逆向思维，还没意识到答题的模式。于是，王老师毫不犹豫地抓住这个关键时刻给予了提醒。

师：我们刚才规则中说，我们今天是什么人？

**图 1 “物理竞答游戏”主页面**

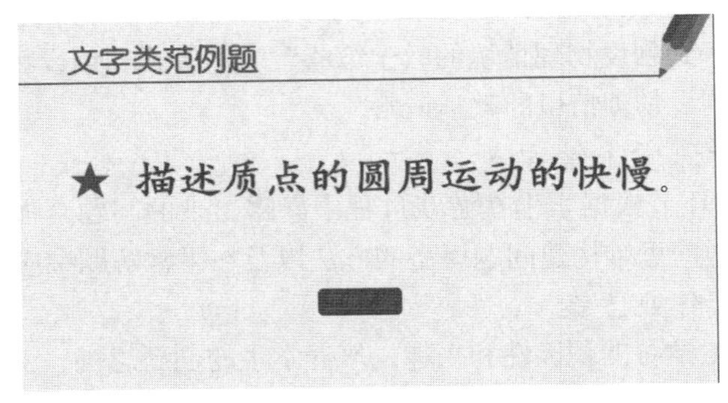


**图 2 文字类范例题**

全班学生：出题人。

学生 B：什么是线速度？

师：你们给出的答案是以问题形式给出，而 PPT 上的提示则是你给出的这个问题的答案，由于这种特殊形式，有可能答案不唯一哦。

王老师宣布游戏开始，根据答题顺序，王老师首先让第一组的同学们选题，同时也提醒其他组的同学认真听，抓住机会进行补答。第一组的同学经过商量后选了 15 分的题。王老师点开 15 分的题，如图 3 呈现。第一组同学看到题目后迅速展开了讨论，其他组也在底下窃窃私语。

第一组的学生 C：方向是始终与速度方向垂直，且指向圆心，应该说的是向心力。

第一组的学生 D：那合外力大小不变，跟向心力有什么关系呢？

第一组的学生 E：我们把这句话分开看，一个条件是合外力大小不变，另一个是方向始终与速度方向垂直，这不就是质点做匀速圆周运动的条件吗？

第一组的 F 同学注意用问题形式回答。

学生 F：质点做匀速圆周运动的条件是什么？

王老师听到这个回答感到很欣慰。对第一组的同学做了肯定的回答。第一组的同学击掌庆祝，其他组羡慕不已，也跃跃欲试。王老师在黑板上给第一组加上了相应的分数并写下板书。

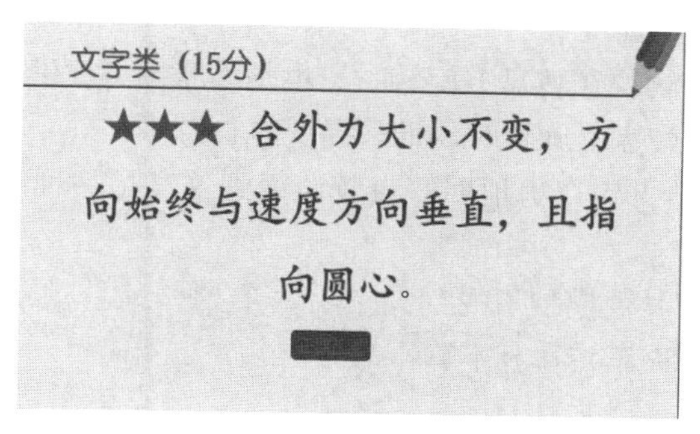


**图 3　文字类 15 分题**

轮到第二组答题，第二组的同学评估了第一组的答题情况，他们选择了 10 分题，王老师点开 10 分的题，如图 4 所示。

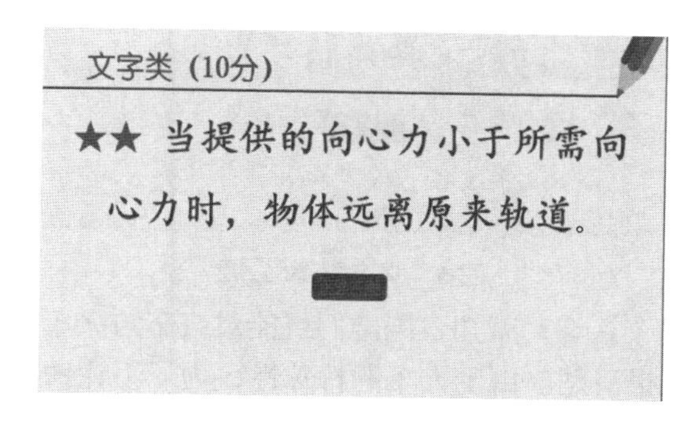


**图 4　文字类 10 分题**

第二组平时沉默寡言同学 G：什么是离心现象？

王老师听到答案后，首先是表扬了 G 同学勇于突破自己的表现，其次也对他的答案给予了肯定。第二组的同学露出了欣慰的笑容。王老师在黑板上给第二组加上了相应的分数并在黑板上写下板书。

王老师看到大家答题的氛围越来越好，也渐渐熟悉了答题模式，同学们也渐渐觉得这个模式很有趣。轮到第三组答题时，王老师鼓励他们可以尝试下 20 分的题，于是第三组的同学选了 20 分的题，题目呈现如图 5 所示。

学生 O：本来这题很容易啊，就是谁提供向心力的问题，可是要创设具体情境，这得好好想想。什么情况下摩擦力提供向心力呢？

就在这时王老师也鼓励其他组要抓住机会，因为这题可能会有多种情况。同学们开始回忆起他们以前做的习题。

第三组学生 M：汽车拐弯的时候就是静摩擦力提供向心力的。汽车拐弯的时候，谁来提供向心力？

王老师对 M 同学的回答很满意。

师：M 同学已经能把简单的文字转换成生活中物理的模型了，那请其他同学想想还有没有其他的可能呢？

第四组学生 R：物块在转盘上旋转时，也是静摩擦力提供向心力，转换成问题模式，就是：物块在转盘上旋转时，谁来提供向心力？

王老师对 R 同学自告奋勇地回答点赞，说到这又是一种由静摩擦力提供向心力的模型。

师：那还有没有其他模型了呢？

C 同学：老师，火车转弯算不算？

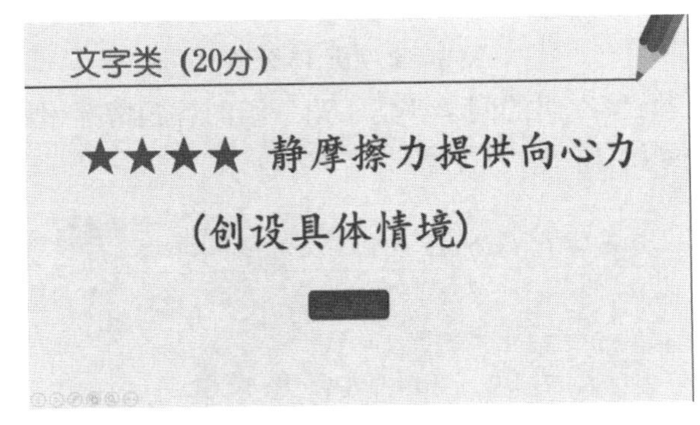


**图 5　文字类 20 分题**

王老师一听到这个答案，就知道同学们可能对汽车与火车拐弯时由谁来提供向心力这一问题还不是很清楚。由于火车的特殊性，为了不让铁轨变形，建设铁轨时均要求弯道处的外轨比内轨高，讲解同时王老师在黑板上画了火车转弯的示意图，让同学们分析火车受到哪些力。同学们基本上能回答到："重力、支持力"，王老师顺势说下去。

师：所以火车转弯是火车自身的重力和铁轨给火车的支持力的合力来提供向心力，所以火车转弯不是静摩擦力提供向心力。尽管如此，但同学们应该明白，正是基于对向心力的深入理解，为了不让铁轨弯道处在日积月累下变形才有如此设计，这是知识的力量，物理的力量，物理无处不在，对吗？

王老师讲完后，示意三位同学都坐下，并给第三组加了 20 分，给第四组加了 10 分，并写下板书。

轮到第四组答题，留给他们的是五分题目，如图 6 所示。

第四组学生 S：什么是角速度？

王老师给第四组加上相应的分数。

第一轮游戏在同学们的积极参与下结束了，同学们也体会到了"出题人"的乐趣。王老师对于同学们的表现感到非常满意。虽然接下来的题目在难度上会有所加深，但是她对同学们还是充满了信心。

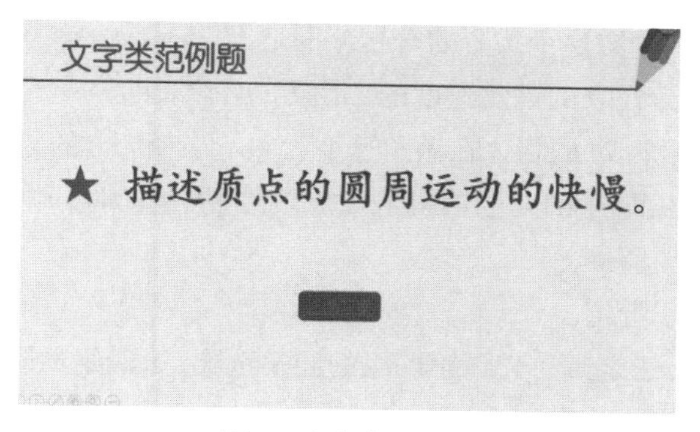


图 6　文字类 5 分题

王老师认为通过从文字到创设问题答案的过程中，通过简单的文字描述问题的答案，以游戏的形式呈现，可以加深学生在平时学习中关于“匀速圆周运动产生的条件”“离心现象的概念”“描述圆周运动参量的定义”等知识点的理解，尤其在关于“由什么力来提供向心力的问题上”，王老师表示通过“静摩擦力提供向心力”这样一个问题的答案，可以引导学生分析典型的圆周运动模型中由谁来提供向心力，也可以对火车轨道模型再次分析，从而加深学生的理解，与此同时王老师表示从文字答案到创设问题环节的题目相对简单点，能让更多的学生参与到课堂中来，增强学生学习的信心与兴趣，游戏以小组的形式进行，也增强了学生之间的团队合作能力。

### （二）从等式答案到创设问题环节

此策略采用的是教师提供平常习题解答过程中所列的求解等式，学生根据等式中的信息（如物理量、单位等），逆向构建物理模型，创设包含等式的物理问题情境，并用文字表述，教师根据学生的回答，给予分值和及时反馈。此教学策略主要是加强学生对公式、公式中的物理量以及学生思维能力的培养。

**片段二**

王老师观察到同学们的积极性很高，就顺势进入了下一轮的游戏。

王老师简单地介绍了游戏规则。

师：这一轮和上一轮的规则差不多，只是游戏时间由原来的四分钟增加到五分钟，答题顺序则和上一轮颠倒，分值上也有所变化。王老师打开示例，PPT 呈现如图 7 所示。

图 7　等式范例题

师：首先，我们来看这个式子的符号分别是 $F_n$、$m$、$\omega^2$、$r$、$F_n$ 代表的是向心力，$m$ 代表的是质量，$\omega^2$ 代表的是角速度的二次方，$r$ 代表的是半径，也就是等式给我们呈现的是一个质量为 $m$ 的物体在做角速度为 $\omega$、半径为 $r$ 的匀速圆周运动时所受的向心力大小。所以我们可以这样提问，物体做圆周运动时，物体所受的向心力是多少？

王老师耐心地引导道。

接着开始答题，王老师首先请第四组的同学选题，第四组的同学选的是 10 分题，王老师打开 10 分的题，如图 8 所示。

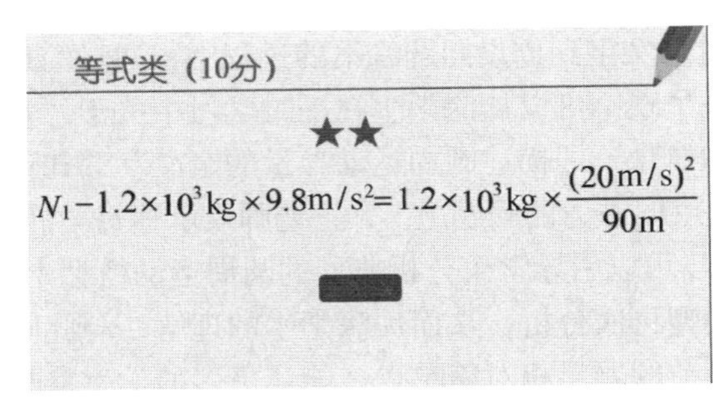


**图 8　等式类 10 分题**

第四组的同学看到题后，首先根据等式所给的单位和符号去推断等式的含义。等式左边难以理解含义，他们从右边入手，发现与圆周运动的向心力形式吻合，于是大胆猜测等式左边两项分别代表的是物体所受的向心力由物体受到的弹力与重力的合力提供，弹力的方向与重力方向相反，竖直向上。S 同学在纸上画了受力分析图（图 9）。

受力分析图有了，那如何给出具体的物理情景呢？通过讨论，第四组同学们构建了一个小车在通过凹面桥最低点时的物理模型。

第四组学生 V：质量为 $1.2\times10^3$kg 的车，以 20 m/s 的速度驶过半径为 90 m 的一段圆弧形凹桥面的最低点时，此时小车对桥面的压力是多大？重力加速度 $g$ 取 9.8 m/s$^2$。

师：第四组的答题思路值得大家学习，他们很巧妙地分析了等式的左右两边的含义，也重视了单位的意义，在这基础上构建出了物理模型，然后再根据生活经验创设出了问题情境，这次他们组出的题很棒。

王老师给第四组加了相应的分数，并写下板书。

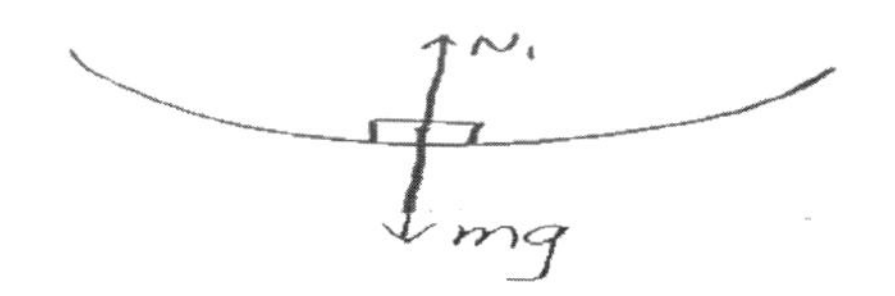


**图 9　第四组所画受力分析图**

接下来是第三组答题，他们选的是 20 分的题，如图 10 所示。

L 同学讲到：根据第一个等式，说明 $A$ 和 $B$ 的角速度相同，这两个应该是同心圆，第二个等式 $B$ 和 $C$ 的线速度相同，说明两者用同一根皮带连起来。L 同学补充到，$B$ 和 $C$ 的半径之比应该为 1 ∶ 2，$A$ 和 $B$ 的半径之比为 2 ∶ 1。

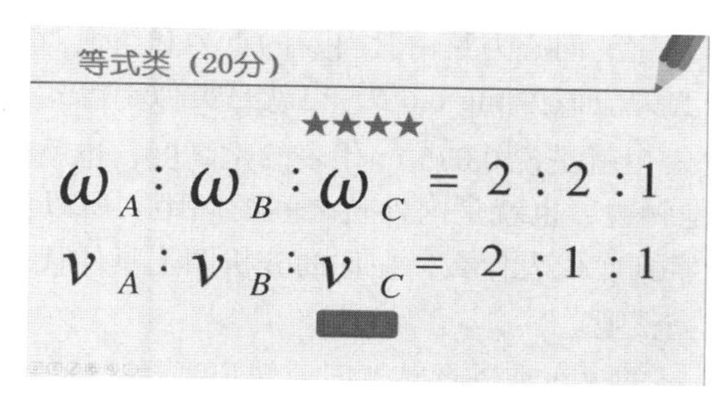


**图 10　等式类 20 分题**

物理背景知识稍弱的同学听着两位队友的分析，已经默默地在纸上把图给构建出来了。P 同学根据 L 同学画的草图，又对照了等式，觉得没有问题。便开始创设物理情境，他觉得车轮模型并不符合所画的草图，他把其转换成了传送带模型。

学生 P：在传送带装置中，轮 $A$ 和 $B$ 同轴，轮 $B$ 和轮 $C$ 用皮带相连，且 $R_A=R_C=2R_B$，则这三轮的线速度和角速度的关系如何？

师：你大致说到点子上了，但是忽略了一些细节。我们请其他组的同学作以补充。

第一组的 B 同学：王老师我记得您说过皮带是不打滑的。

王老师对此也表示赞同，同时她也提醒同学们。

师：我们在比较传送带线速度和角速度时，我们应该用的是点的线速度和角速度，所以我们应该再加一个条件，$A$、$B$、$C$ 分别是三个轮边缘上的点。所以最后的回答可以是：在传送带装置中，轮 $A$ 和 $B$ 同轴，轮 $B$ 和轮 $C$ 用皮带相连，且 $R_A=R_C=2R_B$，$A$、$B$、$C$ 分别是三个轮边缘上的点，且皮带不打滑，问这三轮的线速度和角速度的关系如何？

王老师给第三组和第一组分别加上 10 分，并写下板书。

第二组选的题是 15 分的题，如图 11 所示。

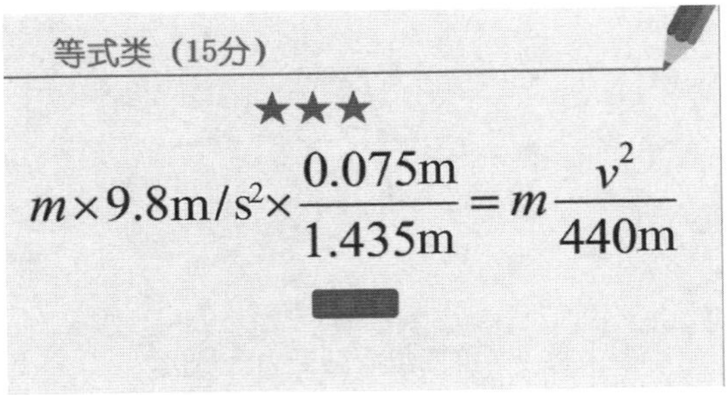

等式类（15分）

★★★

$$m \times 9.8\text{m/s}^2 \times \frac{0.075\text{m}}{1.435\text{m}} = m\frac{v^2}{440\text{m}}$$

**图 11　等式类 15 分题**

第二组学生 F：质量为 $m$ 的火车在进行转弯时，轨道半径是 440 m，求火车转弯时的速度是多少？但是 0.075 m 和 1.435 m 这两个量我们知道是长度单位，具体代表什么我们暂时还没有讨论出来。

师：火车拐弯时，它的向心力是由其自身的重力和轨道对其的支持力的合力提供的，也就是说其向心力应该为 mg tan $\theta$，也就是类似于等式的左边，而往往 $\theta$ 角很小时，$\tan\theta \approx \sin\theta$，也就是说 0.075 m 代表的是高度，也就是转弯处内外轨的高度，1.435 m 代表的是斜边，也就是内外轨之间的间距。所以我们在平常做题时要看清楚题目中给的数字到底代表什么，在你的分析图上具体代表的是什么。大家一起来把这个回答补充完整吧。

第二组：质量为 $m$ 的火车在进行转弯时，轨道半径是 440 m，转弯处内外轨的高度差是 0.075 m，内外轨的间距是 1.435 m，求火车转弯时的速度是多少？王老师给第二组的同学加了 7.5 分。

第一组选得的是 25 分题，如图 12 所示。看到这个题目，同学们都瞪大了眼睛，四个式子看起来没有关联，看来难度较大。经过较长时间的激烈讨论，第一组给出了回答。

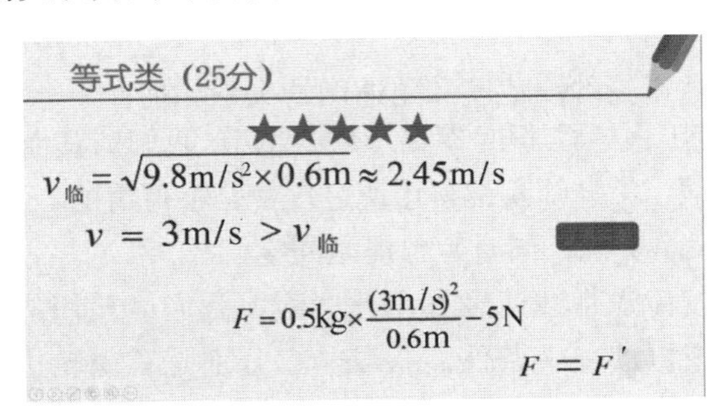


**图 12　等式类 25 分题**

第一组：用长为 0.6 m 的绳系着装有 $m$=0.5 kg 水的小桶，在竖直平面内做圆周运动，成为“水流星”。若过最高点时速度为 3 m/s，求此时水对桶底的压力有多大？其中 $g$ 取 10 m/s。

王老师给第一组的同学鼓掌，并要求他们把解题思路跟大家分享一下。

B同学他兴奋地分析到：根据第一个式子左边为速度的临界值，联想到应该是求物体通过圆周运动最高点时需要满足的条件。我们想到两个模型，一个是绳球模型，一个是杆球模型，而右边根号里面是重力加速度和长度。也就是说物体在最高点时，只有重力提供向心力，而杆球模型最高点速度的临界值是0，所以锁定了绳球模型，就联想到了水流星模型，然后我们组的C同学说道：第二个式子说明速度大于临界值，做向心运动。分析第三、第四个式子的时候，我们遇到了困难，我们意识到这里运用了牛顿第三定律。然后我们组的A同学说，我们把等式还原成左边是谁提供向心力，于是第三个式子变成了：

$$F+5N=0.5\,\text{kg}\times\frac{(3\,\text{m/s})^2}{0.6\,\text{m}}$$

也就是说是$F$和重力提供物体的向心力，这一点刚好符合水流星在最高点时的受力分析。也就是$F$代表的是水流星桶底对水的支持力，根据牛顿第三定律，我们所要求的是水对桶底的压力。这就是我们的分析思路。

王老师为他们点赞，同时讲到在这过程中水流星模型的建立非常重要，建立出模型才能分析得出在最高点时的临界值。

王老师认为在平常的作业中，学生往往会背圆周运动的公式，对其符号的意义以及单位的使用会忽略，解题时往往是直接套用公式，对于稍微复杂点的题目，学生在解题时，往往只写公式，对于接下来的分析不知所措，而公式往往比较枯燥，即使王老师在上课的时候强调过，但是仍然有部分同学对公式不理解，所以王老师采用游戏的形式，将枯燥的公式转化，学生就能分析等式中符号的意义以及单位的使用，在分析等式的同时学生也渐渐构建了物理模型，比如“火车轨道模型”“水流星模型”。

### （三）从图表答案到创设问题环节

此策略采用的是教师提供平常习题解答过程中所列的图表，学生根据示意图中提供的信息，逆向建构物理模型，创设包含图表的物理问题情境，并用文字表述，教师根据学生的回答，给予分值和及时反馈。此教学策略是希望学生能够数形结合，培养学生用多种方式来解决问题。

**片段三**

最后一轮，王老师提醒到，这一轮的题目比较灵活，同学们可以畅所欲言，言之有理即可，当然老师也会根据你们提出问题的难易程度，给你们加上适当的分数。按照惯例，王老师打开PPT上的示例，如图13所示。

师：从图中可以看到，这是典型的“外轨模型”，物体在最高点受到的是重力和支持力，根据这个我们可以创设物理情境，一辆质量为$m$的汽车，驶过半径为$R$

的凸形圆弧形桥面，求汽车在最高点处的受力情况。这个物理情境还不是很完整，我们可以继续润色一下，把其改成一辆质量为 $m$ 的汽车，以速度 $v$，驶过半径为 $R$ 的凸形圆弧形桥面，求汽车在最高点处对桥面的压力是多少。所以在这个环节中，我们要格外注意图中所给物理量的意义，以这个为突破口，再根据受力分析图或模型去构建问题情境。

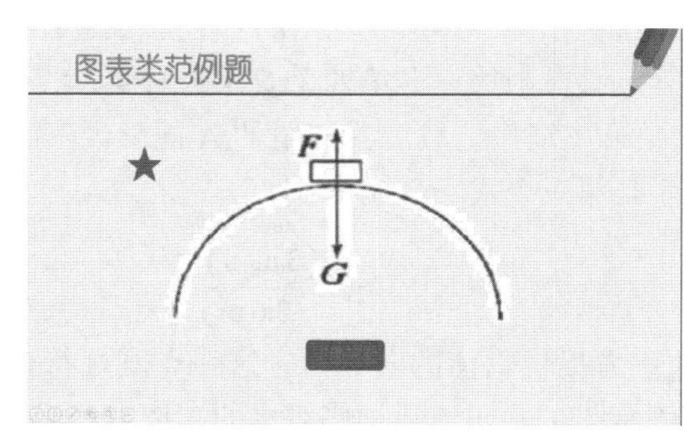


**图 13　图标类范例题**

接下来，王老师让比分暂时落后的第二小组选题。他们选的是 15 分题，如图 14 所示。这个图即便对于能力相对弱一点的第二组同学也不陌生，第二组的同学都联想到了陀螺模型，接下来就是创设问题情境。根据上一轮中传送带那道题的形式，J 同学创设的问题情境为：如图所示为一陀螺玩具，$a$、$b$、$c$ 分别是陀螺表面上的三点，比较 $a$、$b$、$c$ 三点的角速度和线速度的大小。

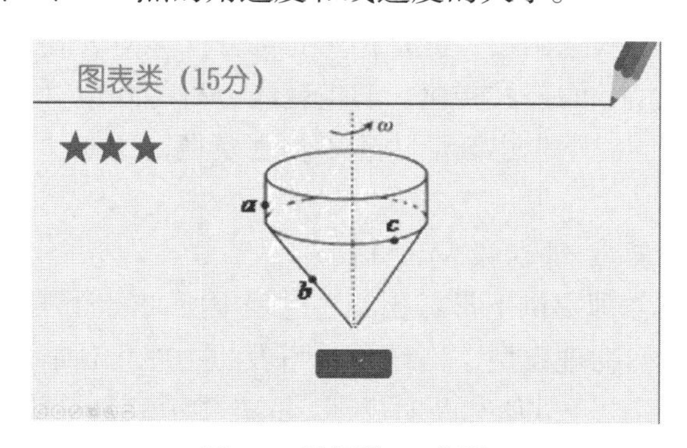


**图 14　图标类 15 分题**

根据 J 同学创设的问题情境，K 同学补充到：这个陀螺应该是要转起来才能比较这些量的大小。

H 同学又补充：那到底陀螺要怎么转，才能更好比较这些量的大小。

F 同学：陀螺垂直地在地面上以角速度 $w$ 逆时针方向转动。

G 同学根据几个队友的提示，默默地把题做了一遍，把他所做的结果 $v_a=v_c>v_b$，$w_a=w_b=w_c$，和他们交流。他们根据 G 同学所做的答案，第二组的同学根据第二轮游戏思路又理了一遍思路，确定两者没有差别后。J 同学最终回答道：如图所示的一个陀螺玩具，陀螺垂直地在水平地面上以角速度 $w$ 定轴转动，$a$、$b$、$c$ 分别是陀螺表面上的三点，比较 $a$、$b$、$c$ 三点的角速度和线速度的大小。

王老师对第二组的答案做出了肯定，给第二组加了相应的分数。第二组的同学们尝到了成功的喜悦。王老师询问其他组还有没有问题，同学们一致表示没有了，接下来答题的是第三组，他们选择了具有挑战性的 30 分的题，如图 15 所示。

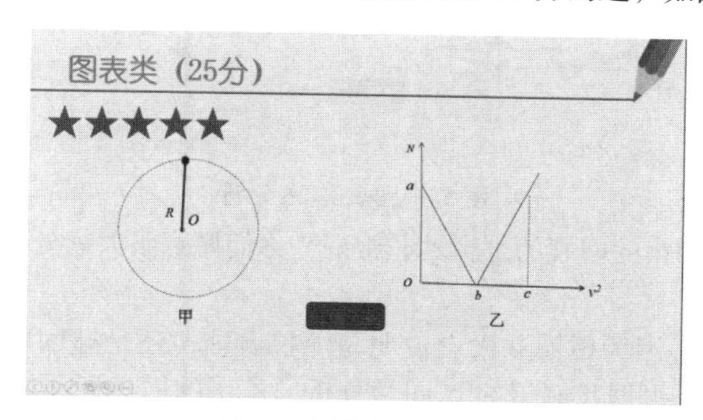


**图 15　图类表 30 分题**

第三组的同学马上展开了激烈的讨论，M 同学：根据图画，这道题应该有两种运动，一个是平抛运动，一个是圆周运动。但具体是什么物理情境，我有点犯难。

第三组的其他同学冥思苦想也暂时想不出，他们只好求助老师给一点提示。王老师提醒到，给一个提示，在原来的基础上减 5 分。

师：我们不妨这么看，把最上面的圆看成初始状态，下面的大圆看成平抛运动后所产生的。

第三组的同学听了王老师的提示，若有所思。此时 L 同学联想到，这是我们下雨天转动雨伞时的结果。接下来，第三组的同学开始分析图中所标的物理量。

大家一起讨论：$r$ 表示的是雨伞的半径，$s$ 是雨滴经过平抛运动的位移，$R$ 表示的是在地面上形成的圆的半径。要求出 $s$ 的话就要知道雨伞离地面的高度。

N 同学代表第三组表述为：雨伞边缘半径为 $r$，且离地面的高度为 $h$，现让雨伞以角速度 $w$ 绕伞柄匀速旋转，使雨滴从边缘甩出并落在地面上形成圆圈，试求圆圈的半径 $R$。

王老师对他们的回答表示满意。并给他们加了 25 分，并写下板书。

接下来是第四组的同学答题。他们选的是 25 分的题，题目如图 16 所示。这个类型与前面两题的类型有些不一样，王老师提醒学生注意所给图表上的符号。

经过一系列讨论，第四组 E 同学回答：如图甲所示，一轻杆一端固定在 $O$ 点，另一端固定一小球，在竖直平面内做半径为 $R$ 的圆周运动。小球运动到最高点时，杆与小球间弹力大小为 $N$，小球在最高点的速度大小为 $v$，弹力 $N$ 与最高点的速度

平方 $v^2$ 有如图乙的关系，问当地的加速度是多少？

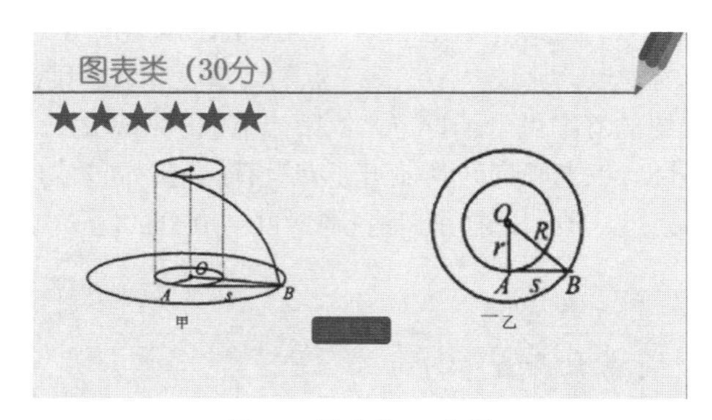


**图 16　图表类 25 分题**

王老师：第四组的回答的逻辑性非常好，你们愿意跟大家分享下你们的思考过程吗？

四组 E 同学：因为甲图并没有说明是绳拉着球，还是球固定在杆上，只能从乙图中寻找线索，根据我们组的 A 同学分析，乙图的横坐标和纵坐标分别是 $v^2$ 和 $N$，根据圆周运动应该分别代表的是向心速度的平方和弹力，而当 $v^2=0$ 的时候，有 $N=a$，根据绳球模型和球杆模型的临界条件特点，说明是球杆模型，这样甲图基本已经确定，接下来我们组开始分析乙图的图像代表什么，根据前面分析确定了 $a$ 点为球在最高点时所受的弹力，根据 $b$ 点，当 $N=0$ 的时候，$v^2=b$，也就是这时候只有重力提供向心力，这种情况也只能出现在最高点，根据以上分析，也就能求出当地的重力加速度了，所以我们创设了上述问题。

王老师微笑地肯定到：第四组的同学分析得很到位，提出的问题也很棒，但是我们还可以尝试其他方法吗？

第二组的 G 同学抢答到：根据第一组的分析，其实还可以这样提问，该小球的质量是多少？

王老师对 G 同学的提问给予肯定，顺势抛出一个问题。

师：不过好像大部分同学有些疑惑，小球的质量真的能求吗？

第二组 G 同学自信地回答到：大家把刚才两个条件分析的式子在纸上写出来就知道了。

王老师：第一组的同学分析给其他同学提供了提问的灵感，也还可以这样提问：当 $v^2=c$ 时，杆对球的弹力的方向是怎样的？小小的图像可以提出很多问题，重点是要分析对图像的含义，建立正确的模型，很多困难就迎刃而解了。

老师给第一组和第二组分别加上了 25 分和 12.5 分。第一组顺势选择了 20 分的题，题目如下：

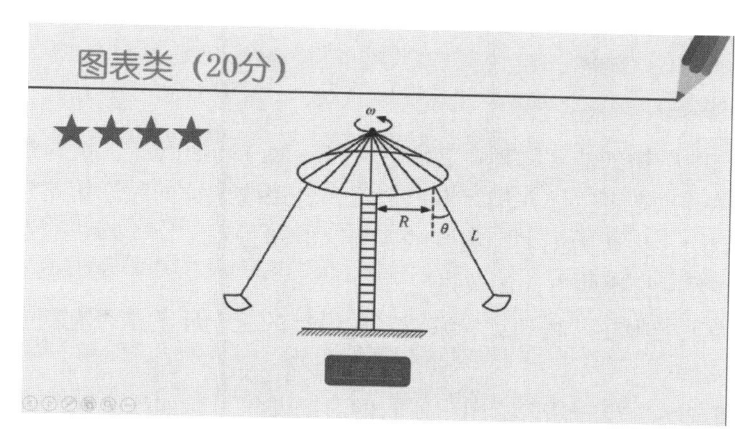


**图 17　图表类 20 分题**

这幅图对于同学们并不陌生，其形象地展示了“飞椅”模型。

第一组讨论到：图中已经标出钢绳的长度为 $L$，圆盘的半径是 $R$，钢绳的摆角是 $\theta$，且圆盘做圆心运动的角速度是 $\omega$，人和椅子一起做圆周运动，做圆周运动的半径也能求，为 $R+L\sin\theta$，向心力也能求，为 $mg\tan\theta$。

第一组 F 同学回答到：“飞椅”的游乐项目，长为 $L$ 的钢绳一端系着质量为 $m$ 座椅，另一端固定在半径为 $R$ 的水平转盘边缘，当转盘以角速度 $\omega$ 匀速转动时，钢绳与竖直方向的夹角为 $\theta$，不计钢绳的重力，求圆周运动的半径，转盘转动的角速度 $\omega$ 与夹角 $\theta$ 的关系？

王老师觉得没有问题，给他们加上了相应的分数。

王老师认为，通过前面两轮的练习，学生逐渐掌握了如何从问题答案到创设问题情境的过程，所以在题目的设计上，王老师也比之前加大了难度，通过图表比较形象的形式，让学生能够直观地将数与形结合，在解题过程中学生能够逐渐建构物理模型，对于复杂的难题，有些学生虽不能一时想出答案，但也慢慢自己分析，逐渐参与到课堂中。

## 四、课后反思

王老师认为通过采用“从文字到创设物理情境”“从等式到创设物理情境”“从图表到创设问题情境”的教学策略层层递进，将平时容易忽视的问题，以答案的形式呈现，使学生耳目一新，来培养学生的逆向思维能力和建模能力。在复习过程中运用“物理竞答游戏”的形式，让学生积极参与到课堂中去，使教师与学生形成良好的互动。在游戏过程中，让学生回顾理论知识，通过逆向思维方法，构建物理模型，再到实际物理情境的建立。在圆周运动的专题复习教学过程中遵循中学物理教学理念，注重核心素养的培养，从本案例的实施效果来看，通过相应教学策略以及教学理念的落成，能够培养学生的逆向思维能力和建模能力，并更为深入地理解圆周运动。

## 案例思考题

1. 本案例中所提到的“物理竞答游戏（Physics Jeopardy）”指的是什么？

2. 如果你是执教者，你在进行专题复习，会采取怎样的教学策略？

3. 本案例中，你认为王老师编制的题目，其覆盖率、层次性、赋分与难度等等是否合理？需要进行哪些方面的改进？

4. 你认为王老师在“物理竞答游戏”中设计的三个环节是否有利于学生逆向思维的培养？

5. “物理竞答游戏”是否适用于所有的习题课复习，如果可以，该如何使用？

## 推荐阅读


[1] 冯杰 . 高中物理探究实验及案例教学设计 [M]. 北京 : 北京大学出版社，2011.

[2] 冯杰，刘兰英，冯迪 . 物理案例教学的实践模式辨析 [J]. 课程教材教法，2016，36(7): 101–107.

[3] 王彦琳 . 电视游戏节目“jeopardy”在对外汉语教学中的应用 [J]. 语文教学，2009(26): 112.

[4]Van Heuvelen，A.，Maloney D. Playing Physics Jeopardy[J]. American Journal of Physics，1999(67):252–256.

[5]Joan Benek–Rivera and Vinitia E.Mathews. Active Learning With Jeopardy Students Ask The Questions[J].Journal of Management Education.2016(28):104–118.


（本案例入教育部学位与研究生教育发展中心的中国专业学位教学案例中心，作者为方伟、何佳娜、冯杰）

## 5.5 费米问题“助力”物理问题教学

［摘要］本案例详细地介绍了费米问题的含义以及费米问题对问题解决的现实意义。在正文中，详细记录下了一个新手教师在高一物理课堂使用费米问题进行教学的经历，其中详细介绍了新手教师在使用费米问题于初、高中的物理教学过程中，应怎样理解费米问题的解题逻辑，如何设置费米问题以及如何使用费米问题展开教学，从而为广大的物理教育研究生和物理老师们提供参考。费米问题若能运用在物理问题教学中，其对学生问题解决能力的提升将是非常显著的。

［关键词］费米问题　物理问题教学　案例教学

### 背景信息

费米问题也叫费米估算，本质是一种数量级估计问题。这类问题的发明者是美国原子能之父、物理学家恩里科·费米。在 20 世纪 40 年代到 50 年代，费米在芝加哥大学执教期间，为了更好地让学生熟悉这种数量级估算方法，他常常鼓励学生在不用任何参考资料的情况下回答一些看上去很离奇的问题，如“芝加哥有几位钢琴调音师？”“一座足球场有几棵草？”“填满一个房间需要多少粒爆米花？”等问题。这类看似无解的问题，就被统称为“费米问题”。费米问题也常常被称为 Back of the Envelope Physics，意指只需在信封背面的片纸空间上对问题进行简单的估计演算即可知答案，不需长篇累牍的繁琐计算。但显然，得到答案的过程并不简单，其中更是散发着物理的迷人魅力。

例如在费米的妻子写过的一本关于丈夫的书，名叫《原子在我家中：我与恩里科·费米的生活》中提到过关于费米在课堂上对学生提问“芝加哥有多少个钢琴调音师？”的详细解答思路：

| 第一步：通过查阅资料知道芝加哥的人口为 300 万。 |
|---|

↓

| 第二步：假设每一个家庭由 4 人组成，所以芝加哥有 300 万 ÷4=75 万户人家。因为钢琴很昂贵，不可能每户人家都有，再提出一个假设 $\frac{1}{10}$ 的家庭拥有自己的钢琴，那么整个城市的钢琴数量为 75000 架。 |
|---|

↓

| 第三步：如果一家钢琴每年调音一次，一年便需要调音 75000 次。猜想一个调音师一天能为 4 架钢琴调音，一年工作 250 天，那么一个调音师一年可调音 1000 次，由此可见芝加哥必定有 75000 ÷ 1000=75 个左右的调音师。 |
|---|

**图 1　费米问题解决流程图**

费米问题看似无解，但只要将每一个问题细化成几个小问题，结合生活经验或者是查阅相关资料进行简单估算，就能得到近似准确的答案。

2001 年 6 月教育部颁布的《基础教育课程改革纲要（试行）》中明确提出，在教学目标上要求改变课程实施过于强调接受学习、死记硬背、机械训练的现状，倡导学生主动参与、乐于探究、勤于动手，培养学生搜集和处理信息的能力、获取新知识的能力、分析和解决问题的能力以及交流与合作的能力。而 2016 年教育部提出中国学生发展核心素养以培养“全面发展的人”为核心，要求学生在学习、理解、运用科学知识和技能等方面所形成的价值标准、思维方式和行为表现，具体包括理性思维、勇于探究等基本要点。因此，在《基础教育课程改革纲要（试行）》与核心素养的背景下，对于物理学科而言，培养学生构建模型的能力、动手能力、发散性思维和问题解决能力就尤为重要。

而问题解决是一种高级形式的学习活动，它要求学生对不同知识要会综合运用、融会贯通。课堂教学的最高目标就是教会学生如何解决问题。就目前而言，问题解决大致可以分为以下五个阶段：

**图 2　问题解决的五个阶段**

发现问题是问题解决的第一个阶段，也是在整个问题解决过程中目前教育尚且存在不足的地方。造成这种现象主要有 4 个原因：①大多数人没有养成积极主动寻找问题的习惯；②问题解决者缺乏与问题相关的背景常识；③人们不愿意花费大量时间去发现问题；④个体存在不愿进行发散思维的倾向。

费米问题在培养学生发现问题的能力上有比较突出的表现。费米问题往往和生活息息相关，且在进行解题时常需要学生自己对于一些假设的物理量进行测量和估算，在进行这一步的同时，其实也是让学生将问题和生活联系起来。而传统问题中将所有的生活化场景“数据化”，长此以往下去，学生就会对生活中实际存在的问题不再敏感。此外，物理费米问题是没有唯一答案的，只要是构建的数学模型符合题目物理原理，且代入的数据符合生活实际，答案就是对的。也正是因为答案的不唯一性，可以督促学生从多种方法多种角度思考问题，培养发散性思维。如果再进一步回到物理问题的角度来看，学生之前在解决传统物理问题时，往往只需要学会怎样将数据代入到对应代数式进行计算，甚至都不用理解代数式中的物理意义就能将题目解答出来，而如果将费米问题运用至物理问题当中，学生需要自己对这类问题背后隐藏的物理意义进行挖掘，在符合物理原理的基础上建立模型，再代入合理的数据进行计算，经过这样训练的学生也会对题目对应的知识点有更深层次的体会和了解。而解决物理问题与解决其他科目的问题相比较，会更加注重逻辑思维、动手能力两方面的培养。在解决物理费米问题时，学生需要通过审题从而梳理题目背后隐藏的逻辑关系，再进一步搭建科学的物理模型；在提出合理假设条件时，学生往往需要自己动手测量或者是查阅相关资料，所以在解决费米问题的过程中，同时也培养了物理问题解决的能力。

# 案例正文

## 一、问题发现

### （一）新课标颁布愁坏新老师

小董是一名C师大研二学生，在就读期间，学校安排他去B地区的一所特色示范类学校——A校实习，实习的时间为一个学期，在这一个学期内小董必须肩负起一个物理老师的责任，各式各类的教学活动一个都不会少。

本周物理组研讨会主题是关于最新改革的普通高中物理课程标准，也就是“中国学生发展核心素养”的相关研讨，会议主要研讨内容为物理学科的核心素养。

小董作为一个新教师，一直以来不管是他小时候上老师的课，还是后来开始学习物理学科教学相关知识，他所接受的一直就是三维目标，这一次课程标准改革明显就打乱了他的阵脚：

“所谓的核心素养四个方面，我觉得最难培养的应该就是科学思维了。要是想培养相关能力，我必须想到一个切实可行的办法来大展拳脚试试，既然课程标准改革了，那我的教学方法也必须有所改变才行！”

**图3　物理学科的核心素养要求**

### （二）学难燃对物理之爱

小董面对的难题不仅仅只来自新的物理课程标准，来自学生的问题也不少。

研讨会结束第二天，正好小董在准备一节高一（3）班的物理课。三班在整个年级总成绩位于中等偏上一点，班上男生和女生的比例大概是6 ∶ 4左右，班主任是语文老师。小董调查过，整个班级在文科方面的成绩明显更加突出，如果单看文科成绩，三班的同学成绩能算得上年级里头数一数二的了，但理科是（3）班的短板，班级平均分也就是这么拉下来的。小董这节课的任务是讲解这次物理单元考试卷，（3）班这次的物理考试成绩两极分化很严重，有的同学接近满分，但有的同学连及格都没达到，而且这部分同学上课挺认真，作业也会按时完成，从平时的交谈中，小董明显能感觉出来这部分的学生在学习上是有天赋的。但在这节课上课讲解试卷的时候，小董发现这部分考得不怎么好的同学对于试卷讲解却还是容易走神、开小差。小董觉得不能这么放任下去，于是和那部分同学约好下课之后进行一对一的谈话，可是谈完话之后，小董却陷入了深深的忧虑之中……

同学 A："物理太难学了，我和我妈妈商量过，反正最后六选三，我不选物理就行，现在我对我自己在物理上的要求只求不拉我其他科目的后腿就行。"

同学 B："董老师，我也很想好好学物理的，我初中物理的成绩还不错，一进高中我觉得明显学起来吃力了，而且初中物理的内容我觉得和生活还是很有联系，学起来好像也更容易懂一些，高中的内容，你看（手指在了试卷上）都是各种各样复杂的计算，我实在是写不出来。"

同学 C："老师，我的数学本来就不怎么好，连带着物理那些计算我也弄不太清楚，其实您每次上课我都认真听讲，我感觉我概念定义大多没有问题，一到了做题，代入数字进去我就晕了。"

这是谈话中最典型的三种声音，其余学生大多也就这三种心态和问题，小董自己也觉得十分困惑：

"我自己学物理时也曾困惑过，我学会做物理题目了只能帮助我获取一个更高的分数，对于日常生活似乎也并没有什么影响。学到了现在，我能体会到物理其实是和我们生活息息相关的一门学科，而且'物理≠数学'，数学是物理达到目的和成果的一种工具，物理有其独特的逻辑思维之美，我现在能明白，可是到底应该怎样才能让学生也有这样的体会呢？"

### （三）经验之谈作用有限

小董很想找到一种切实可行的方法，这种方法既能满足新的物理课程标准要求，又能将学生们对物理学习的兴趣提上来，小董为此特意请教了几位同年级的物理老师，有老师有同样的感受，他们都根据自己的教学经验给出自己的建议。但老师们的经验有的似乎只能满足一个方面的需求，要不就是很难将老师们的建议总结出一套切实可行的方案出来。

老师 A："对于那些对学生，你可以试试给他们再花点时间将题目里每一步怎么来的再讲详细一点，他们应该是因为对学习物理学不懂有挫败感，所以久而久之就变成了对物理不感兴趣，如果想要让他们在物理上找到自信，肯定是需要多花费一些功夫的。"

老师 B："现行的教学方案中其实已经算是比较完备的了，当然现在有了更高的要求，我们可以在现行的方案中更加深入，将现在的对物理观念、科学思维、科学探究和科学态度与责任的理念蕴含到现在的习题讲解中。”

老师C：“我和你有同感，现在的学生觉得物理和他们无关，物理题目太难，很多不感兴趣的就根本不听课了，我的办法只能是让我的课堂尽量变得有趣一些，但是这种有趣也不是基于物理本身的魅力，而是靠一些老师的‘段子’来吸引学生的注意力。”

老师们的经验确实很宝贵，但是对于有“野心”的小董而言，这都不是他想要的，他想要的是有一种方法，这种方法既能培养学生的物理学科核心素养，又能让学生领略到属于物理学科的魅力。

## 二、办法探索

### （一）新的方法巧启迪

为了找寻合适的方法，小董特意回了一趟母校，寻求自己导师的帮助，导师听了小董的要求，建议他可以运用费米问题。小董在查看美国中学物理教育期刊 *The Physics Teacher* 中知道，每一期该期刊中都有一个小版块专门用来刊登两道物理相关的费米问题，但小董依旧还是不能理解什么是费米问题，所以他特意去查看相关的外国文献和中国国内的一些相关研究，这一查，小董觉得他找到了他想要的。

首先费米问题的来源很广，生活中各种各样的物理现象甚至是生活常识都可以将现象提炼出来，不需要数据，就可以组成一个费米问题。其次，虽然费米问题本质是一个数量级估计问题，但是运用在物理学习中，学生拿到题目要想进行正确的解答，就必须深刻理解到问题背后的物理规律和原理，必须建立起合理的物理模型、数学模型，而且费米问题并没有唯一答案、唯一解法，这可以培养学生的创新和质疑能力，将学生从做传统问题的由固定思考模式，且问题答案唯一的单向思维解放出来，培养他们的发散性思维。当同学们接触到很多不同类型的费米问题，且学会很熟练地解答时，反过来他们就会开始发现生活中许多曾经习以为常的物理现象背后隐藏着的“问题”，并且可以自己有方法解决这些问题。以这样的形式“反哺”学生的问题解决的能力。物理问题教学的本质也就是教会学生怎么解决物理问题，而不是物理习题，只有将生活和物理联系起来，学生才能体会到物理学的美！

### （二）行动展开初碰壁

经过一段时间的了解，小董对费米问题是越看越满意，但是他也明白自己的教学经验并不算太丰富，于是决定在学校里找更有经验的物理组组长张老师探讨一下费米问题实施的可能性。

“费米问题优点挺多，但是缺点也不算少。第一，对我们的大多数学生来说，费米问题的答题模式是比较陌生的，所以你要将解答费米问题的解题逻辑提炼出来，第一步干什么，第二步干什么，然后在教学生的时候你要做到心里有数，努力引导还不那么熟练的学生去熟悉这种逻辑。第二，我们课堂的任务量是不能落下的，费米问题可以作为我们教学的一种补充手段，正是因为费米问题答案有很多种，这也意味着你需要花费比传统物理问题更多的时间去了解学生们的思路，给学生提供帮助或者是评价。第三，如果费米问题要在我们的课堂中一直推进下去，课下收集问题和解答问题所花费的工夫，应该和之前任务量比只多不少。总的来说，有些问题比较突出，但是这种方法在我看来确实是利大于弊的，具体更多的状况，好或者不好，你大可以在课堂上试一试，学生的反应才能够回答你想知道的问题。”

小董听完组长的话，之前一直因为找到新方法而欣喜若狂的心沉了下来，不过也正是因为组长诚恳的建议和意见，也让小董那颗心落到了实地上，小董开始摩拳擦掌，决定先从一些务虚工作做起。

### （三）解题逻辑要弄清

首先最先需要攻克的难关就是提炼出一套适用于费米问题的解题逻辑，学生能够依据这样的逻辑打开思路。对学生而言，费米问题更加考验学生的物理功底和逻辑思维，同时它降低了因为数学带来的难度，这一点和解决传统问题是不一样的，所以小董需要找到一套新的切实可行的解题逻辑来适应费米问题。

传统物理问题都是从已知条件出发到最后要求得到一个具体结果，所以解题过程是从问题的待求量出发，找到对应的物理过程、定律，写公式求解。但是费米问题的特点正是在于没有特定的已知条件，但是最后须要求出来一个大致结果，所以两种类型题目的求解逻辑结构就会不同。小董心想“那假设我是学生，拿到一道这样的费米物理问题，我会怎么做呢？”

首先拿到题目，应该先进行分析，从我需要求出来的物理量和题目中找到可能利用到的相关物理已知条件。然后，再找到需要得到的结果和题目已知条件之间的关系，建立物理模型，在这个过程中一定要注意，构建的物理模型必须要是科学合理的。接下来，要对这个问题可能涉及的条件进行一系列可行的假设，假设出来的数据要满足客观规律和常识，也是容易进行计算的。当这些过程都做好的时候，就可以代入假设的数据进行估算了。最后，根据得出的结果，进行评价与反思，如果过程中有不对的地方，还需要回头再检查看看模型亦或是估算哪里有出错的地方。

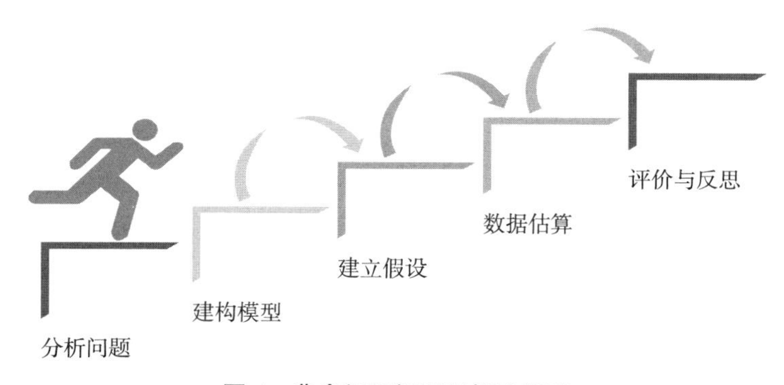


**图 4　费米问题解题逻辑流程图**

### （四）费米问题怎寻觅

小董在弄清楚费米问题的解题逻辑之后，决定整理出一部分费米问题，用一节课的时间在课堂上进行实验，找到合适难度、合适类型的费米问题就成了现阶段小董的主要任务了。

对于刚刚接触到费米问题的学生，设置的问题难度要有梯度，最开始要简单一些，有趣一些，让学生们有兴趣去了解费米问题，有信心去解决费米问题。然后可以再层层深入。费米问题来源非常丰富，如果想选取一些能引起学生兴趣的问题，可以从学生经常接触，而且在学生中口碑不错的文学作品，甚至是漫画或者是动画片中提炼场景，进行设问。如果想要更多地把物理和生活联系起来，就可以用生活中一些学生不曾细想，但是很有代表性的生活场景进行设问。当然查阅资料、书籍也是很重要的一种手段，如 *The Physics Teacher* 期刊的每一期都会刊登两个费米问题，且能找到解题提示，不过这些费米问题五花八门，需要分门别类。如果想更省事一些，可以去整理高中习题的估算题，题目所描述的都是生活中的场景，只需要将数据省略掉，提炼出来的就是“正宗”的费米问题了。这样看来，选题的多样性完全解决了小董之前害怕费米问题“选题难”的疑虑，选好题之后，小董决定好好实验一下！

## 三、实施过程

### （一）巧借美猴王创设情境

小董进行了一些准备工作之后，就决定开始他的尝试了，鉴于之前三班整体学习物理的态度问题明显突出，小董决定这次要好好地给他们上一节特殊的费米问题教学课。鉴于学生最开始对于费米问题不是很熟悉，所以小董打算从比较简单的，学生初中就已经接触过的“密度”相关的内容开始。

最先准备的一道费米问题可谓是一道新奇的“物理大餐”，小董将动画片《新西游记》中，关于美猴王孙悟空如意金箍棒的一段截取了出来，却事先不告诉同学们想问的问题，只是笑着对着同学们说道：“同学们注意了，我们这节课上一节‘习题课’，但是这个习题课和你们之前接触到的不一样，我们先来预热一下，第一个问题，在下面这段短片中，你觉得不正常的地方是哪里？”

接下来就开始播放出事先准备好的小短片，在开始播放的时候，小董特意观察了一下全班同学的表现，发现即使是在布置任务说话的时候还在开小差的同学，一旦开始播放短片也马上被短片所吸引并聚精会神地看了起来，班上所有同学都看得津津有味的。两分钟的短片结束后，甚至有同学发出了意犹未尽的感叹声。

“还记得我之前说的任务吗？你们有没有发现这段短片中不太正常的地方呢？”

话音刚落，班上最调皮的学生 D 马上就抢答：“龙王居然怕老婆！”

班上同学都哄堂大笑，小董并没有生气，只是抬了抬手，让班上的同学安静下来，然后笑着补充道："这是人家龙王的私事，没有什么不正常的，提醒大家一点，我们这是物理课堂，大家的思考方向要向物理这边靠齐。"说完后，明显感觉班上同学安静了下来,有的皱着眉头苦思,也有的转头和同桌小声商量的,过了一两分钟，有同学举手不太自信地回答道："老师是不是金箍棒有些不太对劲？"小董笑着点点头，示意这位同学说下去。"现实中应该没有能伸缩自如的金属材质吧？"小董听了，对这位同学评价道，"E 同学的答案有点接近了，但是方向错了，《西游记》是神话小说，所以我们不能认为它就是我们的现实世界，但是在这个世界里也是需要我们物理的,再提示一下,在刚刚的片段中,作者描述金箍棒是什么材质？""铁！"同学们齐声回答，然后小董就不再说话了，用期待着的眼神看着大家。只见 F 同学略微沉思了一下，然后马上自信地举起了手，小董点起他。"董老师，金箍棒的密度应该比铁大得多！"小董赞赏地点了点头，请 F 同学坐下之后开口道："F 同学说得没错，乍一看上去，作者说金箍棒是铁做的，但是我们的直觉告诉我们金箍棒的密度应该比铁大，但是空口无凭，所以我们本堂课正式研究的第一个问题就是！"小董转身，在黑板上写下"金箍棒的密度应该是多少？"转过头来之后，班上明显对这个问题的兴趣十分浓厚，有的同学甚至已经开始讨论怎么进行计算了。

小董用手拍了拍桌子，让班上安静了下来。"做题要有方法和逻辑，我们首先来一起分析一下这道题目，这道题求的是什么？""密度！"马上有同学脱口而出。"确实是，怎么求密度是初中我们就知道的内容，密度怎么进行计算？"一直在课堂中就很活跃的 F 同学又举起了手，"$\rho = m / V$"。"很好，那问你，在短片中金箍棒的质量等于多少呢？"F 同学明显就卡壳了，这时他的同桌悄声在旁边提醒："13500 斤！ 13500 斤！"F 同学才反应过来："13500 斤，也就是 6750 千克。"小董请他坐下，转身在黑板上写下了求密度的公式以及金箍棒的质量大小。然后就开始向学生询问："我们现在能算出来密度了吗？如果不能，你觉得应该怎么做？如果能算，接下来干什么？"这个时候 G 同学马上接上说："没办法算，因为我们不知道金箍棒的体积。"小董点了点头："所以，我们就需要对金箍棒的体积作出合理的假设，老师特意借了三种不同规格的金箍棒，它们长短、底面积是不一样的，下面麻烦请班上最像猴哥的机智勇敢的小伙子上台当一下我们的模特，大家来看看哪一种金箍棒比较符合动画片上美猴王和金箍棒的比例。"小董说完之后，马上班上就有学生起哄选班上最调皮的 D 同学，说他的外号就叫猴子。三根金箍棒的长度分别是 120 cm、150 cm 和 200 cm，D 同学身高大约在 165~170 cm 之间。小董在班上的多媒体设备上投影出了孙悟空拿金箍棒的图片，让 D 同学将三种规格的金箍棒都试试，然后由大家根据图片上的孙悟空和金箍棒的比例选出来最像的。

经过班上的举手表决，大家一致认为 200 cm 的金箍棒由 D 同学拿着时和图片上的比例最为接近，然后小董举起 200 cm 金箍棒的底部，让班上同学一起估计一下金箍棒的底部圆形的半径大概为多少，班上的同学们经过观察和估计，将金箍棒的底面半径假设为 2 cm。就这样，题目中需要使用的数据就由同学们一步一步拆解以及根据生活的经验进行了假设。

再往下就是建构模型的环节，由于这道题的设问比较直接，学生只需对密度进行计算。所以在这一环节中，小董并没有花费太多的工夫去进行讲解，只是确认了学生们知道计算的方法，就给他们时间去进行接下来的讨论和数据估计了。小董发现在解这道题目时，学生们的兴致较高，有些学生哪怕在过程中密度公式忘记，抑或是对自己解出来的数据不太自信也会积极地和周围的同学讨论。等到班上的大部分学生都已经有了一个答案之后，他将自己对整个题目的解答过程板书到了黑板上，让不太熟悉费米问题的同学们能够知道这类问题应该怎样解答。

金箍棒的密度为多少？金箍棒是用铁做的吗？

（1）金箍棒在《西游记》中记录的质量为 13500 斤，换算一下 $m = 6750\ \mathrm{kg}$。

（2）金箍棒的形状为圆柱形，假设金箍棒的长度为 200 cm，也就是 2 m，底面积圆的半径为 2 cm，也就是 0.02 m，计算可得 $V = Sh = \pi r^2 h \approx 0.0025\ \mathrm{m}^3$。

（3）金箍棒的密度 $\rho = \frac{m}{V} = \frac{6750\ \mathrm{kg}}{0.0025\ \mathrm{m}^3} = 2.7 \times 10^6\ \mathrm{kg/m}^3$，即金箍棒的密度为 $2.7 \times 10^6\ \mathrm{kg/m}^3$。

（4）根据生活经验，铁的密度为 $7.8 \times 10^3\ \mathrm{kg/m}^3$，而 $\rho_{金} >> \rho_{铁}$，所以金箍棒不是用铁做的。

紧接着，小董让班上的学生再一起回顾了一遍解题过程，部分学生因为计算粗心或者是失误，最后写错了答案，他也对这部分学生进行了鼓励。还有的学生在做题过程中，因精确到的小数点位数不同，所以答案和黑板上的有所出入，在仔细验证过后，小董很认真地表扬了这部分学生。

“有一些学生在做题过程中因为粗心，最后结果出现了问题，希望这部分学生接下来要继续努力；还有的学生因为精确到的小数点位数和我的不同，最后答案和我的答案有所出入，在这里我要表扬这部分认真的学生。今天这节课所接触的问题只要进行一个大概的估算，所以不同的假设数据最后得到的答案是会不一样的，只要我们假设的数据合乎情理，构建的模型遵循物理规律，计算不出纰漏，得到的答案都是对的。但是同时，我有一个小小的建议，在满足以上条件的同时，大家可以尽量假设好计算的数据。”

趁着班上氛围正浓，小董再把这个看似简单的求密度问题拓展得更深一些。

“通过我们之前的计算已经知道了金箍棒的大致密度，那么我们再多问自己一个问题，这样的密度在我们的日常生活中对应起来的应该是什么物体的密度，什么物体才有这么大呢？或者如果金箍棒真的是由铁做的话，13500 斤对应的金箍棒应该有多大？孙悟空一只手能抓得下来吗？现在大家前后两排 6 人为一组，一起解答问题，给大家五分钟，在这五分钟里大家利用之前所查阅的信息进行交流，五分钟后，请一组得到答案的同学来和我们做分享，其余同学就作为小评委！”

时间一到小董就让学生们停止，有的小组似乎是还没得出自己的答案，眼神明显有些意犹未尽。董老师还没开口，D 同学就已经把手高高地举起，于是顺势将他请上了讲台，让他尽情发挥。

“我们组按照之前假设的金箍棒底面半径和长度的比值进行的计算，我们假设底面圆的半径为 0.0$x$ m，长度为 $x$ m，然后得出 $V=\pi\cdot x^3\cdot 10^{-4}\ \text{m}^3$，再根据密度公式代入金箍棒的质量得出金箍棒半径约为 0.137 m，孙悟空应该一只手不能握住，但是应该能抱住！我们组负责查阅资料的是 H 同学，得出目前我们日常生活中密度最大的元素是锇，它的密度为 $22.6\times10^3\ \text{kg/m}^3$，孙悟空的金箍棒的密度比锇还大！”

小董点点头，D 同学的讲述其实已经反映了他们组确实具备不错的科学素养，能够从之前假设的底面积和长度的比例入手进行假设。但是另外一个组的 G 学生听完却坐得笔直，眼睛瞪得贼大，似乎是还有什么要补充的。“还有没有别的同学要补充的？”这时 G 马上举起了他的手：“老师，我们组还有补充，白矮星（图 5）是一种低光度、高密度、高温度的恒星，其密度和金箍棒的密度非常类似！（实际上白矮星密度比这个数值还要大几个数量级，著者按）”

**图 5　白矮星**

其实课堂进行到这一步，是小董也没有想到的。很多学生明显不太了解白矮星代表着什么，眼神却将他们的好奇心暴露无遗。看着那些好奇的小眼睛小董决定将这个任务留给他们自己：“今天布置的第一个作业——回家查阅资料，了解白矮星是什么，了解密度 $3\times10^6\ \text{kg/m}^3$ 到底是一个什么概念！”

（二）生活场景再深入

小董准备的第二道题目难度其实并不算难，需要利用到的知识有密度、压强，题目来源于生活，是在生活场景中总结出来的问题。但是在提问之前，小董打算设置一个疑问，引导出学生们的相异构想，然后再让学生自己通过探究解决。

“同学们，上一个问题就到此结束了，下面开始进入到了第二题。首先问你们一个问题，你觉得我们教室（图 6）里的空气大约有多重？”

**图 6　教室示意图**

学生们马上就小声讨论了起来，小董随便点了一个看上去好像已经有答案的 H 同学。“我觉得应该差不多有三四千克吧。”H 同学虽然这么回答，但是明显看上去像是不太自信的样子，小董询问他得出答案的原因，H 同学很是潇洒地回复：“猜的！”小董再问了一圈班上的其他学生，似乎其余学生也对这个答案深信不疑，小董有意提醒他们：“上一问题我们在没有数据的情况下进行了估算，那这个问题能不能利用同样的方法再算一下呢？你们先进行小组讨论和计算，五分钟后请给我你们的答案！”接着班上的同学就都纷纷拿起笔，开始在纸上写写画画了起来。小董巡视了一周，大部分同学都已经学会费米问题的解题逻辑，知道怎么去分析、假设和构建模型了。但是，那些物理基础不够牢固的学生一下子卡在第一个环节——分析问题，已经没有办法再继续下去了。

之前和小董交流过的 B 同学就是其中之一。小董走到她旁边，只见她的白纸上画上了一个长方体的透视图，其余什么都没有写，小董便问她：“你对这个小问题有什么样的想法吗？”B 同学没有抬头，只是用笔戳了戳她画的“教室立体图”回答道：“应该是要算体积的，这个我知道，但是算出来之后下一步干吗，我就不知道了。”小董听完后，帮她分析道：“你觉得题目要你求质量，然后你又觉得需要求体积，那你认为怎么样才能从体积求得质量呢？”这个时候 B 同学恍然大悟：“可以用密度公式求！”后来小董下课之后询问她为什么这次上课表现没有以前活跃，她说以前的问题代公式就行，但是这节课需要自己去想，她在这个方面有所欠缺，所以表现不是很好。

小董让他们展开讨论，从每个组得到的信息反馈上看，他们最大的分歧就在于估算教室体积上，不同小组假设的数据差别很大，于是小董让每个小组派出一个“小测量员”就地对学习的教室进行测量。只见各个小组的小测量员各显神通，有的测量员居然从书包里掏出了细棉线，用线去丈量教室的长度和宽度，再将细线折叠起来用尺子量。有的采用脚步进行估算，从这一头走到那一头，仔仔细细地数下了自己走了多少步。还有的将手臂撑得直直的，用手臂去量，各种各样创新的方法充分地展现了高一学生们的想象力。小组内的成员也都纷纷在座位上或是帮忙出谋划策，或是拿好纸笔将测量的数据记录在纸上，好不热闹。

测量完毕之后，每个小组都进入了到数据估算阶段。在这一阶段，大家基本没有什么问题，于是小董请了其中一个小组来汇报成果。他们组假设教室的长宽高分别为 10 m、7 m 和 3 m，将假设数据代入长方体体积公式，计算得出 $V=10\ \text{m}\times 7\ \text{m}\times 3\ \text{m}=210\ \text{m}^3$；然后他们小组查阅了资料，知道空气的密度，接着他们将体积和气体的密度代入；最后得到了一个最终的结果 $m=\rho V=1.29\ \text{kg/ m}^3\times 210\ \text{m}^3=270.9\ \text{kg}$。

答案出来之后，从班上一部分学生的表情中看出来，他们都明显没想到是这样的答案，都是一脸的不可置信。

到此为止，教室内大部分学生似乎觉得这道题已经结束了，小董接着问了一句“有没有人需要对这道题接着进行补充的？”讲台下的 J 学生接了一句：“老师，桌子椅子占的体积是不是需要减掉？”小董点了点头，然后接着问“还有没有要补充的？”学生们似乎是被 J 打开了思路，都开始思考了起来。“老师，我觉得人的体积我们也要考虑进去！”B 同学说，但是 B 同学发言之后，其余人似乎都已经没了思路。“刚刚 J 同学和 B 同学补充得都非常好，还有一个问题留给大家思考，对于整个教室而言，地板周围的空气密度和我们天花板周围的空气密度是一样的吗？所以今天的第二个作业就是调查其余因素对我们的计算有没有影响？如果有影响是多大？下节课我们一起谈论一下。”

“接下来我们一起解决一个和之前有些类似的问题，这是一道竞猜题，猜猜我们学校（图 7）校区面积上空的空气分子总质量和学校里所有人的质量相比，哪个大？以小组为单位，一起进行讨论和计算，最后要一起汇报答案。你们可以根据自己的假设进行估计和计算。”

**图 7　学校示意图**

在设置这两个问题的时候，小董想测试一下同学们的物理基本功如何，第一个问题可以给予第二个问题启发，但又不能完全生搬硬套第一题的模型计算。因为校区上方的空气体积并不能直接得到，所以在这道题目中，需要学生们再换一种方法和思路，建构一个全新的物理模型来进行计算。

这个时候学生不再依赖老师，而是自己查资料，尝试由小组一起合作完成。

小董来到学生中间，看看他们讨论的情况。在分析问题上，他们能很快行动起来，利用网络资源查询一般高中校园的面积、教职工和学生人数分别是多少。到了建立模型的时候，有小部分的小组在第一时间内就能联想到这道题的解题关键是需要将大气压强作为已知条件用来计算学校上方空气的质量。也有一部分属于能在讨论的氛围中得到正确思路的，但是有大约三分之一的小组看到这道题就想直接套入上一道题目的物理模型，想通过密度公式直接算出质量，于是讨论的重点就停留在了“怎么想办法计算出学校上方空气的体积”这个问题上。对于这部分的小组，小董采用了一步一步提醒的方式，先和他们简单分析计算体积的可能性，然后让他们想想有没有另外的办法。实在想不出的，他给予最后的提示“整个学校都是处于大气压的笼罩下，大气压强作为已知条件，是不是空气给学校地面的压力就等于学校面积范围内的所有空气的重力呢？”经过提醒后的学生都能根据这个已知条件去建立物理模型。

在巡视过程中，小董还发现了一个现象，在一系列计算中，错误可以相互抵消。例如，当有的学生将学校的占地面积估计较大，为 300 亩时，那么他会估计学校人数也会趋向于比一般学校的人数多，如 9000 人；而有些学生如果假设占地面积为 150 亩时，那么他们会假设全校人数有 5000 人。每小组之间的得数误差趋于一个稳定的区间，这是小董在之前查阅资料时没有发现的。

当全班学生计算得差不多的时候，小董点了个之前没有上过台的小组，将他们的估算结果汇报出来：

在他们的估算中，他们假设学校包括学生和教职工在内为 5000 人，平均每人的质量为 60 kg，假设学校占地 180 亩，每亩约等于 666.66 $m^2$。他们首先计算的是学校所有人数的总质量，约为 $3\times10^5$ kg，然后再将占地面积计算出来，约为 $1.2\times10^5$ $m^2$。

$$F=pS=1.01\times10^5\ \text{Pa}\times1.2\times10^5\ \text{m}^2=1.212\times10^{10}\ \text{N}。$$

压力其实就是气体的重力，根据压力的大小就计算出学校上方的空气质量约为 $1.212\times10^9$ kg。

结合之前计算出来的教职工和学生的总质量，算出学校上方大气质量约为教职工和学生总质量的 4000 倍。

这位学生汇报完毕，大家都开始重新审视自己组内得到的答案。发现：学生们计算出来的倍数都在同一数量级内，最后结果都是在 3500 倍 ~5000 倍之间，根据每个学生假设代入的条件不同，答案也有所出入。刚开始汇报的学生还很担心自己的计算有误，随着小董老师点评之后，学生们也明白了原来这道题的答案并不唯一。

“大家估算的物理模型都没有错误，只是由于学校面积和招生规模不同，答案就出现了不一样的地方。生活中也是这样，我们的物理渗透在方方面面，和生活息息相关，甚至有的时候是没有唯一答案的，具体的答案是什么，还需要你们按照自己的想法去探索和求解。”小董听完大家的汇报之后这样评价道。

### （三）日常题目变着用

除以上题目外，小董特意挑选了一道来源于日常物理学习中典型的估算类习题，并将它改成了一道费米问题。

“恭喜各位勇士打败了之前的‘怪兽’，现在到了我们的最后一关了，听好题目：请估测一下心脏工作的平均功率。”小董说完明显感受到班上被这完全没有任何信息的题目吓住了，一时之间没有人回答。于是，小董带着他们一起分析这道题目。小董点了K同学的名字，问他觉得平均功率应该怎么求。K同学没怎么迟疑就回答：“用做的总功除以时间。”然后小董接着引导：“那你觉得心脏做的总功应该怎么计算？”K同学停顿了一会儿：“我知道应该是力乘以力的方向上的位移。”小董再深入了一层：“那你觉得心脏做功用的力应该怎么计算？或者换句话说，我们想要计算的话，需要知道哪些条件？”这次K同学花的时间比上次的更长了一点：“应该指的是心脏收缩时的压力，压力应该是用压强乘以受力面积。”小董总结道“刚刚K同学的思路很不错，他回答的三个问题其实就暗含着三个物理计算步骤，现在请大家动笔在纸上将三个相关的物理公式列出来，然后化简，请K同学上黑板化简。”

K同学在黑板上工工整整地写上了：

$$\begin{cases} P = W/t \\ W = F\Delta L \\ F = pS \\ P = \dfrac{pS\Delta L}{t} \end{cases}$$

小董询问台下的同学们：“K同学写得非常详细，有没有人觉得这个答案还有需要改进的地方？”这时有同学在下面抢答道：“还可以把答案化得更简单，让面积和做功的距离相乘直接代入心脏的体积！”小董点了点头，然后在K同学的公式后面进行了补充：

$$P = \frac{pS\Delta L}{t} = \frac{p\Delta V}{t}$$

K同学刚刚落座不久，就有行动力特别强的学生一股脑地将他查阅到的数据嚷嚷了出来，“心脏的压强平均值大约在 $1.5 \times 10^4$ Pa 左右，心脏的容积大约为 80 mL，也就是 $8 \times 10^{-5}$ m$^3$！”小董见状直接宣布开始小组讨论，经过梳理思路之后，明显班上学生的疑惑就少多了，而且全班都开始积极地参与到了计算中来。小董趁机对全班的解题格式提出了要求：“同学们，注意了，在解题过程中一定要注意解题的格式规范，要按照之前老师做的题目一样写好序号和假设的条件，没有这部分的阐述，你的题目就不对了。”再下去巡视的时候，班上学生的格式明显规范了很多。

这一次的报告小董点的L同学上来进行汇报。

“我们组假设心脏一分钟跳动 70 次，且心脏容积为 $8\times10^{-5}\text{m}^3$，心脏压强平均值为 $1.5\times10^4$ Pa。

由公式

$$\begin{cases}P=W/t\\W=F\Delta L\\F=pS\end{cases}$$

三者联立可得

$$P=\frac{pS\Delta L}{t}=\frac{p\Delta V}{t}$$

然后我们组将假设条件代入得

$$P=\frac{p\Delta V}{t}=\frac{1.5\times10^4\,\text{Pa}\times8\times10^{-5}\,\text{m}^3}{60\,\text{s}/70}=1.4\,\text{W}$$

所以心脏工作的平均功率为 1.4 W。”

L 同学在汇报的同时也将他们组的思路板书在了黑板上，思路非常清晰，全班在他话音落下的一刹那都自觉地鼓起掌来。

当小董表扬 L 同学时，下课铃正好响起来了，但是让小董欣慰的是班上并没有人有不耐烦或者收拾东西，依旧是安安静静地等待着点评。小董上完课之后，趁着前两排的同学还在收拾东西，赶紧询问到：“你们觉得这节课怎么样？”

前两排的学生评价说在做题时很难找到思路,也有同学说这样做题有点不适应。但是无一例外地都要求小董以后可以在课堂上多找一些这类题目给大家做，并表示这类题目虽然有一些难，但是都很有趣。还有学生表示没想到上物理课还能学到很多其他学科外的知识。

## 四、效果评价

有了这些学生的鼓励，小董对费米问题在教学上的实施信心大增，他决定再找一下之前聊过关于物理学习的三个学生，再问问他们上完这堂课之后的感想。

董：“你上完这堂课觉得物理学还是和你之前想的那么难学吗？”

A 同学：“老师，我依旧觉得物理学还是很难的，但是说实话，我觉得我们这节课上的内容的难点和我之前认为物理学的难点，不太一样了，我以前是计算也觉得很难，那些公式概念也觉得好难，但是今天上课的内容难在我不懂怎么去把学到的知识联系到题目里来。您讲完之后，我觉得用到的公式概念明明都很简单，但是我就是有时候想不起来用上。”

董：“我觉得不管你以后学文科还是理科，物理都是要好好学的，你以后万一当了个小说家，也犯和吴承恩一样的错误多不好。难不是物理的错，物理和生活息息相关，以后要好好学啊。”

A 同学："老师我知道了，如果以后像今天这种题目我什么地方不会的话，我会过来和您请教的，谢谢老师。"

董："B 同学，你听过这堂课之后，你对物理学的认识有什么改变吗？"

B 同学："感觉物理学还是和生活有关系的，我没有想到一个教室里的空气质量能有那么大，这个完全打破了我的认知。《西游记》我看了三遍，但都没有试过从物理学的角度去分析金箍棒的那道题。"

董："就像我上课说的一样，生活中缺乏发现物理问题的眼睛，所以你才会觉得物理和我们的生活没有联系。"

B 同学："以后还会有这样的习题课吗？今天的问题都很有意思，涨了不少见识。"

董："不管有没有这样的课，你都可以尝试将学到的物理知识用来解决生活中的物理问题。"

B 同学："好的老师。"

董："今天的物理题运用到的数学计算不算太复杂，上完之后你觉得怎么样。"

C 同学："老师，我觉得我可能不仅数学方面有问题，物理可能也有……"

董："为什么这么说呢？"

C 同学："以前遇到难题，我常常是算不出来就放弃了，顶多写写公式，拿点过程分。但今天，我连两道题的公式都没推出来，看来我得加强物理基础了。"

董："今天这种题目是我换了一种形式的题目，最开始接触可能都没有办法马上熟练地掌握，但是如果以后我们有机会接着训练的话，你对这种题型会越来越熟悉，做起来应该会好一些。不过你的物理基础确实需要加强，有什么不懂的随时过来问。"

C 同学："好的，谢谢老师。"

总的来说，依据整体的学生反馈，小董觉得一直以来自己花费的心血都没有白费，学生们对这些类型的题目兴趣浓厚，而且也有学生通过自己的上课表现重新审视了自己，评估了自己的物理水平。虽然外文文献上已经证实费米问题对学生的思维能力等有提高，但是如果想要自己验证的话，依旧需要长久的训练才能看出成效。小董觉得就今天的课堂反应以及找学生们聊天的情况来看，学生对物理学习的兴趣确实是有提升的。

## 五、结语

小董经过这时间的努力，深刻体会到了将新的问题教学方法应用到实践中的复杂过程，意识到这仅仅是一个开始，就像"万里长征"的第一步。

他的经历也证明了费米问题作为一种新型物理问题教学法，具有很强的操作性，短期内能有效激发学生兴趣。然而，国内在"费米问题"的研究上明显落后于国外，目前还停留在理论阶段，缺乏实践报告和数据来说明"费米问题"的长期效果。费米问题的实际效用和应用方法仍停留在理论论述阶段。小董希望未来能和同一领域的老师们共同努力，通过量化手段记录费米问题对学生的实际影响，共同推动这一新兴领域的完善和发展。

新的课程标准已经正式颁布，新的时期总是充满着新的挑战，新的手段才能应对着不断变化的教育形式，只有成为不断学习和进步的“新”老师，我们才能在这个时代中，即使面对一批一批的有着不同时代特点和烙印的新学生，也都能把他们培养成符合新时代要求的高标准人才。

## 案例思考题

1. 什么是费米问题？费米问题的优点和缺点分别是什么？

2. 你认为案例中的小董在实施费米问题于问题教学的过程中，有没有还可以改进的地方？如果有应该怎么改？

3. 对于文中提到的费米问题实施过程中可能遇到的困难，你是否有好的解决方案？

4. 如果你要将费米问题运用到你的教学中，你会怎么使用它？在什么样的情况下使用？

5. 通过本案例的学习，你有何收获？本案例给予你最大的启示是什么？如果你是老师，你会如何使用费米问题进行教学？为什么？

## 推荐阅读


[1] 冯杰，刘兰英，冯迪．物理案例教学的实践模式辨析 [J]. 课程教材教法，2016, 36(7): 101−107.

[2] 张大均，教育心理学 [M]. 北京：人民教育出版社，2015:7.

[3] A. W. Robinson，Don’t just stand there—teach fermi problems.[J]Physics Education, 2008, 43(1): 83−87.

[4] C. J. Efthimiou, R. A. Llewellyn.Cinema，Fermi problems and general education.[J] Physics Education, 2007, 42(3): 253−261.

[5] 嵇杰，方伟，杨丽清，赵赛君．浅谈费米问题与原始物理问题 [J]. 物理教学，2017, 39(7): 10−12.

[6] 本刊编辑部．费米问题：数学家的脑筋急转弯 [J]. 课堂内外：智慧数学（小学版），2016(5): 4−9.


（本案例入选教育部学位与研究生教育发展中心的中国专业学位教学案例中心，作者为方伟、童瑜意、冯杰）

## 5.6 借助“多拍”与“控球”积“势”的优质提问教学法

[**摘要**] 提问是教学工具箱中最重要的工具，提问的质量、准确度、有效性等无不影响着学生思考的深度、对知识的理解和学习的迁移程度。借助“多拍”与“控球”积“势”的优质提问教学法，将优质问题融入优质提问，呈现“多拍”与“控球”积“势”的高效课堂。M 老师在了解学情和掌握教材的基础上，灵活使用“多拍”与“控球”积“势”的优质提问教学法，不断进行“教学—反思—再优化—再教学”，设计一个个思维缜密的优质问题吸引全部学生全程参与到问题的思考中，以此来激发学生的探究兴趣、培养学生的科学思维并引导学生自主向老师进行问题反馈。

[**关键词**] 优质问题　优质提问　问题链　电磁感应现象　静电现象的应用

### 背景信息

《普通高中物理课程标准（2017 年版 2020 年修订）》提出了在物理教学中要注重培养学生四个方面的学科核心素养，即物理观念、科学思维、科学探究和科学态度与责任，这是对三维目标的提炼和升华，也意味着对教师的课堂教学有了更高的要求。2021 年 7 月 24 日，中共中央办公厅、国务院办公厅印发《关于进一步减轻义务教育阶段学生作业负担和校外培训负担的意见》（即“双减”政策），但在减负的背景下，如何实现减负增效，这是对教学提出的重大问题。问答是课堂教学的主要师生互动形式，优质的问题能启发学生思考、引导学生探究、培养学生实事求是的科学态度，能实现减负增效的教学效果。在目前的课堂中，老师所设计的问答活动还是比较多地关注知识本身，并没有起到引发深层思维活动的目的。目前，课堂提问存在的现状问题主要可归纳为如下四点：（1）教师提问处在比较低的认知水平上，比如教师提问学生回忆某一概念的文字表达、公式表达等，在短时间内提到多个内容，看似引导学生回顾了很多知识，但实际上学生只是做到了机械性的回顾、知识点的罗列，有的只是“单拍”伪互动，学生并没有很好地将知识与知识之间建立起联系来，没有引发深度思考。（2）没有尽可能使所有学生参与到问题的思考、讨论中，课堂中很难照顾到每一位学生，而教师也总是在抛出问题过后只请积极举手的学生回答问题，长此以往，教师的提问只会引起部分学生的思考、讨论。（3）“候答”时间过短，“候答”时间是指在教师提出问题后、学生回答问题前的这段思考时间，在日常教学中，经常因为教学进度而给予学生较短的“候答”时间，学生的思考时间不足，对问题的理解还不够深刻，很难做出准确、有深度的回答。（4）教师只想要备课时“预设的答案”，很多时候学生并不能给出教师所预设的“正确答案”，给的答案并不完整，或者对错参半，甚至会给出错误的回答，不少无经验的年轻老师不知所措，会指责其错误并换另一个学生作答，有部分老师则会慢慢引导该生直到学生说出教师备课预设的“正确答案”；但很少有教师愿意花时间以错误答案为基点，分析其错在哪里，并通过举一反三来解决这些可能并不是个例的错误认知。

因此，在新课标的指导之下，课堂中的提问也要因时而变，我们努力探求更优质的提问以培养具有物理学科核心素养的学生。对于课堂提问，有研究表明，教师在课堂上的提问有利于激发学生积极主动地进行思考；有助于培养学生多方面的能力；有利于教师掌握学情并以此反馈到教学当中，使教学更有针对性。我们在实际的教学当中也应更多地将关注点放在提问对学生、老师和教学的影响上。但在美国教育专家 Jackie 和 Beth 看来，提问还要关注问题本身，他们在大量研究和实践经验的基础上提出了优质提问教学法（Quality Questioning）。根据优质提问教学法，优质问题应该具备四个基本特征：目的性、聚焦性、合适的认知水平以及清晰的陈述。该教学法中提出的“6P 框架”指导着优质提问教学法的四个实施阶段：一是准备并提出优质问题；二是激发所有学生参与问题的回答，鼓励和支持学生之间的互动和讨论；三是教师的及时反馈；四是引导学生进行有效的提问。这样看来，优质提问相较于一般的提问还关注问题本身和要引导学生进行提问。

本案例展示了 M 老师如何从一位不太会设计优质问题、不太会优质提问的新手教师，通过研读大量书籍、文献并多次向优秀教师取经，同时基于自己的体育爱好，感悟并设计出“借助‘多拍’与‘控球’积‘势’的优质提问教学法”来改进自己教学的心路历程与实践全过程。经过一系列的“实践—反思—再实践”之后，她的课堂不再沉寂，学生对知识的掌握也越发牢固。

# 案例正文

## 一、师之“困”：课堂沉闷成效差

M 老师是一位入职没几年的青年教师，物理教育专硕毕业，学科知识扎实，工作也有热情。近日，M 老师所教的高二（10）班和高二（11）班正好学到人教版高中物理必修 3 的第十三章“电磁感应与电磁波初步”。通过前两节的教学，M 老师发现不管怎么努力，课堂上似乎都像烧水一样，少那么一把让水沸腾的火，课堂比较沉寂，且重难点知识尽管一遍遍地讲，但学生还是不能很好地掌握，她为之很苦恼，并常思破解之法，但一直无所获。

有关电和磁的内容在高中物理中是有难度的，普遍来说，学生理解起来也存在困难。这可让 M 老师犯了愁——“这才开了个头，后面的电磁感应现象及其应用更难了，这可怎么办！”作为一位入职没几年的青年物理教师，M 老师对教学工作充满热情，不忘当初选择教师这个职业的初心和对教育的情怀。因此她总是在课前根据作业批改情况、学生的学情并结合单元整体目标，制定符合学生学情的教学目标，认真撰写教学设计、练习如何充分利用教学媒体（图片、视频、实验、板书）等课堂活动达到课堂的教学目标。但是，本该顺顺利利的课堂教学效果却并不好，目标达成度不高，这让她非常苦恼。

M老师还是一位羽毛球爱好者，常在工作之余与同事、球友们约球健身。某周六，物理组相约打羽毛球锻炼身体。M老师的双打队友，是一位五十多岁、球龄近三十年的P区某高中物理正高级Z教师。这次她和Z老师搭档一局落败，闷闷不乐地坐在场地边。有着丰富教学阅历和羽毛球双打经验的Z老师一眼便看出了平日阳光的M老师有心事，走上前询问原因。以下是他们的对话片段：

Z老师：小M，怎么不打了？输球不爽了，还是心里有事？

M老师：Z老师，也没什么事，胜败乃兵家常事，这个很正常，只是教学上确实有点烦心。最近感觉知识难度上来了，学生越来越“闷”了，课堂练习也是频频出问题，讲过好多遍的知识学生还没掌握住，我感觉我的教学设计都写得很好，课也是按部就班地上了，不知道为什么会这样。

Z老师：哈哈，原来是因为这个啊！你遇到的问题我刚入职的时候也遇到过，不用太担心。课堂上你要和学生互动，学生才能打起精神。你的教学设计写的一直很用心我是知道的，但是你不能只关注你怎么上完这堂课呀，还要关注学生如何能尽可能地都参与到课堂中来，你要多抛出些问题给他们，引导和激发他们深入思考，这样课堂上就不沉闷啦。

M老师：哎，说到提问，我更生气。我也很认同您的观点，因此备课的时候设计了很多的问题，但课堂上学生的答案五花八门，错误百出，而且有些答案可谓是“脑洞大开”，根本就超出我的想象，不是我想要的。

Z老师：提问也不是这么简单的，要尽量少设计、少问那种“是不是”“对不对”“能不能”的问题，少问仅需要记忆的事实性、陈述性问题，提问内容要贴近学生的最近发展区，踮起脚就能够得到，提问的方式要循序渐进，特别是那些学生理解上存在障碍的问题。要提出有引导性的问题，引导学生去思考，这样学生才会“跟着课堂走”。

M老师：嗯嗯，我明白了，就是要设计一些结构化的问题，比如设计一些类似“问题链”来“串”起一堂课对吧。

Z老师：“问题链”只是一种，怎么问也很关键。你刚才说你问的问题学生回答得五花八门，错误百出，根本就不是你想要的，那我想请你思考几个问题，不用很快回答我：你基于什么样的目的让学生回答出你想要的答案呢？为什么你很生气于学生答案的五花八门和错误百出呢？你生气的点在哪里？

看M老师若有所思，Z老师接着说：换一种思路来看，这些五花八门和错误百出的答案是不是我们老师求之不得的信息？有了这些信息，我们就能知道学生的问题出在哪里，对吗？了解了这些问题所在，我们是不是就能知己知彼，对症下药？如此一来，你还会很生气这些五花八门、错误百出、非你所愿的答案吗？

Z老师看着小M的似懂非懂的反应，决定再加一把火，轻松地对M老师说：小M，不谈教学的事情，你知道我们刚才这局丢分落败的问题在哪里吗？我们状态其实是可以的，也很拼，但你把每一回合的胜负寄托于一两拍上，寄希望于一两拍就打死对手，但真正的羽毛球高手过招体现在“多拍”上，也就是不急于进攻杀球，不急于刁钻球路来得分，而是多给对手打高远球、平抽球，在“多拍”的过程中不断寻找对方弱点，不断“控球”积“势”，始终找准问题的关键，有目的性地去解决问题。以空间换时间，最后当我方积累的“势”越来越占优势、越来越主动的情况下，抓住对方破绽，一招致命！另外，我推荐你一本书——《优质提问教学法》，多看多想多思，以你的悟性，定有所获。

说者无意听者有心，M老师闻听此言，顿时茅塞顿开，豁然开朗，这不是我一直苦思而无所获的课堂提问法吗？听了Z教师关于羽毛球的“多拍”与“控球”积“势”心得，结合课堂提问的现状问题，小M老师突然感悟到：优质的课堂提问其实就在于“多拍”和“控球”“积势”，即首先要设置优质问题链。问题提出后，一方面要暂且抛开备课时预设的问题链，也不要试图引出教师“想要的答案”，正向面对学生回答的具体内容；同时利用“多拍”策略，不断回问，并在回问的过程中，认真分析“临场”情况，仔细“控球”，抽丝剥茧，让问题不断朝着预设的问题链走向，不断积累有利于真实问题解决的“势”；一旦时机成熟，迅速破茧化羽，一举解决存在于学生中的错误观念。

而在这个“多拍”与“控球”积“势”的提问过程中，占用课堂时间的长短可能是无法预见的，但教师无须担心课堂没法按照既定方案推进，所谓“磨刀不误砍柴工”，教学的目的是解决问题和学生问题解决能力的培养，教无定法，但贵在得法，教学时机的把握非常重要，若时过然后学，则勤苦而难成。教学最终看效果，而无须机械地执行教学计划。

打完球后，M老师很快下单买了《优质提问教学法》这本书。在书中提到的优质提问的“6P框架”（如图1）让M老师感觉有了“抓手”。“6P”框架具体包含六个核心实践过程，包括准备问题（Prepare the Questions）、提出问题（Present the Questions）、促进思考（Prompt Student Thinking）、处理回应（Process Student Responses）、打磨实践（Polish Questioning Practices）、师生协同（Partner with Students）。

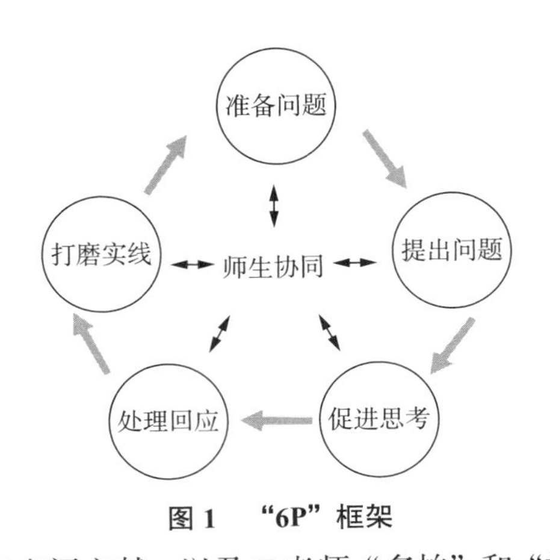


**图 1　“6P”框架**

经过多日的研读和查阅文献，以及 Z 老师“多拍”和“控球”积“势”的类比，M 老师有所感悟。课堂提问是课堂上教师与学生之间主要的也是重要的互动形式，对于课堂提问，要有利于激发学生积极主动地思考；有助于培养学生多方面的能力；有利于教师掌握学情并以此反馈到教学当中，使教学更有针对性。在实际的教学当中，除了好的问答方式，还要关注问题本身，只有有了“好问题”，优质提问法才能“有意义”。好的问题隐藏在真实的情境中，要学会从情境中挖掘问题，这样才能引领学生从物理学的视角去观察客观世界，用物理学的视角去解释和思考。M 老师通过阅读《优质提问教学法》这本书，深刻地认识到优质提问教学法的核心和出发点是优质问题的提出和优质提问法的运用，缺一不可。羽毛球场上老法师给出的“多拍”与“控球”积“势”策略解决的是优质提问法，但如何设计出优质问题，这是问题教学的首要问题。这就类似于古代习剑之人，既要练习高超的剑法，又要有一把锋利的宝剑，如此方能如虎添翼，仗剑天涯。同样道理，对于有志于成为一名优秀物理教师的教坛新秀而言，教师既要修炼出“绝世剑法”（优质提问法），更要锻造出“旷世宝剑”（设计优质问题），如此方能仗剑于三尺物理讲台，快意教涯。

## 二、师之“研”：精妙尽在问与答

在吃透“6P”框架的核心内涵后，又查阅了其他一些有关优质提问的文献和优质提问的框架。研究后发现，比较好的有关“提问”的文章都在使用优质提问框架，但同时她也发现在物理学科中进行“优质提问”的研究非常少。怎么能更好地在高中物理课堂中使用“优质提问”呢？M 老师又犯了难，不过她并没有苦恼很久，转而从“物理课堂提问”“物理课堂有效提问”下手，阅读相关文献后，明白了高中物理的课堂到底需要什么样的提问，之后她又将“6P”框架和自己羽毛球打球心得相结合，制定了适合自己教学的极具物理色彩的“借助‘多拍’与‘控球’积‘势’的优质提问教学法”（图 2），其核心就是两点：设计优质问题和寻找优质提问法。

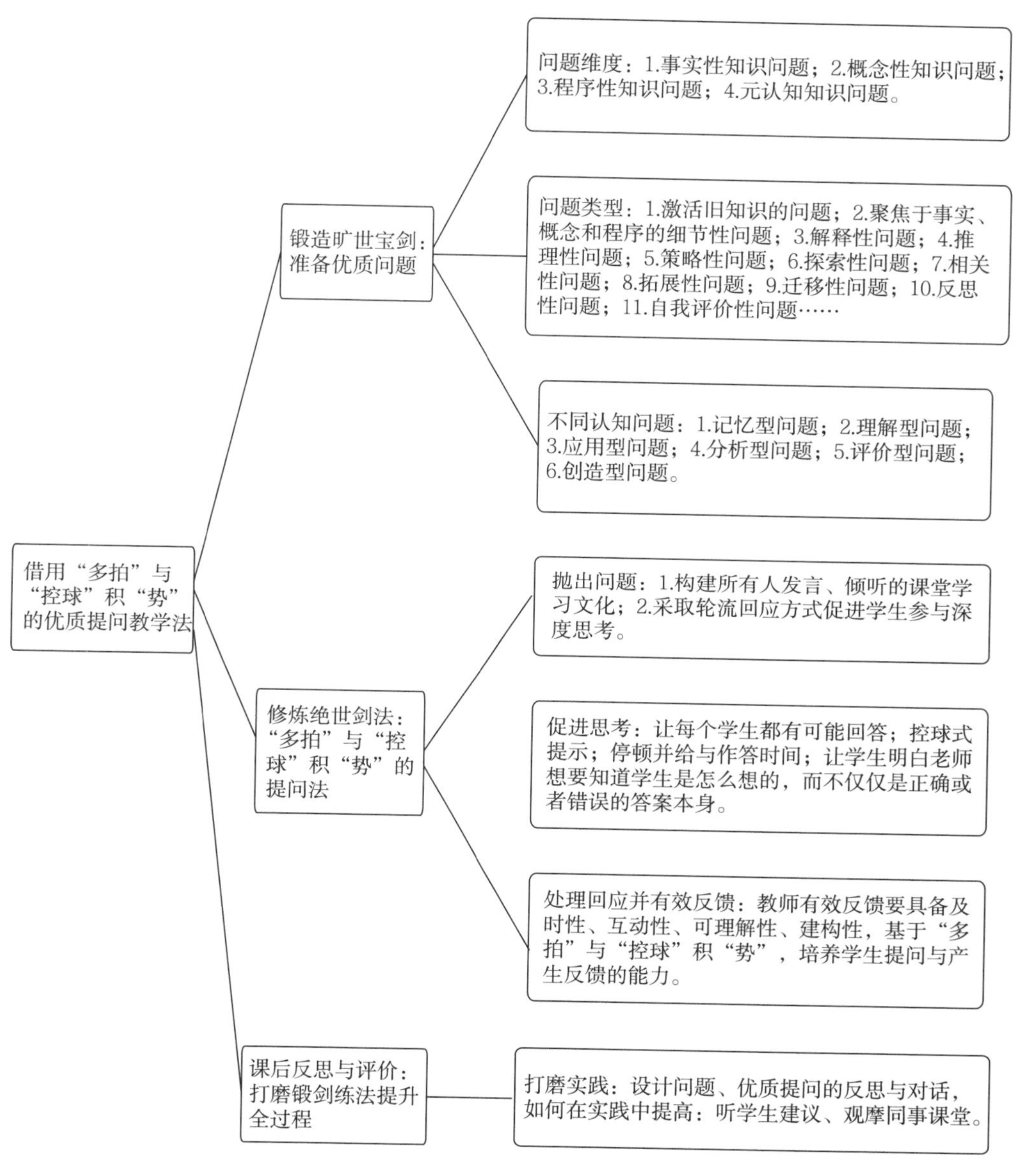


**图 2　借助“多拍”与“控球”积“势”的优质提问教学法框架图**

## （一）锻造旷世宝剑：设计优质问题

当前教育改革下，完全没有师生问答的课堂是很少的，但真正称得上优质问答的课堂其实也很少。如 M 老师和 Z 老师的交流那样，大部分的课堂提问是以事实为基础的问题，如“是不是”“对不对”“能不能”的选择性问题，或仅凭记忆的事实性问题，抑或是描述具体现象的陈述性问题，但缺乏引发思考的以高阶思维为基础的问题，实际上在问题的设计中非常有门道。M 老师通过研读文献和请教前辈，明白提问内容不能太简单，但也不能太难，要贴近学生的最近发展区，多一些踮脚能够到的问题。提问的方式要循序渐进，特别是那些学生理解上存在障碍的问题。要提出有引导性的问题，引导学生去思考，这样学生才会“跟着课堂走”。在设计问题前，要充分了解问题。

从问题的维度来看，问题可以分成事实性知识问题、概念性知识问题、程序性知识问题和元认知知识问题。课堂上的提问不能都是事实性问题，在设计问题的时候四类问题都要有所涉及，特别是程序性知识问题和元认知问题；从问题类型来看，可以有激活旧知识的问题、聚焦于事实、概念和程序的细节性问题、解释性问题、推理性问题、策略性问题、探索性问题、相关性问题、拓展性问题、迁移性问题、反思性问题、自我评价性问题等。要清楚每一个问题的类型，并力争多样化的问题类型。

按照布鲁姆的目标分类，还可以将问题分为不同认知层次的问题，如记忆型问题、理解型问题、应用型问题、分析型问题、评价型问题、创造型问题。绝大部分课堂的绝大部分问题都仅集中在记忆型、理解型问题，涉及应用、分析、评价、创作的很多。

正如羽毛球运动一样，不能只有一种击球方式，高远球、平抽球、扣杀球、搓球、扑球、网前球、勾球等，击球方式丰富的羽毛球锻炼才更有趣。同样道理，只有明白了各种问题门道，在备课设计问题时有意识地将问题归类，有意识地设计不同维度、不同类型、不同认知层次的问题，这样的课堂上的问题各式各样，“荤素搭配”，如此才能激发更多学生积极地参与课堂，促进学习者的深度思考。

### （二）修炼绝世剑法：优化问答模式

有了优质的问题，只是高效课堂的一部分，还需要有好的问答模式。优质问题相当于旷世宝剑，十分关键，但如何用好宝剑，则需要修炼绝世剑法，如此才能相得益彰，如虎添翼。

在提出问题时，一是要构建所有人都能发言、倾听的课堂学习文化，让学生不会因为回答错误而有压力；二是要采取合理方式让所有学生都有可能被提问到，如采取轮流回应随机抽签、同学指定等方式促进所有学生参与深度思考。

在问题提出后，一是要停顿并给予充分的作答思考时间；二是要让学生明白老师最想要知道的是学生怎么想的，如何思考的，这些在一定程度上比答案本身更重要；三是遵循无退出策略，即当某个同学甲沉默应对、简单应付或回答错误时，教师不能简单地寻求另一个同学乙回答而让甲同学“轻松过关”。应该通过“多拍”和“控球”积“势”，通过适当引导坚持让甲同学回答到底，直到问题彻底解决。在该同学解决问题的过程中，可以允许另一个同学乙回答（教师随机抽取或该生求助同学），但第一个同学甲最终还是要回答这个问题；四是积极处理回应并有效反馈。教师的反馈要具备及时性、互动性、可理解性、建构性，基于“多拍”与“控球”积“势”，培养学生提问与产生反馈的能力。

### （三）“多拍”与“控球”积“势”

基于优质问题的优质课堂问答模式其实就在于“多拍”和“控球”积“势”，即首先要设置优质问题（链）。问题提出后，一方面要暂且抛开备课时预设的问题链，也不要试图引出教师“想要的答案”，正向面对学生回答的具体内容，同时利用“多拍”策略，不断回问，并在回问的过程中，认真分析“临场”情况，仔细“控球”，抽丝剥茧，让问题不断走向预设的问题链，不断积累有利于真实问题解决的“势”，一旦时机成熟，迅速破茧化羽，一举解决存在于学生中的错误观念。

“借助‘多拍’与‘控球’积‘势’的优质提问教学法”可以细分为两大部分：实验型［如图 3（a）］和非实验型［如图 3（b）］。对于“实验型”，“准备问题”是指在备课时教师就要准备好 4 个问题：（1）实验前问题，即要对学生观察什么提出要求。（2）实验中问题，得到了什么“证据”。（3）实验后问题，实验中得到的“证据”能得出什么结论。（4）对实验有何疑问或改进措施。“提出实验前问题”就是要对学生观察什么提出明确要求，并给予学生充足时间理解问题。从“提出实验前问题”到“整理归纳”之间应当根据课程要求进行教师的演示实验或是学生实验，操作时可进行反复实验。“整理归纳”环节教师要抛出设计的实验中、实验后问题给予学生充分的时间思考、讨论而后回答。“回应总结”是指教师要在学生回答问题后作出一定的回应，不局限于对回答正确的同学作出回应，更重要的是发现学生的问题，纠正学生的思考误区，最后教师再用标准的物理语言总结实验结论并进行拓展教学。“打磨实践”具有两方面内涵：一方面，学生要对问题做出反思，总结自己在实验中忽略或是理论上没掌握清楚的问题；另一方面，教师也要作出反思，回顾自己的设计在本次实际的课堂实践中还存在怎样的问题，学生的表现是否达到了教学目标。“师生协同”不是单方面的，而是在整个提问中必不可少的，教师要利用问题调动学生思考的积极性，学生也要尽可能最大程度地参与其中。

对于“非实验型”，又分出两小类，一种与预设问题有关，另一种与“问题链”式提问有关。二者不论是哪一种，最开始的步骤还是需要教师准备好需要的优质问题，从第二步才开始有了差异。从图 3（b）中可以清晰地看到，“预设问题”一支的第二步是“预设提问”，这样的提问方式大多用在课堂导入与新课讲授的衔接，该预设问题其中的一部分内容是学生依据当前的知识储备可解决的，但仍有一部分是需要学完整节课才可以解答。这个问题会吸引学生细心学习本节课内容而后“解密”。第三步是“综合运用”，在完成课堂知识教学过后，教师应提醒学生还有课堂伊始设置的问题没有解决，给予学生充分的思考、讨论时间，而后让学生畅所欲言。“回应总结”就是要求教师对刚刚学生的回答在做出评价的基础上作出提炼并加以总结，同时还要解答学生疑惑；“问题链”一支看似结构简单却不易设计，教师需要设计一系列的“问题”来进行某一知识点的教学，这就要求问题与问题间要能紧紧相扣，逻辑上层层递进，一步步引导学生思考得更加深入，从而加深学生对知识的理解和掌握。教师在问题链中也要及时作出“处理回应”，每个问题既是“问题链”的一部分，也是一个独立的需要解决的问题，只有每个问题教师能在最大程度上发现学生问题、解疑答惑，整个问题链才有存在的价值，如果仅仅浮于问题的堆砌，得到的效果也并不好。框架中的“打磨实践”和“师生协同”也是两支都需要的步骤。“打磨实践”同实验型的打磨实践类似，都是对学生和教师两方面的要求，最重要的是进行反思。“师生协同”也是同实验型的一样，它不是某一单方面的要求，而是在整个提问中都要融入进去的，教师要利用问题调动学生思考的积极性，学生也要尽可能最大程度地参与其中。

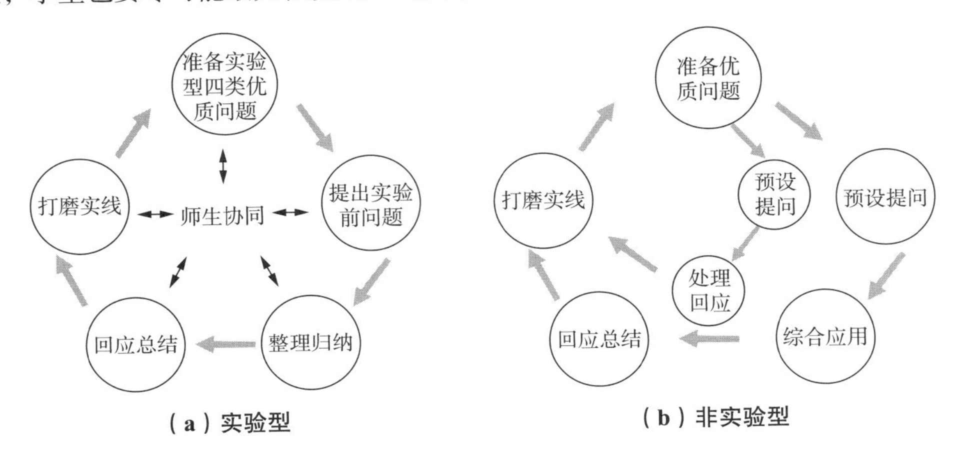


图 3　优质提问教学法

## 三、出师未捷：纸上得来终觉浅

M 老师在设计好借助“多拍”与“控球”积“势”的优质提问教学法后就迫不及待地想付诸实践了。她的目标对准了接下来的课程——电磁感应现象及其应用。电磁感应现象及其应用是“电磁感应与电磁波初步”这一章中非常重要的一节内容，在 M 老师看来，这一节需要分成电磁感应现象和电磁感应现象的应用两个课时来进行教学。于是，她首先对“电磁感应现象”部分的教学内容进行了设计。她首先分析了该部分的重难点内容。“电磁感应现象”的重点是研究“产生感应电流的条件”，难点是学生如何通过实验，归纳出“闭合回路的磁通量发生变化”。经过一番精心设计，M 老师满怀自信地走进了高二（10）班的教室。

（其他教学环节省略，重点表现 M 老师运用借助“多拍”与“控球”积“势”的优质提问教学法进行重难点教学）

师：既然电能生磁，那磁能不能生电呢（“问题链”之问题 1）？聪明的法拉第陷入了深深的思考，充满好奇的他开始了他的研究。他把导线绕在磁铁上并且将电流表连接起来，同学们思考一下，法拉第先生的设计可行吗（“问题链”之问题

2）？如果可行，出现什么现象可以说明磁能生电（“问题链”之问题 3）？

这里是实施借助“多拍”与“控球”积“势”的优质提问教学法非实验型中的“问题链”式分支，提出问题，给予学生 2 分钟的时间思考讨论。但 M 老师却发现，虽然允许学生之间讨论，但几乎没有学生选择和同学抑或是同桌进行讨论，M 老师不得不提前终止了讨论。

师：哪位同学想展示一下自己的想法？

M 老师想叫同学起来回答问题却也是一片沉寂，无奈之下只好把课代表 A 同学叫了起来。

A 同学：额……我认为……可行吧。

师：不要怕，大胆说就行，你认为可行，能说一说你的理由吗？还有你认为出现什么现象可以说明磁能生电？

A 同学：我认为他可行是觉得他的设计有磁铁还有回路，电流表能够偏转的话就说明回路里有电流，就能证明磁能生电。

学生根据他自己的认知和理解作出了解释，M 老师接下来对他的回答作出回应。

师：A 同学说得非常好，有磁铁这是磁的元素，回路可以看作电的元素，如果有电流产生那么就可以在这个回路中流动，电流表就可以有示数，初步判断可行。但能否可行还得看实践！

M 老师在对 A 同学的回答作分析总结的基础上，同时又抛出了疑问，看似“可行”是否一定“可行”？实践（实验）是检验真理的唯一标准。

师：其实啊，法拉第经过多年多次实验，却并没观察到任何一次的电流表偏转，从这一现象可以分析得到什么结论？（“问题链”之问题 4）

和之前一样，问题 4 抛出后，给学生讨论时间，但学生不讨论，无奈 M 老师又是叫了一位学生回答。

B 同学：可能有电流，但是太小，电流表显示不出，用灵敏电流计或许可以。

师：B 同学的猜测很有道理，对不对？之前我们学习电表的时候就知道微小的电流通过电流表时其指针几乎不偏转，灵敏电流计可以看得更清晰。

这里 M 老师根据学生的回答还引导学生回顾了电流表和灵敏电流计的区别，让学生注意区别使用。

师：同学们很聪明啊！法拉第也是这么想的，但是就算是换成了灵敏电流计，法拉第也没有得到想要的结果。

师：后来他又设计了另一个实验，他把两个线圈绕在一个铁环上，一个线圈接电源，另一个线圈接“电流表”。当他给一个线圈通电或者断电的瞬间，在另一个线圈上出现了电流。同学们注意一下这个通电和断电的瞬间这两个关键词，并和同桌讨论两次实验的区别，并归纳出现电流的可能原因（“问题链”之问题 5），给大家 3 分钟的时间。

这里 M 老师再次提问让学生思考产生电流的原因，为接下来知识点的讲解作铺垫。这次学生还稍微积极了些，学生 C 举手回答问题。

C 同学：接电源的线圈通电后会产生“电生磁”的现象，然后因为有磁的产生又会影响另一个线圈有“磁生电”的现象。

师：法拉第的第一个实验中也是有磁啊，为什么那个得不到而这次可以呢（“问题链”之问题 6）？

M 老师再次提问引导学生发现这次的“磁”和之前“磁”的区别。

C 同学：（沉默）

M 老师：有没有其他同学有想法帮帮他？

M 老师努力想让别的同学也都参与到对这个问题的思考中，但都毫无反应。

M 老师：那老师再提示一下大家，刚才老师特意提示到，让大家注意“通电或者断电的瞬间”法拉第才验证了“磁生电”，这里和之前的“磁”有什么区别？（“问题链”之问题 7）

不管 M 老师等待学生思考多久，都没有人肯回答，M 老师内心有些失望，之前好好的设计好像并不能很顺利地进行。于是她就直接讲出了“瞬间”意味着磁是变化的“磁”，从而变化的磁才有了电的产生。之后发现，课堂时间已过去一大半，教学任务眼看就要完不成了，于是 M 老师开始自己的讲解，没再进行提问。

课后，M 老师很是苦恼，明明自己都好好设计了问题，怎么还是不行呢？于是，M 老师反思今天的课堂并调取了自己的授课视频，细想下来，前面一块其实和课程联系不大，有点浪费时间，再就是学生参与度不高，回答问题的同学基本上都是她叫起来回答的，明白了问题所在，M 老师又重新设计了这节课的教学，第二天（11）班的课再试一次。

## 四、总结提高：越挫越勇中前行

M 老师有些忐忑地走进了高二（11）班的教室，铃声一响，开启了她的课堂。在讲到法拉第的时候，M 老师将法拉第开始做的一些实验以小故事的形式讲解给学生，学生听起来津津有味，然后重点开始讲解那个成功的实验，接着再利用“问题链”式的框架进行教学。

师：他又设计了另一个实验，他把两个线圈绕在一个铁环上，一个线圈接电源，另一个线圈接“电流表”。当给一个线圈通电或者断电的瞬间，在另一个线圈上出现了电流。同学们和同桌讨论一下这个实验产生电流的原因，写在准备好的答题纸上，给大家 5 分钟的时间。

这次 M 老师不仅把这个问题提了出来，还把问题板书在了黑板上，要求学生不仅要动脑思考还要与其他同学讨论并且要将解答落实在纸上。果不其然，这样的改变激发着所有学生都想得到一个可以写下来的答案，由此他们都激烈地讨论着。

5 分钟过后，不少学生纷纷举手回答问题。

D 同学：我们讨论的结果是，通电的那个线圈产生了磁场影响了另一个线圈而后穿过另一个线圈的磁产生了电，所以能产生电流。

师：分析得很好。我们再听听别的同学的想法（“多拍”与“控球”积“势”）。这里 M 老师并没有根据一个学生的回答就结束，而是再询问别的同学的想法，让大家尽可能地发挥、畅所欲言。

E 同学：老师我有一点和他的不太一样，我认为是通电线圈产生的磁场的变化影响着另一个线圈，从而产生的电流。

师：问题来了，你认为是磁场的变化导致的，D 同学认为有磁场就能引起，到底谁的更准确呢？大家再读一下书上的这一部分内容，找出支持 D 同学或者 E 同学的证据（“多拍”，并让大家仔细读书本知识，来“控球”、积“势”，使得形势向着有利于自己的一方转化）。

M 老师并没有直接评价谁对谁错，而是引导学生去寻找“证据”，之后再请别的同学说明理由。

F 同学：老师，我支持 E 同学，因为我读到“在线圈通电或者断电的瞬间，另一个线圈上会出现电流”，通电瞬间是一个从无到有的过程，断电瞬间是一个从有到无的过程，这就意味着变化，所以我同意 E 同学所说的，是磁的变化产生电。

师：F 同学有理有据找到了关键点，分析得很好，重点就是说的“瞬间”然后才有了电流的出现，其实呢，更科学、更严谨一点来说，就是当穿过线圈的磁通量发生变化，线圈才有电流的出现。（“势”成，迅速破茧化羽，一招制胜）

通过这一“问题链”式的提问，学生自己去寻求问题的答案，不再依赖于教师的讲授，学生思考问题的能力和证据意识明显加强。在这之后，M 老师根据“借助‘多拍’与‘控球’积‘势’的优质提问教学法”还进行了“打磨实践”，反思并总结出这次授课的好的经验是提问有深度，环环相扣，不断反拍回球给学生，抽丝剥茧，同时提问不再只是口头讲述，还将问题以板书的形式呈现给了学生，通过让学生“动笔写”来让学生能积极地参与到讨论中，并且较大面积地激发了更多的学生，而不是某一个抽到的学生，因而课堂上一改往日的沉寂。但问题依然是存在的，M 老师发现虽然用到了框架，但还是少了点，只运用了“问题链”式，如果再有别的框架的应用，那整节课就更充实，质量更高了。

## 五、打磨实践：在反思中行稳致远

经过一段时间的尝试，M 老师已经可以非常灵活地应用自己的“借助‘多拍’与‘控球’积‘势’的优质提问教学法”来进行教学，学生的学习积极性日渐显现，学生掌握知识的能力和思考问题的深度也在提升。恰逢学校选拔老师代表学校参加省里的教学比赛，M 老师因为其平时出色的表现被领导选中，她很珍惜这次比赛的机会，同时也想让自己的“借助‘多拍’与‘控球’积‘势’的优质提问教学法”被更多人知道和认同。

M老师抽课抽到《静电现象的应用》一课，经过精心的备课，她带着一个班的学生走进了录课室。

M老师在上课伊始改变了原来带领学生回顾旧知的设计，改为先让学生观看一段《加油向未来》节目中“现场玩转神奇闪电”的视频，在正式学习本节内容前激发学生的学习兴趣。学生看完后，M老师借此抛出问题：这两位放电高手的脚下踩的是上万伏的高压，但是他们却安然无恙，还演绎了神奇的“电现象”，你们（同学们）想不想知道其中的秘密呀？学习完本节课，老师期待你们来解密（看似不是问题的问题，设疑，问题1）。

看似简单的提问，其实却蕴含着很多信息。首先，M老师明确地告诉了学生这是上万伏的高压，远远超出学生了解的人体安全电压不超过36V的限定；其次，在上万伏高压下人不仅没事还能演绎神奇的“电现象”；最后，也是最重要的，M老师变相地下达了一个学习任务：学完本节课，学生要“解密”。

这么看来，这不仅是一个非实验型“预设提问”一支的问题，还趁热打铁再一次地激发了学生的学习兴趣，让学生带着问题去学习本节课。

之后，M老师在讲解静电平衡概念的时候又用到非实验型“问题链”一支的提问。

师：我们看这里，当我们将一个金属导体放入场强为$E_0$的匀强磁场中，中性导体中的自由电子会产生怎样的情况（问题2）？

生A：在电场的作用下，自由电子由于受到电场力的作用做定向运动，但又不大会脱离金属表面，应该是堆积在金属导体的一侧。

师：很好，电子受力做定向运动，聚集在金属导体的一侧，继续说，那对于中性导体来说，还会有什么发生？（问题3，“多拍”与“控球”积“势”）

生A：在金属导体的另一侧还会感应出正电荷。

师：说得非常好。大家一起思考，A同学是根据我们之前学习过的什么知识得出的结论？（问题4，“多拍”与“控球”积“势”）[M老师通过某学习系统随机抽学生回答（通过机制激发所有同学参与问题思考）] B同学你来回答一下。

生B：静电感应现象。

师：很棒，这是根据我们之前学习的静电感应现象得出的结论。那么老师继续问大家，电子的定向运动会持续下去吗？判断的理由是什么？（问题5和6，“多拍”与“控球”积“势”）

在这一片段中，M老师引导学生回忆之前所学静电感应的内容，但她并没有全部让A同学说完，而是又叫了B同学，这样的提问不会变成教师和A同学的单独对话，而是转为面对全班学生，B同学只是随机选出的一个。由先前学生回答过的问题出发，进而提出问题“电子的定向运动会持续下去吗？判断的理由是什么？”，以此引发学生思考并成功引入本节课的教学。这也是优质提问的一种，这个问题中既有学生已知的内容，又有学生待解决的问题，在学生可接受的范围内，但又高于学生的认知，这就是一个优质提问。

在引导学生研究导体外部场强的方向的时候，M 老师又呈现了她的优质提问。

师：导体外部表面的场强的方向会是怎样的？大家思考一下，一会儿抽一位同学回答（问题 7，促进每一个学生参与思考）。

生 C：我认为导体外部表面的场强的方向会垂直于导体的表面。

师：哦，你认为导体外部表面的场强的方向会垂直于导体的表面。你能解释一下吗？（问题 8，“多拍”回球，解释、推理性问题）

生 C：我是想原来外部场强是垂直导体外表面的，因为如果不是垂直的话，在平行表面的方向就会有电场的分量，有电场电荷就会移动，就不是静电平衡状态了，所以只能是垂直于外表面。

师：C 同学回答得非常到位啊，就是因为这个金属导体处于静电平衡状态，这个情况就限定住导体表面电场必须是垂直于金属导体表面。导体表面场强处处垂直，结合我们之前学习的知识，这又意味着什么呢？（问题 9，系统随机抽人，促进每一个学生参与思考，“控球”积“势”，引导到教学目标）

生 D：导体表面是个等势面。

师：非常好。表面我们清楚了，是个等势面。那么导体内部任意两点间的电势差可能会是多少呢？大家讨论、思考一下。（问题 10，讨论互动，“控球”积“势”，引导到教学目标）

生 E：我觉得应该是零。刚才讲过处于静电平衡的导体内部场强大小为零，利用之前学过的 $U=Ed$ 的公式，可以得出这两点间的电势为零。

师：E 同学结合了我们上节课的知识得到处于静电平衡的导体内部任意两点间的电势差为零。大家想一想，内部任意两点电势差为零，表面还是个等势面，这样的导体，如果我们有幸有资格给它起个名字，你觉得取什么名字最能体现特色呢？（问题 11，“控球”积“势”，已到抽丝剥茧的临界点）

生（全体）：等势体！

师：非常好，我们总结一下，处于静电平衡状态的导体，内部场强为零，外部场强方向垂直于导体表面，且该导体是一个等势体。（拨云见日，势成，又一个一招制胜）

在这一部分中，M 老师优质提问是通过问题链的形式呈现出来的。每一个问题都很简单，都是学生可以找到依据稍加分析得出来的。一连串的问题引导着学生一步步深入进去，当所有问题迎刃而解之时，静电平衡的特点也就浮出了水面。M 老师并没有依据传统的讲授式课堂“告诉”学生静电平衡的特点，而是通过问题链的形式，一步步引导学生回忆所学知识，提取现在掌握的有关条件加以分析，自己得出结论。M 老师在这个过程中不仅扮演着一个引导者的角色，还对每位同学得出的结论稍加整理，让学生体会规范的物理表达，真正应用了老祖宗的道而弗牵、强而弗抑、开而弗达的教育理念。

理论总是抽象的，学生理解起来有一定的困难，那么实验验证对学生理解是非常有帮助的事情。M 教师让学生自行设计实验验证静电平衡的导体内部场强为零。根据“借助‘多拍’与‘控球’积‘势’的优质提问教学法”实验型，M 老师首先“提出实验前问题”，同学们先进行小组讨论，将想法写于 A4 纸上，注意通过观察实验中带电小球在空间中是否受电场力。在学生实验的过程中，M 老师走下讲台进行观察，保证学生实验的安全。

师：我看大家都做得差不多了，有哪位同学可以代表你们组汇报一下成果？

甲同学：我们组是将泡沫小球接触感应起电机使它带电，这时小球与细线和竖直方向成一个角度，但当我们把金属笼罩上之后，小球就回到了竖直方向。

师：哦，小球回到了竖直方向，说明它受不受电场力？（问题 12）

甲同学：说明它不受电场力也就能证明静电屏蔽的金属笼内部电场强度为零。在学生解释完之后，M 老师开始第三步和第四步——“整理归纳”和“回应总结”。

师：甲同学一组设计得非常好，通过利用手摇式感应起电机让泡沫小球带电，静置于空间中受起电机上电荷产生的电场影响，泡沫小球受到电场力，当将金属笼罩在其上，又发现小球回到竖直方向，不受电场力了，从而我们可以推断出处于静电平衡状态的导体内部场强为零。虽然我们印证了这个结论的正确性，但一种操作未免有点难以让人信服，有没有其他组有别的想法？（整理归纳）

乙同学：我们组是让泡沫小球靠近带电导体，发现它有偏转，之后把它向金属笼靠近偏角变小，当用金属笼罩住它的时候，就完全没有偏转了，所以我们组认为这也可以证明处于静电平衡状态的导体内部场强为零。

师：非常好啊，乙同学这一组用了和第一组同学不一样的方法，但得到了同样的结论，说明我们的结论是正确的，处于静电平衡状态的导体内部场强为零（回应总结）。

通过实验，学生认识了手摇感应起电机及其使用方法，并通过自己设计实验，验证了之前理论推导所得结论。可以注意到，M 教师请了两组同学做了分享，这两组通过实验，虽然实验操作不同，但他们得出的结论都是一样的，由此可以验证我们理论上得到的结论是正确的，同时也让学生更加深入地理解了静电平衡的特点。

M 老师也在学生思考讨论问题的时候将觉得实施的好的地方和有待改进的地方记在教案上，以备优化。后续的内容也是按照“借助‘多拍’与‘控球’积‘势’的优质提问教学法”进行提问。课后，物理组其他老师对 M 老师的这节课有着高度的评价，M 老师的整个课程设计得非常完整、有新意。整节课知识点讲解充分，逻辑线清晰，学生实验与演示实验相结合等都非常精彩、有创意。“借助‘多拍’与‘控球’积‘势’的优质提问教学法”设计的优质提问融入物理课堂，尽可能地让所有学生参与进来，让课堂“活”起来的同时，也提升了学生的科学思维，加深了学生对物理知识的掌握。

## 六、结语

从一开始充满困惑，到与前辈、同侪交流取经，再到自己研读建立问答框架，最后到之后的实践—反思—再实践，M老师不仅设计出了“借助‘多拍’与‘控球’积‘势’的优质提问教学法”，还真正地在课堂上灵活运用了这个“优质提问教学法”，使得课堂活跃度大幅提升，参与深度思考的学生增加，学生的科学思维得到提升，M教师参与的教学比赛也真正意义上让“借助‘多拍’与‘控球’积‘势’的优质提问教学法”能够“走出去”接受检验，事实证明相当有效。从M老师的事例中我们可以学到，摆脱课堂低效提问势在必行，要将优质提问和我们物理学科紧密结合，利用M老师设计的“借助‘多拍’与‘控球’积‘势’的优质提问教学法”设计优质问题及其实施流程，并适时灵活进行每一步。

“借助‘多拍’与‘控球’积‘势’的优质提问教学法”从设计优质问题和探索优质提问法两方面入手，致力于既要锻造出“旷世宝剑”，又要修炼出“绝世剑法”，相信她在今后的教学中定能仗剑于三尺物理讲台，快意教涯，同时对培养学生物理学科核心素养、对实现减负增效也是一个很好的尝试。

## 思考题

1. 优质提问教学法的两个核心是什么？

2. 谈谈你对“‘多拍’与‘控球’积‘势’的优质提问教学法”的理解。

3. 在问答中，如何能让所有学生参与思考和回应？说说你的想法。

4. 任选某一知识点，依据本案例给出的“借用‘多拍’与‘控球’积‘势’的优质提问教学法”，从优质问题设计、问答模式设计等角度，给出基于问题教学的教学设计。

## 推荐阅读

[1] 吴德芳，吴苏春．论课堂教学中的学生提问 [J]. 江西教育科研，2002(3): 32−34.

[2] Jackie Acree Walsh, Beth Dankert Satte, 盛群力，吴海军，陈金慧，杭秀译．优质提问教学法：让每个学生都参与其中(第二版)[M]．中国轻工业出版社，2018.

[3] 张和方．“优质提问教学法”在高中物理课堂中的应用实践 [J]. 新课程，2016(4): 97, 100.

[4] 赵跃文．高中物理课堂中的提问策略 [J]. 物理教学，2017, 39(3): 17−19.

[5] 曹艳如．物理课堂提问的等待策略——传球法 [J]. 物理教师，2017, 38(1): 23−25.

[6] 吕琪 . 翻转课堂下高中物理教学提问设计的实践与探索 [J]. 物理教学 , 2016, 38(4): 9−12, 8.
[7] 任虎虎 . 物理教学中有效提问的策略浅析 [J]. 物理教学 , 2015, 37(2): 13−14.
[8] 朱小青 . 关于初中物理课堂教学提问有效性的思考 [J]. 物理教师 , 2015, 36(1): 43−45.

（本案例入选教育部学位与研究生教育发展中心的中国专业学位教学案例中心，作者为方伟、季美红、冷伟、张艳、吴天健）

## 5.7 用“类比迁移”突破中学物理教学难点

**[摘要]** 本案例详细介绍了“类比迁移”的定义、本质、内涵及其对中学物理教学的现实意义。并以“电压”概念课为例，详细记录了一位新入职的初中物理L老师从不识类比真面目到深入研究“类比迁移”，最终运用“类比迁移”突破教学难点，并总结出“类比迁移”的教学策略和四个原则。案例中的“类比迁移”既照顾了学生的易接受性又不失科学的严谨性，为广大物理教育研究生及新教师的培训提供了参考。

**[关键词]** 类比迁移 物理问题 电压概念 教学难点

### 背景信息

类比迁移是一种重要且常见的教学学习方法，类比是手段，迁移是目的。早在两千多年前，世界上最早专门论述教育和教学问题的著作《学记》中就有云，“古之学者，比物丑类”，这是古人提出的类比思想。古代懂学习和教学的人，都会善用比喻和类比，用通俗易懂的事例来说明较为抽象的大道理，能博喻，然后能为师。事实上，学记中就用了大量的类比来阐述其观点，如“玉不琢，不成器；人不学，不知道”，如“虽有佳肴弗食不知其旨也，虽有至道弗学不知其善也”。类比是指将新事物同已知事物间在具有相似方面作比较，找出它们的相似点或相同点，然后以此为依据，把其中某一对象的有关知识或结论推移到另一对象中去，是一种教学手段。迁移则是心理学上的概念，它是指已经获得的知识、技能或方法对学习新知识或原有知识结构的影响。知识的迁移使新知识和原有知识之间发生相互作用，可以把已有的知识推广到与之相似的情境中去。

类比迁移，是指两个可类比的对象，以学生的认知结构为中介，从一个已知的对象转移到另一个未知对象上。类比迁移的前提是学生对已学对象有了充分的认识和理解，并在自己的认知结构中形成了一定模式，这个模式包括知识内容、思想方法等方面。因此类比迁移是一个涉及教学论、学习论范畴的教学学习方法。

从科学思维角度来看，类比迁移是一种重要的科学思维方法。尽管在2017年版《普通高中物理课程标准（2017年版2020年修订）》的“科学思维”中并没有明确给出类比迁移，但在模型建构、科学推理、科学论证、质疑创新等科学思维中，都可能会运用到类比迁移这一思维方式。教师在物理课堂教学中还需要借助科学思维方法来引导学生进行科学探究，而类比迁移法可以帮助学生将抽象的知识转变为更具体的知识来理解，更高效地掌握物理知识。据不完全统计，中学物理中运用类比迁移法的知识点有20多个（见表1和表2）。因此，对类比迁移法案例教学的研究存在普遍的指导意义。康德曾说：“当理智无法得到可靠的论证时，类比往往能引导着人类形成正确的认识”，这句话表明了类比迁移法在科学研究中的重要地位。

**表 1　初中物理中的类比迁移**

| 类象 | 本象 |
|---|---|
| 水流 | 电流 / 串、并联电路 |
| 速率 | 功率 |
| 机械能 | 内能 |
| 轴对称图形 | 平面镜成像特点 |
| 水波 | 声波 |
| 马路 | 影响导体电阻大小因素 |
| 弹簧模型 | 分子力 |
| 控制变量法 | |
| 比值定义法 | |

**表 2　高中物理中的类比迁移**

| 类象 | 本象 |
|---|---|
| 重力场 | 电场 |
| 电场线 | 磁感线 |
| 电场 | 磁场 |
| 万有引力 | 静电力 |
| 水容器 | 电容器 |
| 质点 | 点电荷 |
| 速度仪表盘指针转动快慢及位置 | 加速度与速度的关系 |
| $E=\frac{F}{q}$ | $U=\frac{\varepsilon}{q}$（与 $q$ 无关） |
| $v$–$t$ 图像 | $F$–$t$ 图像 |
| 简谐振动 | 电磁振荡 |

类比迁移法在教学中具有以下三点实际意义。第一，是学习物理知识的有效方法；教师引导学生从自身已有的知识结构或记忆中提取相关、类似的知识经验，并在此基础上再对新知进行探索，能起到事半功倍的效果。第二，有利于培养创造性思维；类比迁移的特点是具有启发性和探究性，在运用类比的过程中既可以引发学生的联想，培养学生从多个角度思考问题的发散思维，也能锻炼学生的创造性思维，拓宽学生的视野。第三，有助于建构系统化的知识结构；在知识点较为分散和层次

较多的复习阶段，引导学生运用类比迁移能有效地对知识点和解题方法进行归纳总结和整理，进而形成知识结构体系。

但由于类比并不是科学论证，其得到的结论具有明显的界限，两个客体之间不能无限类比，尤其是将现象作为类比的根据时，而这也是学生经常会犯的错误。首先，当学生出现错误的想法时，教师需要及时指出并进行改正，以免产生知识的负迁移。恰当使用类比法可以作为启发学生思维的一种思路，但它不是一种严密的推理方法。其次，类比的应用易使学生产生理解的偏差，教师必须准确地应用，教师在使用类比法时要保证被引用的类比法准确可信。最后，教师需要引导学生通过仔细分析和比较，透过现象抓住与所研究的问题相对应的特征，选择合适的类比对象，得到可靠的结论，自觉地、正确地掌握与运用类比方法。因此，教师运用类比迁移法进行教学时需遵守科学性原则、互动性原则和主动性原则等。

本案例展示了一名新入职的初中物理教师从不识类比真面目、机械地应用类比迁移，到吃透类比迁移教学法、调整教学策略、熟练运用类比迁移的全过程，最终获得教师和学生一致好评。L 老师是如何从看山是山，到看山不是山，最终又能见山还是山，成功运用类比迁移法克服一直以来存在争议的电压类比教学的呢?

# 案例正文

## 一、“类比迁移”初尝试，看山是山

### （一）课前自信，成竹在胸

L 老师是 SY 中学的一名新入职的初中物理老师，毕业于某师范大学的学科教学（物理）专业。她物理学科知识扎实，熟知各种教育理论，乐观好学，对教学有热情，学校对她也很重视，给 L 老师分配任教了两个初三班级。完成了教材第十五章电流和电路的教学后，紧接着便是电压电阻的知识点的教学。

《电压》是初中物理九年级第十六章第一节的教学内容，学生已经理解了电流的概念并能正确使用电流表。L 老师非常认真地备课，对比之下，她觉得人教版教材中对电压知识点的设计比较枯燥，不易激发学生的学习热情。她在网络上查找了很多教学设计，发现大多数教学设计都是将电压与水压进行类比。考虑到对初三的学生而言电压概念还是比较抽象，L 老师认为在“电压”概念课的教学中通过水压来类比电压，确实可以很好地突破教学难点，帮助学生掌握电压的概念。于是 L 老师参考了几个自认为比较优秀的教案，完成了一份电压的教学设计。

### （二）课中实践，自觉欠佳

第一次上课铃响起后，L 老师带上教材满怀信心地走进初三（5）班教室。以下是课堂实录：

**复习导入**

师：同学们，我们上节课学习了电路和电流，还记得电路的组成包括哪些吗？

生：电路包括电源、用电器、导线和开关。

师：电流是如何形成的呢？

生：我记得很清楚！老师上节课用水流类比电流，导体中的电荷沿一定方向移动就形成了电流。

师：看来同学们已经掌握了上节课的内容，那大家想不想知道是什么原因使电荷定向移动形成电流的呢？

看到同学们满脸期待的求知欲表情，老师信心满满地接着说：那就让我们带着对这个问题的思考共同走进今天的物理课堂吧！

**新课讲授**

**认识电压**

师：同学们请看多媒体，老师将抽水系统图和电路图放在了一起（图 1），你们发现了什么？

生：它们长得有些相似。

师：电路中的电流和水管中的水流相似，水为什么会流动呢？

生：因为抽水机抽动了水，所以水流动了起来。

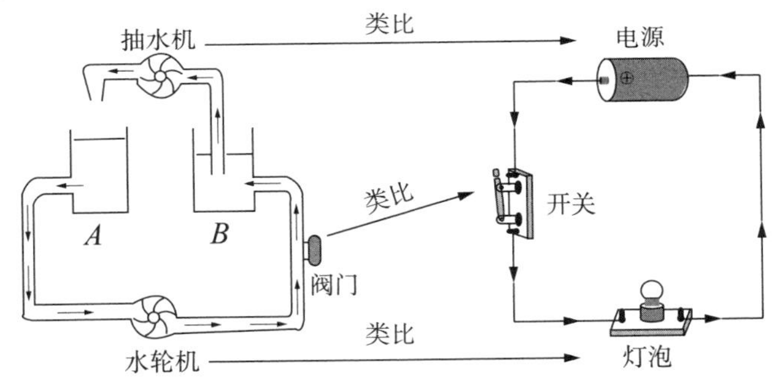


**图 1　水压与电压的类比图**

师：那电路中为什么会有电流呢？

有的学生低下了头，有几位同学说是因为电路中有电源。

师：个别同学答对了！电源提供电压，而电压就是我们今天要学习的一个新的物理量，它就是产生电流的原因。我们一起来看一下这两幅图，抽水机产生水压，水压产生了水流。电源提供电压，电压产生了电流。同学们，有不理解的地方吗？

生 1：我感觉好抽象啊，有点难理解。

生 2：电压为什么就能产生电流呢？

师：电压也就是电势差，电势差使电荷定向移动形成了电流，电势差知识将在高中物理课上学习。初中阶段你们只要记住电压是产生电流的原因就可以了。

生：老师，我记住了。

师：不理解的同学可以再对比一下这两幅图。接下来我们一起总结一下，电压使电路中自由电荷定向移动形成电流，电源是提供电压的装置。同学们注意，电压是产生电流的原因这种说法也是正确的。

师：电压通常用字母 $U$ 表示，电压的国际制单位是伏特，简称伏，符号是 V。这是为了纪念意大利科学家伏特而命名的。

**测量电压**

师：一节干电池两极间的电压为 1.5V，一节蓄电池两极间的电压为 2 V，家庭电路中的电压为 220 V。可见电压有大有小，我们如何测量电压大小呢？

生：可以用电压表。

师：看来这位同学认真预习了课本，我们可以用电压表来测量电压。我们先来认识一下电压表，请看多媒体。有没有发现，电压表与我们上节课学习的电流表长得相似？谁能找出不同之处？

生 1：电压表的图形符号是 V，电流表的图形符号是 A。

生 2：电压表有两个量程，分别是 3 V 和 15 V。

师：同学们真是火眼金睛，对比之下我们认识了电压表。那如何使用电压表呢？给同学们 5 分钟的时间看一下课本。

师：电压表是如何连接到电路中的？

生 1：是并联。

生 2：为什么不能和电流表一样串联接入电路中呢？

师：因为电压是导体两端的电势差，是加在导体两端的，所以我们使用电压表的时候要与待测导体并联。

生：电压为什么是加在导体两端？

师：（一时不知道该如何向学生解释）这个不好理解的话，你们就先背下来吧！

通过学生分组实验，带领同学们掌握了用电压表测量电压的方法。

**课堂练习**

师：这节课的新知识我们已经学完了，请同学们思考一下 PPT 上的这两道练习题。

例 1：__________是提供电压的装置，__________使电荷定向移动形成电流，__________通过电灯使灯泡发光。

例 2：下列说法中正确的是（　　）。

A．电路中只要有电压，就一定有电流

B．电路不闭合，电源两端就没有电压

C．电路中有电流，电路两端一定有电压

D．电流使电路两端有电压

师：同学们应该思考好了，哪位同学来回答第一道题？

生1：电源是提供电压的装置，电压使电荷定向移动形成电流，电压通过电灯使灯泡发光。

师：前两个填空答对了，第三个填空你是怎么思考认为答案是电压？

生1：上节课学的是电流，用水流类比电流，这节课又说水压产生水流，水流、水压、电流、电压我有点搞不清了，因为这节课学的是电压，我猜答案可能就是电压吧。

师：电灯就相当于水轮机，水轮机转动是因为有水流流过。相应地，有电流通过电灯，电灯才会发光，明白了吗？

生1：明白了。

师：哪位同学愿意来回答第二道题？

此时班上一片寂静，大部分同学低下了头，小部分同学脸上带着疑惑继续思考题目。L老师便随便点了一名同学站起来回答。

生2：我感觉A、B、C都对。电压是产生电流的原因，所以有电压就会有电流，有电流就会有电压，我只能排除D选项。

师：我们再来回顾一下水路图，抽水机维持一定水压，但老师将阀门关闭，水能流动吗？

生：水不能流动。

师：所以要想形成水流必须既有抽水机维持水压又要打开阀门。相应地，在电路中只有电源维持电压以及开关闭合才能形成电流。因此，在电路中有电压不一定有电流，有电流一定有电压。所以A、B、D都不对，只有C是正确的。

L老师看到同学们眼神中充满疑惑，也感觉到有些失落，心想我明明讲得很清楚了，为什么同学们还存在这么多疑惑，题目也不能做对。

**课堂小结**

师：同学们不要灰心，电压的概念比较抽象，我们刚开始接触会觉得有些难，这是很正常的现象。对于刚刚讲授的内容，有哪里感觉到还是很难理解吗？

班级再次陷入沉默，没有学生敢抬头看老师。

师：希望同学们下课后再对本节课进行认真地复习，有问题可以课后来问老师。

下课铃响起后，L老师抱着教材很沮丧地走出初三（5）班教室。来到办公室后，L老师两眼无光地坐在椅子上回顾整节课中学生和自己的表现，挫败感使得L老师较为沮丧。在教学过程中，L老师进行简单的类比，以为学生会很快掌握电压知识点，但实际上并未取得良好的教学效果。

### （三）课后反思，虚心求教

L 老师认为自己备课已经挺认真的了，看了教材，也看了很多教案。本来抱着十足的信心能上好电压这节抽象的概念课，但看到初三（5）班同学的反应后，L 老师开始反思自己的教学设计和教学技巧，思考是不是哪些环节衔接得不自然？下周要给初三（6）班的学生上电压概念课，由于自己是一名新老师，实在看不出自己的问题所在，但又迫切想打破这个困境，不能坐以待毙，最终 L 老师进行了认真的教学反思。

L 老师首先找到 SY 中学的 W 老师，她是一名有二十多年教学经验的物理教师。L 老师向她描述自己的教学设计和课堂中学生的表现，W 老师看着十分着急的 L 老师，安慰片刻后，指出了她教学中存在的一些问题并给予相应建议：

未了解学生相关的知识背景。现在见过抽水机的学生非常少，你拿了一个学生不熟悉的东西去类比抽象的物理概念，这样是不能达到一个促进理解抽象知识的作用。你可以继续采用这个例子去类比，但需要先介绍一下抽水机的作用，让学生明白抽水机在图中是为了维持水管中有一个水位差而存在的。

教学逻辑混乱，未把握类比关键。新课讲授刚开始，你就直接呈现了水路和电路的对比图。将水流类比电流、水压类比电压和抽水机类比电源，这样跳跃式类比在学生头脑中是混乱且抽象的。学生在学习电流的概念后，又出现电压，这对学生来说有一定的难度，容易使学生产生混淆，教师需要把握类比的关键，使学生对电压有一个形象的了解。水路和电路并不完全相同，应该先完整分析水路中形成水流的原因和电路中形成电流的原因之后，再将水路和电路进行类比，帮助学生理解抽象的电压概念。用水压类比电压的教学中，关键是要和学生强调水位差这个中间概念，而在你的教学设计中未体现这一点。而且有研究表明采用水压直接类比电压，容易使学生产生电压是一种力的错误理解。

将类比形式化，导致灌输式教学。类比迁移法是物理教学中常用的一种教学法，它有利于学生利用旧知识去理解新知识，但前提是使用学生熟悉的旧知识。水压类比电压是中学物理中比较常见的电压概念课的教授方法，但你将类比形式化，没有达到为了促进学生理解抽象知识而采用类比的目的。除此之外，没有站在学生的角度进行层进式的教学，学生不能理解你采用的类比导致出现灌输式教学。应该先一步一步地引导学生分析清楚产生水流的原因。水会流动是因为左右水管中存在一个水位差，待两边水管中的水一样高时，水便静止不动，要想使水不停地流动就需要一直存在一个水位差，这时候就需要一个抽水机不断地把低端的水抽到高端来保持这个水位差。了解水路中水流形成的原因后，再分析电路中电流形成的原因。电荷会定向移动是因为电路中存在电位差，电位差就是电压，使电路中持续形成电流就需要一个东西来维持电位差，而电源就是提供电压的装置。学生一开始对于电流形成原因的理解会比较难，这时候可以让学生对比两幅图，分别一一类比来促进学生对新知识的理解。

听完 W 老师的点评，L 老师才发现自己的教学设计原来存在这么多问题。在读研期间，老师就教导我们不能灌输式教学，要从学生的角度出发，没想到自己还是犯下了这个错误。L 老师吸取教训，反思以后在备课的时候只看教材和教案是远远不够的，还需要多去听其他教师的课并与有经验的教师交流。W 老师的点评使 L 老师受益匪浅，也深感自身的不足，但她并未停下脚步，还在想方设法通过各种途径提升自我。

## 二、“类比迁移”深细究，学会看山

### （一）理论研究，搞清类比迁移内涵

L 老师在备课的时候，看到网络上许多教案都采用水压类比电压的方法来教学，只是从自身角度出发认为这个类比非常好理解，却未意识这是物理教学中常用的一种教学法，叫类比迁移法。在实际教学中 L 老师对这个教学法运用较少，没有产生好的教学效果。L 老师是一位认真、负责且有上进心的新老师，她认为一名好的教师一定要会教也要会学，只有掌握了教学法的本质才能很好地运用教学法。于是，她便查阅了许多关于类比迁移教学法的文献，以下是她阅读了几十篇文献后的总结。

#### 1. 类比迁移法的定义

类比是指在新事物同已知事物间具有类似方面作比较，找出它们的相似点或相同点，然后以此为依据，把其中某一对象的有关知识或结论推移到另一对象中去。类比法是人们所熟知的几种逻辑推理中最富有创造性的，目的在于使人们认识新的事物。它是人们在已有知识的基础上去认识新事物，即把新事物与熟悉的事物加以比较，当发现新事物的某些属性跟熟悉的某事物的某些属性相同或相似，用类比的方法，推测它们的另外某些属性也相同或相似。

#### 2. 类比迁移的模式

$A$ 对象具有 $a_1$、$b_1$、$c_1$ 属性，$B$ 对象具有 $a_2$、$b_2$ 属性，且与 $a_1$、$b_1$ 相似，则 $B$ 对象可能有与 $c_1$ 相似的 $c_2$ 属性（图 2）。从类比的基本模式可以看出，运用类比推理有 3 个基本要素：（1）要有可用类比法进一步认识的对象，即上述模式中的 $B$，我们称它为本象；（2）要有进行类比的对象，即上述模式中的 $A$，我们称它为类象；（3）本象与类象之间具有某些相似点。有了这三个基本要素后，将类象具有而本象是否具有尚属未知的属性或关系作为引点进行思考，最后推出本象可能具有和引点相似的属性或关系。

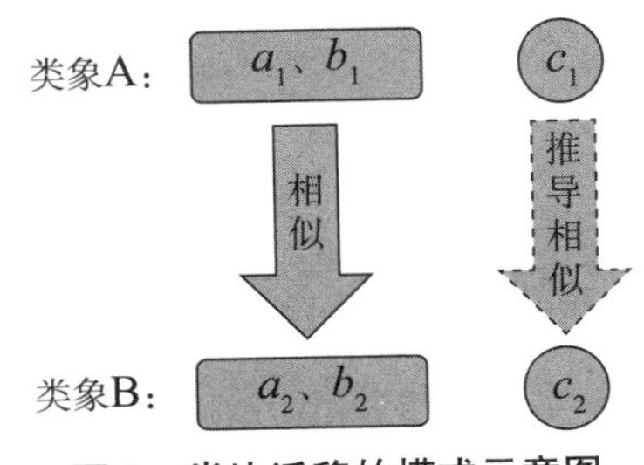


图 2　类比迁移的模式示意图

### 3. 类比迁移的类型

L老师查阅文献后，将中学物理中可以采用类比迁移法的知识分为以下七大类，如图3所示。

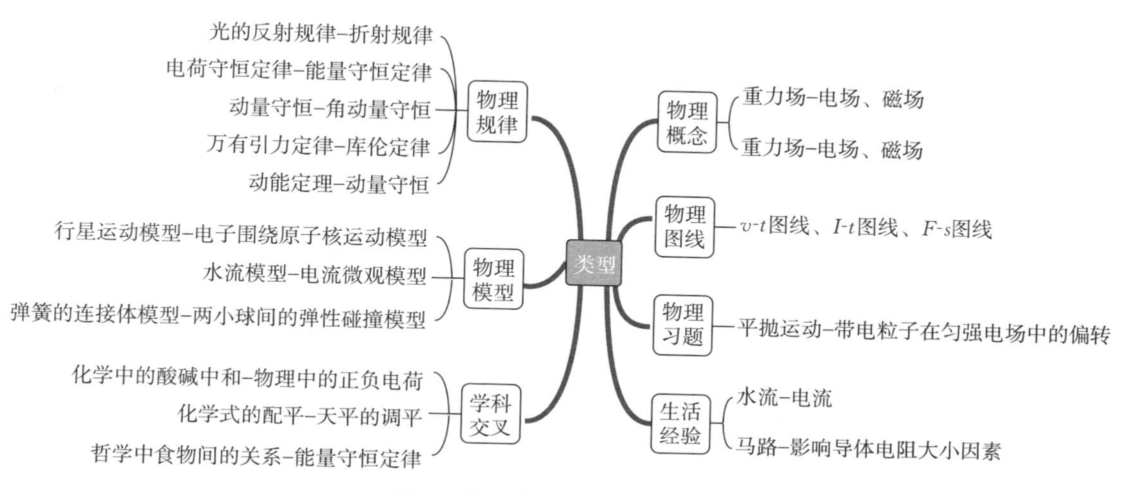


**图3　类比迁移类型的思维导图**

**①物理概念类比**

物理概念是客观事物的物理共同属性和本质特征在人头脑中的反映，是物理事物的抽象，是观察、实验和思维相结合的产物。使学生形成、理解和掌握物理概念，进而掌握物理规律、发展认识能力，是中学物理教学的核心内容之一。在物理教学中，存在部分物理概念较抽象，使学生难以理解，在讲授这些物理概念时，可以运用学生相对熟悉的现象、概念去进行对照或类比，引导学生理解新的知识，克服难点，使学生对物理概念有较透彻的理解。例如，教师可以将重力场与电场、磁场进行类比教学，将速度与加速度进行类比。

**②物理规律类比**

物理知识体系中，物理规律是最重要的核心部分。需要对物理定律、定理等规律进行有效的概括和提炼。在一定范围内，对物理规律进行类比，可以实现让学生更加熟练地掌握物理规律的目的。理解掌握物理规律的程度与其概括水平的高低相关。例如，在学习光的折射定律时，可以将光的反射定律与其进行迁移；电荷守恒定律类比于能量守恒定律；角动量守恒类比于动量守恒；库仑定律类比于万有引力定律；动量定理类比于动能定理。

**③物理图线类比**

物理图线可以直观反映自变量与因变量间的变化关系、变化快慢、因变量对自变量的累积变化情况和物体的运动过程等。例如 $x$-$t$ 图上某点的斜率为该点所对应时刻的速度，表示位置变化的快慢，而 $v$-$t$ 图上某点的斜率为该点所对应时刻的加速度，表示速度变化的快慢。与此类似，有些物理图像所围成的面积也具有明确物理含义，表示另一个物理量，如 $I$-$t$ 图像下的面积表示电荷量 $q$，$F$-$t$ 图像下的面积表示冲量 $I$，$F$- $s$ 图线下的面积表示功 $W$，$v$-$t$ 图像下的面积表示位移，$a$-$t$ 图像下的面积表示速度，$p$-$V$ 图像下的面积表示气体做功等。

**④物理模型类比**

在物理教学时，教师为了帮助学生生动形象地理解所学知识，会选择使用一些物理模型。例如，使用行星的运动模型类比电子围绕原子核运动模型、水流类比电流的微观模型，不仅与实际生活相联系，还有利于学生理解新知。若能从两个物理问题对应的物理模型中具有的一些相似的特性出发，通过类比，推断出它们具有更多相似的特性，这也称为一种模型类比。例如，弹簧的连接体和两小球间的弹性碰撞，虽然它们的外形不同，但两个模型的物理本质是相似的，外力不做功而内力是保守力，因此系统动量守恒，系统中能量相互转化，没有能量损失。掌握模型类比，会解决一个实际问题就相当于会解决一类问题。

**⑤物理习题类比**

物理习题在持续不断地更新，总有一些题目是学生未见过的，若能恰当地运用类比迁移，透过不熟悉的物理情境找到问题的本质，再与熟悉的问题进行类比，运用相应的规律便能准确高效地解决问题。现在很多物理习题中也采用类似的模式来构建习题，帮助学生对已有规律进行熟悉和巩固，实现举一反三的效果。例如，平抛与带电粒子在匀强电场中偏转运动的类比。掌握了平抛运动的特征和解法，通过类比迁移，带电粒子在电场中的偏转这类问题就迎刃而解了。

**⑥交叉学科类比**

在初中物理教学过程中，类比迁移的应用还可以跨学科进行，教师要重视学科交叉的类比迁移，为学生创造一个开放性的学习空间，使他们感受到学科知识之间是相通的，调动他们的学习积极性。但初中物理教师需要根据各个学科知识的特征，恰当地应用类比迁移，促进学生理解。例如，化学中的酸碱中和和物理中的正负电荷类比，化学式的配平和天平的调平类比。又如根据哲学中事物是和谐的、统一的、普遍联系的，类比知道能量守恒定律。如此进行的跨学科类比迁移，还有利于学生归纳总结，降低学生的学习难度。

**⑦生活经验类比**

许多物理知识与生活密切相关，学生具有一定的生活经验，为物理知识的学习提供了重要的资源。在物理教学中，教师要加强物理知识与生活之间的联系，将生活融入教学中，通过具有共同特征知识间的类比迁移，引导学生运用已有的知识、技能去解决物理问题，不仅能提高学生观察与分析问题的能力，而且能够在很大程度上激发学生的学习兴趣，保证物理教学的顺利进行，为日后进一步的学习打下坚实基础。例如，水流类比电流；用马路上的车流去类比电流，路越窄，车辆越难通过，类比可得导体横截面积越小，对电流的阻碍作用就越大。隧道越长，车辆越难通过，类比可得导体长度越大，对电流的阻碍作用就越大。路面越颠簸，车辆越难通过，类比可得导体材料不同，导体对电流的阻碍作用就不同。值得一提的是，与生活经验的类比还是物理课程思政的重要途径，比如弹簧的压缩与势能的积累，可以类比求学的艰辛和个人能力的积蓄。

### （二）研读课标，把握类比迁移本质

#### 1. 研读课程标准

L 老师向 W 老师求助时，W 老师还说道："对于电压概念的教学，一直存在两种争议到现在也没有一个很好的解决方案。大部分教师都是采用水压类比电压来教学，这样的类比有利于学生理解抽象的电压概念。但也有教师认为采用这样的类比是不恰当的，会让学生产生电压是力的错误认识，我们知道电压在课程标准中是属于能的范畴。"听完 W 老师的这番话，L 老师深感惭愧，读研时老师多次强调备课时一定要认真钻研课程标准，而自己在备课中却忽视了这一点，完全没有考虑到采用水压类比电压会容易使学生产生电压是力的错误理解。于是，L 老师决定认真研读课程标准。

课程标准是规定某一学科的课程性质、课程目标、内容目标、实施建议的教学指导性文件。课程标准与教学大纲相比，在课程的基本理念、课程目标、课程实施建议等几部分阐述得详细、明确，特别是提出了面向全体学生的学习基本要求。通过研读课标，L 老师注意到电压的确是在课程标准中一级标题能量、二级标题电磁能下，课程标准对电压这节课的要求如下：

3.4.2 知道电压、电流和电阻。通过实验，探究电流与电压、电阻的关系。理解欧姆定律。

通过课程标准可知，电压是初中物理电学教学内容中一个重要的基本概念，起承前启后的作用，也是之后学习欧姆定律和电阻的重要基础。所以，掌握电压概念十分关键。

#### 2. 对比教材，取长补短

L 老师所用的教材版本是人教版，先前考虑人教版教材中对电压这节的知识处理有些枯燥，不容易激起学生注意力，所以没有参考教材展开教学设计，而现在决定回归教材。一节课中引入部分很重要，引入时需要将学生的注意力吸引过来并且还要引发学生思考。但先前设计的导入部分没有很好地调动学生的积极性，于是 L 老师决定对比各个版本教材对电压新知识点的导入部分，取长补短。L 老师对比了以下三个版本的教材的"电压"引入：

苏科版教材（九年级上册第十三章第四节）：如图 4［原文为图 13-25（a）］所示，水管中水流的形成是由于水管两端存在着水压差，而水泵的作用是不断地将水从乙处抽到甲处，使水管两端维持一定的水压差。与此类似，电路中电流的形成是由于电路两端存在电压（voltage）。电源的作用就是维持正、负极间有一定的电压，

如图 4［原文为图 13–25（b）］所示。

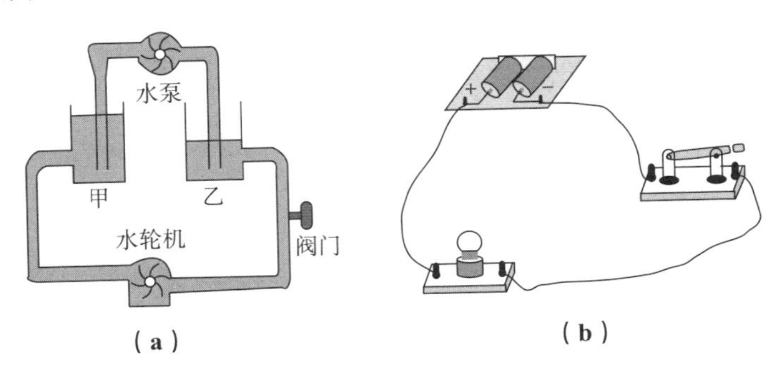


**图 4　苏科版教材导入图**

人教版教材（九年级全一册第十六章第一节）：教材中先展示一个水果发电的小实验，几只水果提供的电力点亮一排发光二极管。再说道：电与我们的生活息息相关，“电压”一词听起来并不陌生。例如，一节干电池的电压大约是 1.5 伏；为我们家里用的电灯、电视机供电的电压是 220 伏；输电用的高压电线的电压可达 1 万伏、10 万伏甚至更高；起电机两个放电球之间的电压要高达几万伏。

沪教版教材（九年级第一学期第七章第一节）：为什么导体要接通电源后，导体中才会形成电流呢？因为电源能提供导体中的自由电荷做定向移动所需的动力，这就像水管中的水需要水压才能流动一样（如图 5），导体中的自由电荷需要电压才能做定向移动。因此，导体两端的电压是导体中自由电荷定向移动的原因，电源就是为电路中的导线提供持续电压的装置。

通过以上三个版本教材的对比，发现苏科版和沪教版教材都是采用水压类比电压的方式引入电压。L 老师想起先前 W 老师说的：“采用水压类比电压的关键是要让学生领会水位差的概念”，对比之下，苏科版的水路图片［图 4（a）］更有利于学生理解水流动是因为存在水位差。L 老师决定以形象化的水流作类比，用水位差形成水流类比电势差形成电流，从而导出电压的概念，学生比较容易接受。在采用水压类比导入电压概念前可以借鉴人教版教材设置一个水果电池实验，让学生们体验到酸甜多汁的水果不仅可以为我们的身体提供能量，还可以发电。课前演示水果电池实验，不仅可以吸引学生的注意力和激发学习物理的热情，还可以实现使学生初步感知电压存在的目的。

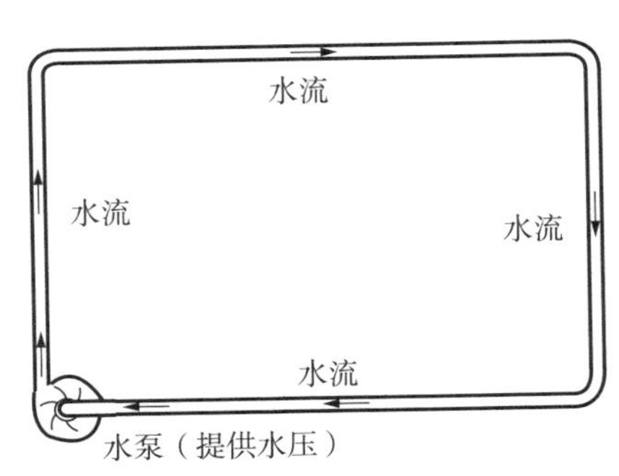


**图 5　沪教版教材导入图**

### （三）同侪互助，研讨类比迁移策略

通过教材对比大致确定了引入部分（图 5），L 老师开始思虑 W 老师所说的教学界一直以来存在电压概念教学争议的问题。“电压”的概

念比较抽象，是初中物理教学中的难点，究竟从哪个角度、用什么方法来讲解才能使学生获得正确的概念？通过了解得知目前存在两种不同的见解：第一种见解认为电压的本质属于能的范畴，应从能量的角度来讲解，体现科学的严密性。如果按照课本，以水位差形成水流作类比来导出电压，可能导致电压的本质是力的错觉。第二种见解则从初中学生的可接受性出发，认为以形象化的水流作类比，从水位差形成水流推论到电势差形成电流，从而导出电压的概念，学生比较容易接受。

鉴于上述两种不同意见，L 老师思考是否可以将以水位差形成水流作类比和从能量的角度来导出电压概念的两种方法结合起来，这样既照顾到学生的可接受性，又兼顾到科学的严密性。于是，L 老师查阅了相关的文献并与备课组的教师一起讨论，寻求解决方案。

首先，L 老师提出问题：经分析可知水路中形成水流是因为存在水位差，采用水压——类比电压，就需要强调电路中形成电流是因为存在电势差。电势差这个概念是高中物理的范畴，不详细讲解会引发灌输式教学，详细讲解的话就超出学生所学范围了，这该如何处理？

Y 老师回答道：如果不提电势差这个概念，学生将很难掌握电压概念的本质。对电压概念的理解一旦出现偏差，将会影响学生对整个电学知识的学习。

F 老师说：Y 老师说得对，学生必须理解电势差。我们可以不像高中物理那样详细地讲述电势差。有没有可能采用一个学生已经学过的知识，去类比迁移电势差这个超前概念呢？

W 老师补充道：导体中的自由电荷在电场力的作用下从高电势向低电势运动形成电流，而初中阶段不教授电场知识点。但学生先前已经学习了重力场的相关知识，重力场与电场、地势差与电势差直接存在相似之处。我们可以利用学生头脑中已经建立的重力的概念，物体在重力作用下会从高地势向低地势运动，引导学生通过地势差类比迁移认识电势差。

Y 老师受到启发：我们可以将类比进行到底，将宏观小球与微观电荷进行类比。将玻璃管放在水平面上，再将小球放入玻璃管内，小球会受到地球的吸引力，但它们是静止不动的，因为小球都在同一个水平面上，地势相同。小球只有在玻璃管倾斜一定的角度存在一个地势差时才会在地球吸引力的作用下从玻璃管的一端流向另一端。相应地，在电学中也存在高低之分，称为电势。教师引导学生理解导体中的能自由移动的“正”电荷在电荷间的作用力下，从高电势流向低电势形成电流，若电荷在相同的电势面上就不存在电势差，所以不会形成电流。因此电势差也就是电压，是产生电流的原因。此时，电压的概念在学生的头脑中会进一步深化。

L 老师又问道：学生对电源内部的结构不是很了解，会好奇电源为什么就能产生电压呢？我们该如何从能的角度出发，向学生解释清楚？

W 老师回答：电源内部的结构和工作原理，初中生不需要掌握很深，我们可以采用类比让学生感知一下。在水平玻璃面上放一个静止小方块，小球在具有一定倾斜角度的玻璃管中高地势位置静止释放后，小球会向低地势方向流动，这小球推动小方块向前运动的过程中，对其做了功，小球的能量转化为小方块的机械能。最终小球和小方块都静止不动，是因为它们在同一水平面上，不存在地势差。要想小球持续不断地对外做功，就需要将小球不断地从低地势处搬运到高地势处，这一过程就是外界对小球做了功，将其他形式的能转化为小球的机械能。相应地，电源不断地将电荷从低电势搬至高电势处，将其他形式的能量转化为电能，并使电荷不断对外做功，又将电能转化为其他形式的能。

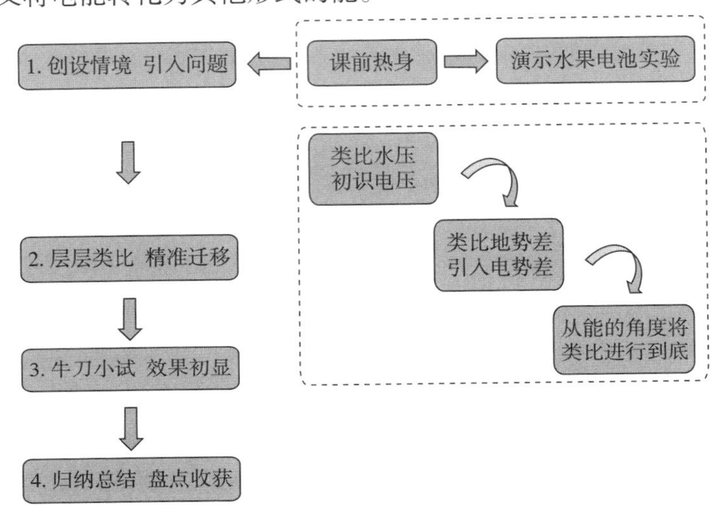


**图 6 教学策略流程图**

总结以上与备课组老师的讨论，L 老师设计出一个将以水位差形成水流作类比和从能量的角度来导出电压概念的两种方法结合起来的教学策略，如图 6 所示。首先是课前引入：通过抢答的方式带领学生回顾电流与电路的相关知识，再演示自制水果电池实验，吸引学生的注意力后抛出形成电流原因的问题。其次是新课讲授：基于先前采用水流类比电流的方法，继续将水压与电压进行类比，使学生初步感知形成电流的原因。再演示实验通过地势差类比电势差，深化对电压概念的理解。最后从能的角度使学生理解电源是提供电压的装置。再次是课堂练习：通过一个跨步电压练习题检验学生是否掌握电压概念的本质。最后是课堂小结：带领全班学生一起回顾总结本节课的新知识。

## 三、“类比迁移”再运用，看山还是山

L 老师认真地钻研课标、对比教材、查阅文献以及和备课组老师热烈地讨论，忙碌的周末转眼间就过去了。新的一堂电压概念课马上来临，L 老师既感到激动又有些紧张，经历了上一次不满意的教学，L 老师十分想通过这次教学来打个翻身仗。

但作为一名新老师，L 老师还是担心自己不能很好地层层递进引导学生理解电压概念。这一次的电压概念授课引起了学校领导以及物理备课组教师的关注，大家都希望能解决一直以来对这节课存在的教学争议，于是整个备课组教师和校领导都提前进入了初三（6）班教室准备听课。第一个上课铃声打响时，L 老师迅速地在自己的头脑中过了一遍教学设计，深吸一口气调整好自己的状态，带着笑容自信地走进了初三（6）班教室。

### （一）创设情境，引入问题

**课前热身**

师：同学们，在上课前我们先来玩一个竞答游戏。竞答游戏规则是这样的：老师将同学们分成四个大组，通过抢答的形式来回答老师的问题。答对的小组可以获得 1 积分，积分最高的小组将获得一个奖品，奖品是什么就先保密。问题不多，大家要把握机会噢，准备好了吗？

学生们都纷纷挺起胸膛，竖起耳朵，准备就绪。

师：上节课老师用什么来类比电流？

C 组学生：水流类比电流，它们很相似。

师：答对了，由于电流比较抽象，所以老师用同学们熟悉的水流来类比帮助同学们理解。电流是如何形成的？

A 组学生：电荷的定向移动就形成了电流。

师：同学们都很棒！自来水管中的水沿一定方向流动，形成水流。与此类似，导体中的电荷沿一定方向移动，就形成了电流。电路的组成包括了哪些？

C 组学生：有电源、用电器、导线和开关。

师：通过这个竞答小游戏，老师发现同学们对上节课的新知识都掌握得非常好。本次比赛获胜的是 C 组同学，其他组同学也不要灰心，只要同学们觉得这种游戏学习方式好，以后可以经常安排，人人都有机会获得奖品哦。

演示水果电池实验

师：我们的热身小游戏已经结束，接下来该揭晓奖品了。同学们请看老师手里拿着的是什么？

学生：是橙子。

师：它有什么作用？

生：它是一种水果，可以为我们补充维生素和能量。

师：同学们都是生活小专家，但老师今天要给同学们展示水果的另外一个作用。

L 老师拿出电线、金属片和 LED 灯，依次连接形成一个电路（图 7），LED 灯亮了起来，同学们目瞪口呆。

师：老师看同学们都很吃惊，我们发现灯亮了起来，说明电路中存在什么？橙子在这里充当什么呢？

生：电路中存在电流，橙子相当于电池。

师：是的，水果除了可以为我们提供能量，它还可以发电。这个自制的水果电池就作为奖品颁给 C 组同学，同学们课后可以尝试连接一下。请同学们思考一下，产生电流的原因究竟是什么呢？

师：看到同学们脸上都充满了疑惑，那老师就不卖关子了，我们共同走进今天的课堂去一探究竟。

**图 7　自制水果电池**

## （二）层层类比，精准迁移

**类比水压，初识电压**

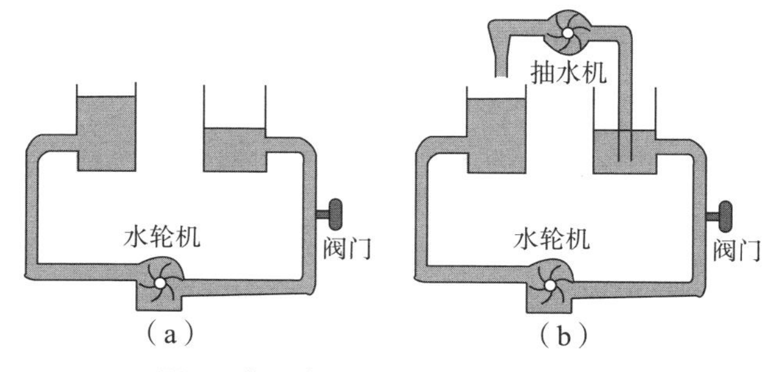


**图 8　水压类比电压教学 flash 示意图**

师：同学们请看多媒体上的 flash 动画［图 8（a）］，水轮机为什么会转动？

生：有水流流过水轮机，水流推动水轮机转动起来。

师：水轮机转动起来后一会儿为什么会停下来呢？

生：因为一开始左边容器里的水比右边的高，水会流动。两边容器里的水面一样高时，水就不流动了，所以水轮机不转动。

师：同学们观察得很细致。我们把液面高度定义为水位，最初时，左边液面较高，即左边的水位高；右边液面较低，即右边的水位低。因为左右水位差异形成了水位差也就是水压，使水流得以形成。经过老师的分析，同学们能总结出形成水流的原因了吗？

生：水压是产生水流的原因。

师：总结得非常准确。如何才能使水轮机持续不断地转动起来呢？

生 1：要想让水轮机持续不断地转动起来，就必须有持续不断的水流流过水轮机。

生 2：要想形成持续的水流，就需要使左边的液面始终高于右边的液面。

师：同学们思考得都很认真，老师来总结一下刚刚两位同学的回答。我们想要有持续的水流流过水轮机，就必须保持一定水压，即左右两边具有一定的水位差。那如何保证左右两边液面存在水压呢？

生 1：我可以拿个水瓢持续不断地把右边的水移到左边的水中。

生 2：可以用抽水机。

师：两位同学的方法都可以实现维持两边的水压，第一位同学说的方法很好，说明理解了形成持续水流的原理，但要想形成持续稳定的水流，使用抽水机是更好的方法，借用机械来解放我们的双手。很多同学都没有见过抽水机，老师简单介绍一下它的功能。请看右边的 flash［图 8（b）］，老师将抽水机安装上，它可以不断地把右边的水运输到左边，保持左右两边的水位差。

同学们恍然大悟感叹道：好神奇！

师：我们一起来总结一下，抽水机维持水压，水压也就是水位差，水位差使水管中的水流动，水流动推动水轮机转动。如果老师这时候将阀门关上，水还能流动吗？

生：不能。

师：所以同学们要注意，要使水流动推动水轮机转动，除了需要存在抽水机维持水压，还需要将阀门打开。

师：看完水路我们来看看电路，请看多媒体上新的 flash 动画（图 9）。为什么合上开关，小灯泡就会发光？

生：将开关闭合，有电流流经小灯泡，小灯泡就发光了。

师：小灯泡一直发光的条件是什么？

生：要小灯泡一直发光，就要有持续不断的电流通过小灯泡。

师：如何产生持续不断的电流呢？

同学们突然想起老师刚刚带他们分析的水路方法，潜移默化地将它们进行了比较，似乎答案挂在嘴边但又不能准确说出口。

师：相信同学们都已经意识到了可以将水路和电路进行比较，水路中形成水流是因为存在水位差，那么相类似的在电路中，电势差就是形成电流的原因，电势差也叫电压。电源就相当于水路中的抽水机，是提供电压的装置，而灯泡相当于水轮机，是用电器。

L 老师分别完整地引导同学们层进式地分析了水路中形成水流的原因与电路中

形成电流的原因，再带领同学们画流程图将两者进行类比迁移，促进理解形成电流的原因（图 10）。

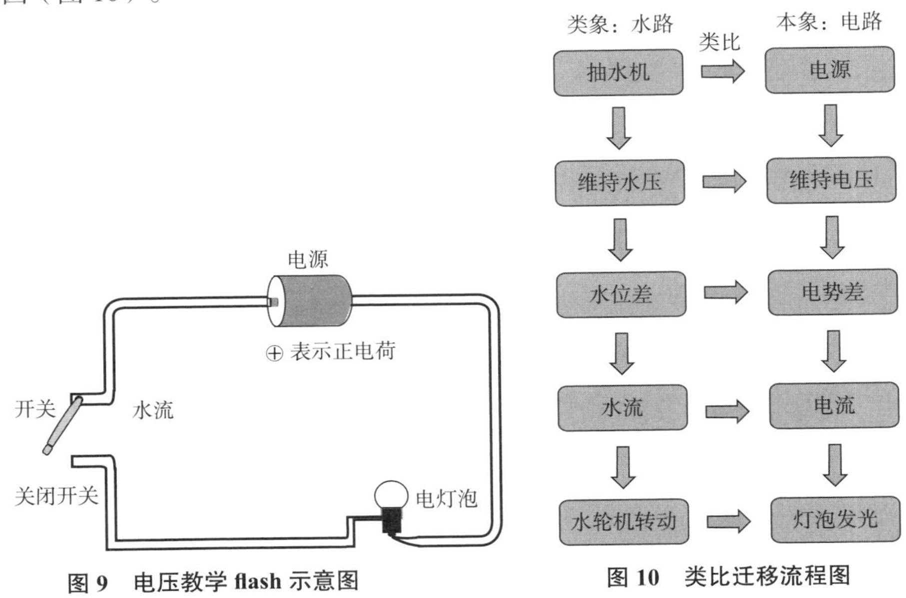


**图 9　电压教学 flash 示意图**

**图 10　类比迁移流程图**

**类比地势差，深化电势差**

师：通过刚刚的类比，同学们有不理解的地方吗？

生：通过类比我知道了电流形成原因是电势差，可电势差究竟是什么呢？为什么电势差就可以使电荷发生定向移动？

师：相信刚刚这位同学提出的问题也是大家心中都存在的疑惑。电势差究竟是什么呢？下面老师为同学们展示一个小实验。老师将一根玻璃管水平放置在桌面上，玻璃管中放满了小球［图 11（a）］。谁能描述一下你观察到了什么？

生：玻璃管中的小球都静止着不动。

师：如何才能使小球流动起来呢？

生：将玻璃管倾斜放置。

L 老师按照学生们所说将玻璃管倾斜放置，学生们观察到了小球不再静止，“流”动了起来［图 11（b）］。

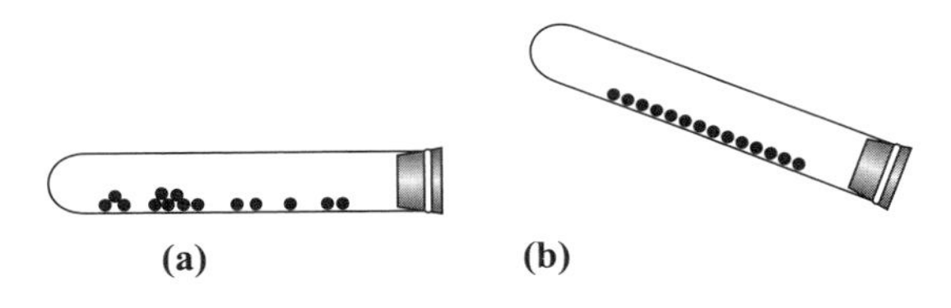


**图 11　玻璃管装置示意图**

师：同学们可以用已学知识来解释一下这个现象吗？

生：将玻璃管水平放置时，玻璃管里的小球是静止不动的。虽然它们受到地球的引力，但这些小球都在水平面上，各小球的地势相同，不存在地势差。当玻璃管倾斜一定角度时，因为存在地势差，所以小球在地球引力的作用下从玻璃管的一端“流”向另一端。

师：关于重力的相关知识同学们掌握得很棒。宏观的小球可以类比为微观的电荷，玻璃管倾斜时存在地势差使小球流动。相应地，电学中也存在与地势相似的高低之分，称为电势。存在电势差时，导体中能自由移动的“正”电荷由高电势向低电势流动形成电流，如果电荷在同一个电势面上则不会流动形成电流。电源外部电路的电势差也就是电压。

L 老师再次带领学生们画类比迁移流程图深化对电势差的理解（图 12）。

图 12 说明：由于电场知识点初中还未涉及，所以在采用地势差类比电势差过程中并未详细提及，用虚线表示。

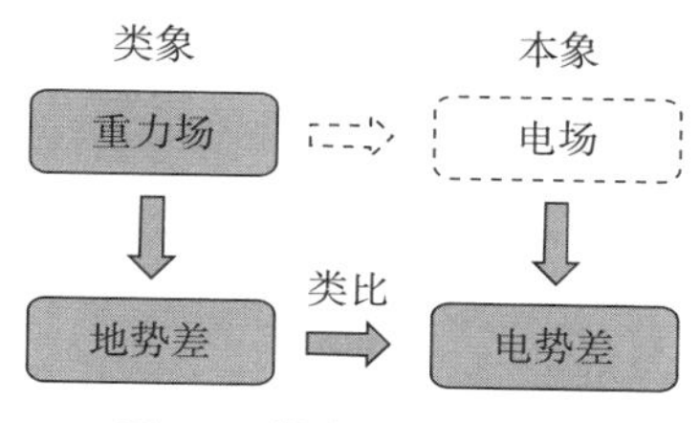


**图 12　类比迁移流程图**

**从能的角度将类比进行到底**

生 1：电源内部是什么样子的？

生 2：为什么电源就能产生电压呢？

师：同学们刨根问底的求学态度，值得表扬。为了解答同学们的疑惑，老师继续刚才的演示实验。老师在水平玻璃板上放一个静止的小方块，将玻璃管倾斜放置，同学们看看会发生什么现象？（图 13）

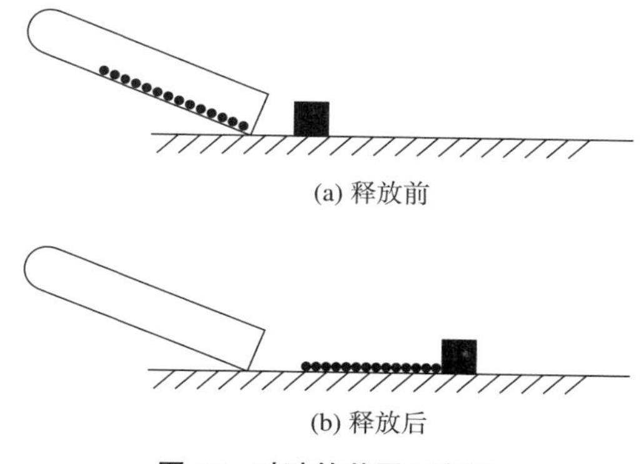

(a) 释放前

(b) 释放后

**图 13　玻璃管装置示意图**

生：流动的小球推动小方块向前移动了一小段距离后停止不动了。

师：谁能为大家解释一下？

生：小球在推动小方块前进的过程中，小球的能量转化为对小方块做功。最终它们都在水平面上时，没有地势差，小球就不再流动。

师：是的，这其中发生了能量转化。在水平面上没有地势差，小球推动小木块做功，小球的能量最终发生了转变。但只有将小球不断从低地势处搬至高地势处，小球才能继续流动对小方块做功。是外界对小球做功，将其他形式的能量转化为小球的重力势能，而搬运小球的过程就相当于电源里面正在做的事情。

师：因此，不断地把低电势的“正”电荷搬运到高电势处，这个过程就是将其他形式的能（电池内的化学能）转化为电能。电荷才能在力的作用下持续运动形成持续电流，才会对外做功，将电能转化为其他形式能，如此往复。搬运“正”电荷的装置就称为电源，电源是提供电能与电压的装置。

通过一系列的类比，学生们深入地理解了电压概念，电压对他们而言不再抽象。

我们一起总结目前学习的新知识：电压使电路中自由电荷定向移动形成电流，电源是提供电压的装置。

师：请同学们自主阅读课本，了解电压的符号、国际制单位以及它们之间的换算关系。

生 1：电压的符号是“$U$”。

生 2：电压的单位是“伏特”，简称为“伏”，单位符号是“V”。电压常用的单位还有“千伏（kV）”“毫伏（mV）”“微伏（μV）”，它们之间的换算关系是：$1\ \mathrm{kV}=1\times10^{3}\ \mathrm{V}$，$1\ \mathrm{mV}=1\times10^{-3}\ \mathrm{V}$，$1\ \mu\mathrm{V}=1\times10^{-6}\ \mathrm{V}$。

师：同学们的自主学习能力也很棒。接下来，老师要为同学们详细介绍一下著名的科学家伏特。伏特是意大利物理学家，他善于思考、喜欢探求。勇于实践的他在青少年时期就开始了电学实验，他读了很多电学的书，他的实验超出了当时已知的一切电学知识。1800 年 3 月 20 日他宣布发明了伏打电堆，这一神奇发明，对电学的研究具有划时代的意义。伏特被称为“电源之父”。后人为纪念这位著名的物理学家，把电压的单位规定为伏特。

### （三）牛刀小试，效果初显

师：这节课的新知识我们已经学完了，接下来我们一起来做几道练习题，检测一下同学们是否过关了。

例 1：_______ 是提供电压的装置，_______ 使电荷定向移动形成电流，_______ 通过电灯使灯泡发光。

例 2：下列说法中正确的是（　　），选出正确选项并说明每一选项对错的理由。

A．电路中只要有电压，就一定有电流

B．电路不闭合，电源两端就没有电压

C．电路中有电流，电路两端一定有电压

D．电流使电路两端有电压

师：看同学们都信心满满，哪位同学愿意来分享一下你的答案和做题思路？

一半以上的学生们都举手想要回答问题，L 老师请了三位学生依次分享答案。

生 1：这好比老师给我们类比的水路图中，抽水机是维持水位差也就是产生水压的装置，水压使水流动形成水流，水流推动水轮机，使水轮机转动。因此，电源是提供电压的装置，电压使电荷定向移动形成电流，电流通过电灯使灯泡发光。

师：回答得非常准确，思路也很清晰。看来你不仅掌握了电压的概念，还能分清老师所举的类比物与所学物概念之间一一对应的关系。

生 2：我选择 C 选项。电压是电路中形成电流的原因，如水压水流类似，如果电路没有闭合形成通路，电路中是不会有电流的，所以选项 A 是错误的；电路不闭合，电路中一定没有电流，但电源两端电压是存在的，如没有水流仍可存在水压情况类似，所以选项 B 是错误的；电压形成了电流，不是电流形成电压，如水流水压一样，因果关系不能搞错，因此选项 D 是错误的；电路中有电流的条件是：①电路是通路（类比水流畅通，比如阀门打开）；②电路两端有电压（水压），所以选项 C 是正确的。

师：同学们都非常棒，恭喜同学们通关！我们发现巧妙运用熟悉的知识类比迁移到新的、抽象的知识将有利于我们掌握、理解新知识。

本节课接近尾声，L 老师先让学生们进行同桌互说，谈谈本节课有哪些收获。在学生们热烈地互相分享后，L 老师再带领全班学生对本节课进行了总结。学生们意犹未尽，L 老师趁机布置了精心准备的作业，下课铃很快响起，L 老师开心地和同学们说再见。

### （四）归纳总结，提炼经验

从学生上课的反应和自己的体会，L 老师知道深入研究“类比迁移”本质内涵之后的教学再运用无疑是相当成功的。为了更客观检验本节课的教学质量是否达标并进行有效课后反思，进一步完善本节课的教学设计，L 老师分别访谈了几位学生和教师，请他们谈一谈感受，并给予建议。

**学生**

D 学生：以前听姐姐说，电这一块特别抽象和难学，尤其是电压。所以，在上课之前心里是有些畏惧的，怕自己跟不上大家的步伐。但听完老师的这节课，我觉得电压并不抽象。

Q 学生：我觉得老师的这节课特别有意思，我整节课注意力都很集中。课上不仅有很多有趣的实验帮助我们理解电压概念，而且还为我们科普了很多生活小常识。

Z 学生：老师您通过一系列的类比，带我们层层递进地理解电压的概念。特别是在做课堂练习的时候，我会不自觉地将电路与水路等相关知识进行类比，很快就能做出正确答案，相信在几年后我都不会忘记这些知识点。因此，我觉得这节课最大的收获是我意识到在今后的学习中，可以用类比的方法来帮助我学习新知识。

**老师**

W 老师：在采用水压类比电压的时候，与教材中的类比不同之处是：没有一步到位直接引入水压的概念，而是从液面差过渡至水位差，从而再引入水压，这样有利于学生建立水压体系，为之后的类比迁移奠定知识基础，建立前概念。

F 老师：L 老师对各知识点的衔接过渡很自然，不会出现灌输式教学。从一开始水压类比电压，让同学们领会电势差是形成电流的原因，再通过学生熟悉的地势差类比理解电势差，最后从能的角度分析电压的本质。既照顾了学生的接受性，又体现了科学的严密性，很好地解决了一直以来存在的教学方法争议。

X 老师：由于电势差是高中才教授的，许多教师被学生刨根问底地追问电压的本质后，就会不知所措。造成这一现状的主要原因是未在教学中引入电势概念，许多教师会认为提前教授高中的知识不利于学生现阶段的学习。但引入电势概念并未增加知识点，而是以概括性更高的先行组织者身份呈现，保证知识的完整结构，促进学生对电压概念的理解和总体掌握。采用水压类比电压的过程中，使学生对电势差有一个初步认识。再通过地势差类比电势差，使学生更深入地理解电势差。最后从能的角度，解答学生对电池内部结构的疑惑。这样环环相扣、层进式的教学设计，更加直观地为学生理解抽象电压概念打下了坚实的基础，很好地突破了教学难点。

G 老师：整节课的效果是否好，从课堂练习环节学生的反应就可以看出。在这节课中，学生都积极举手并且能快速又准确地做出答案。因此，L 老师的这堂使用类比迁移法的电压概念课非常成功，不是为了类比而类比，而是真正地从学生的角度出发带领学生类比熟悉的旧知识迁移学习新知识。

结合这些访谈，L 老师认为，本节电压概念课的教学不仅让学生对抽象电压概念有了深度理解，更是让学生学会了运用类比迁移法。回想并对比自己的前后两次电压概念授课，第一次课的失败在于为了类比而类比，未能把握类比的关键，因而类比实际上成了学生的负担。第二次课的成功关键在于准确使用了类比迁移法，于是 L 老师总结出在教学中使用类比迁移法的四点原则：

（1）坚持科学性的原则

教师在进行课堂教学时，要为学生创造优良的学习环境，充实课堂教学内容，采用有效的教学方法从生活中找出科学的类比素材。教师应具备一定的判别能力，实现正确类比，保证知识的准确性。

（2）坚持互动性的原则

由于类比需要引入类象，因此必须和学生互动，确保学生明白类象和本象之间的联系与区别，要意识到与学生在情感互动上的影响，不断实现类比迁移，否则类比不但不能让学生明白概念，反而会引起认知上的混乱，适得其反。

（3）坚持主动性的原则

对于物理课堂教学来说，学生的主动性是物理思维活动中的重要体现形式之一。我们想要促进学生的思维发展，就要提高学生学习的主动性。借助类比迁移，可以帮助学生利用新旧知识解决实际问题，还可以帮助学生主动获取学习方法。教师在使用类比迁移的过程中要设计出有效的教学过程，引导学生主动去找出类比源，进而实现知识的有效迁移。

（4）坚持必要性的原则

在运用类比迁移进行教学时，要强调必要性，要有所为有所不为。因为类比必须引入类象以及类象和本象之间的对应关系，这是为类比所引入的教师教学和学生学习上的代价，是否值得付出这个代价就需要教师根据具体的知识点进行抉择。只有在收获（因为类比使得新知识更方便获取）大于付出的时候才可运用类比迁移的教学学习策略，若为了类比而事事类比，则难免会画蛇添足，弄巧成拙，得不偿失。

## 四、结语

L 老师用自认为很好理解的水压直接类比电压的方法展开电压概念课，经历了一次失败的教学。在 W 老师指出问题和给予教学建议后，L 老师对类比迁移教学法进行了深度的研究。通过查阅许多文献，L 老师这才意识到使用类比迁移法有很多需要注意的地方。例如，需要了解学生的前概念，使用学生熟悉的知识和经验类比，才能迁移到新知识。类比还需要以层层推进式的方式引导学生理解，一步到位的类比不仅不利于学生理解新知，反而增加了学生的学习负担，导致灌输式教学。类比迁移法使用得当可以促进学生理解抽象的物理概念和掌握新知识，但类比迁移不是严谨的物理推导，更不是科学论证。因此，在使用类比迁移法时，教师要保证被引用的类比方准确可靠，且类比双方具有鲜明且具体的可比性。在做了一系列准备工作后，进行第二次电压概念课后获得教师和学生的认可，使得 L 老师深刻领会到了类比迁移教学法在中学物理教学中的价值。在今后的教学中，L 老师会继续深度研究，为同学们提供更多可靠和具有可比性的类比例子，使学生能潜移默化地运用类比迁移理解新知。

## 案例思考题

1. 类比是否是论证？尝试说明类比与论证的区别与联系。

2. 什么是类比迁移？你认为类比迁移能够达到理想的效果吗？试举例说明还有哪些知识点适用于用类比迁移的方法来进行教学？

3. 将两个不同物理概念进行类比迁移时，是否会发生不恰当的概念迁移而导致错误概念的产生？在运用类比迁移时，应如何避免这个情况的发生？试举例说明。

4. 关于电压这一节教学，你是否认同本案例的安排？你认为有哪些可以改进的地方？如果是你，你会怎么设计？

5. 你认为是否需要对不同类型的学生采取不同的类比迁移方法？如果需要，你会怎么做？

6. 如果你是本案例的执教者，你还有其他教学策略吗？你的教学策略和本案例的教学策略各有什么优点和缺点？或者你觉得本案例有哪些需要改进的地方？

## 推荐阅读


[1] 张卫平．“类比法”的迁移在物理教学中的运用 [J]. 西昌师范高等专科学校学报，2004，16(2):76−78.

[2] 丛安笛，刘明月，杜秀云．高中物理教学中类比法的应用 [J]. 中学课程资源．2020(5):15−16.

[3] 李小朋．高中物理中的类比教学 [J]. 湖南中学物理，2013(1):15−16.

[4] 吴晓雯．基于类比迁移的初中物理教学课例分析——以“测量电压”为例 [J]. 中学理科园地，2018，14(4):19−20.

[5] 张莹，袁海泉．纠正高中物理学习中不当类比的策略 [J]. 中学物理（高中版），2017，35(12):9−11.

[6] 朱海金．类比法在探究弹性势能表达式中的应用 [J]. 物理教师，2009，30(6):11−12.

[7] 杨华军，史献计．物理教学的类比思维策略 [J]. 物理教师，2020，41(8):19−21.

[8] 余俊文．物理新课程与类比学习 [J]. 物理教师，2011，32(2):11−13.

[9] 杨晓峰，李涛．初中物理教学中电压概念的类比策略研究 [J]. 天津教育，2020(13):107−108.

[10] 李娟，刘伟华．用类比法教学让学生“由此及彼”地学习——以初中九年级“电压”的教学为例 [J]. 中学物理，2018(16):53−56.

[11] 周江．再谈电压概念教学的研究 [J]. 中学物理教学参考，2017，46(1):20−21.

[12] 邢红军，胡扬洋．初中“电压”教学的重新审视 [J]. 物理通报，2015(1):2−4, 8.


（本案例入选教育部学位与研究生教育发展中心的中国专业学位教学案例中心，作者为方伟、徐丽佳、黄贞怡、徐成华、马秀芬）

# 5.8 当“课后服务”牵手“跨学科”：从体验式到项目化的多维科学课题

**[摘要]** 随着“双减”政策的提出，课后服务已基本实现义务教育学校全覆盖。同时，2022年新颁布的义务教育物理课程标准提出要在义务教育阶段实施跨学科实践，推进项目式学习等综合性教学活动，培养学生综合运用知识的问题解决能力、动手操作的实践能力和创新能力。本案例详细记录了以X老师为代表的LW中学的老师们在“双减”背景下开展课后服务课程开发中，从“体验式课程”到“项目式课程”再到“优化升级的课题群”，将课后服务与跨学科相结合开展的一系列实践探索，为广大师生提供了物理跨学科实践课后服务课程的参考案例。

**[关键词]** 课后服务 跨学科实践 项目式学习

## 背景信息

学生放学时间与家长下班时间不匹配的“三点半”难题，是社会广泛关注的热点问题。2017年以来，教育部多次出台相关文件，推进课后服务。2021年7月13日教育部召开新闻通气会介绍，将进一步推进课后服务工作，确保秋季开学后实现义务教育学校全覆盖，并努力实现有需要的学生全覆盖。截至2021年5月底，全国共有10.2万所义务教育学校开展了课后服务。教育部基础教育司司长吕玉刚在新闻通气会上表示，要将课后服务作为解决家长急难愁盼问题的一项重要民生工程，做到全面覆盖、保证时间、提高质量、强化保障。推行课后服务“5+2”模式，即学校每周5天都要开展课后服务，每天至少开展2小时，结束时间要与当地正常下班时间相衔接。学校要结合办学特色、学生学习和成长需求，积极开发设置多种课后服务项目，切实增强吸引力和有效性。一方面，应指导学生认真完成作业，对学习有困难的学生进行补习辅导和答疑，为学有余力的学生拓展学习空间；另一方面，应开展丰富多彩的文艺、体育、劳动、阅读、兴趣小组及社团活动，最大努力满足学生的不同需求。但不得利用课后服务时间讲新课。

2021年8月24日上海市发布《关于进一步减轻义务教育阶段学生作业负担和校外培训负担的实施意见》（下简称《实施意见》），《实施意见》明确：用1年时间，使义务教育阶段学生作业总量和时长有效管控，义务教育学校开展校内课后服务全面覆盖，线上线下学科类培训机构规范工作如期完成，学生过重作业负担和校外培训负担、家庭教育支出和家长相应精力负担有效减轻。主要内容中包括：提升学校课后服务水平，着力保证课后服务时间、提高课后服务质量、拓展课后服务渠道、做优免费线上学习服务，明确义务教育阶段校内课后服务时间一般不少于2个小时、结束时间一般不早于当地正常下班时间。初中学校可探索在工作日晚上开设自习班。支持学校统筹实行教师弹性上下班、调休等措施。

2022 年 1 月 17 日，上海市教育委员会印发《上海市义务教育课后服务工作指南》，指出应全面贯彻落实国家和本市关于开展义务教育课后服务的工作要求，坚持“愿留尽留”原则，为放学后自愿留校的学生提供免费课后服务。安排作业辅导、德育、阅读、科技、体育、艺术、劳动、安全实训等多种类型的素质教育活动，增强课后服务吸引力，丰富学生课外生活。以“以校为本，多方参与”“安全第一，教育为先”“规范管理，创新实施”为基本原则。

另一方面，《义务教育物理课程标准（2022 年版）》提出要在义务教育阶段实施跨学科实践，其中包括“物理学与日常生活”“物理学与工程实践”“物理学与社会发展”三个主题。“跨学科实践”具有跨学科性和实践性的特点，与日常生活、工程实践以及社会热点问题密切相关。这部分内容的设计旨在发展学生跨学科运用知识的能力、分析和解决问题的综合能力、动手操作的实践能力，培养学生积极认真的学习态度和乐于实践、敢于创新的能力。

《义务教育课程方案和课程标准（2022 年版）》明确，要深化教学改革，强化学科实践，基于真实情境，培养学生综合运用知识解决问题的能力。并提出，要推进综合学习，探索大单元教学，开展主题化、项目式学习等综合性教学活动，促进学生举一反三、融会贯通，加强知识间内在关联，促进知识结构化。项目式学习是一种以学生为中心的教学方法，它提供一些关键素材构建一个环境，学生组建团队通过在此环境里解决一个开放式问题的经历来学习。需要注意的是，项目式学习过程并不关注学生可以通过一个既定的方法来解决这个问题，它更强调学生们在试图解决问题的过程中发展出来的技巧和能力。它们包括如何获取知识，如何计划项目以及控制项目的实施，如何加强小组沟通和合作。

当课后服务遇到物理跨学科，应该怎么做？SH 市 WL 中学尝试出了一套针对课后服务特许课程而设计的跨学科 MSL- 挑战潜能课程。MSL 即 Multidimensional Science Lab（多维科学实验室），其中“多维”体现在多学科、多能力、多手段、多评估方式等，课程要求学生需要具备一定的创新能力、数据处理能力、观察能力，覆盖科学、生物、化学、物理等学科，通过引导学生动手实验、进行数据分析、总结表达等手段，采用过程性评价、成果式评估等多评估方式，旨在培养学生的科学思维、动手实践能力、语言表达能力、合作能力以及创新能力等，最后以课程期末项目的形式形成结果汇报。

本案例详细记录了以 X 老师为代表的 WL 中学的老师们，在“双减”背景下开展课后服务课程开发中，如何结合跨学科开展的一系列实践探索，以期为广大物理教育领域的研究生和中学物理老师们提供参考。

# 案例正文

## 一、新鲜出炉的体验式课程

### （一）勿忘初衷、有始有终

X 老师是一名入职不久的新教师，毕业于 S 市 S 师大的物理学（师范）专业，曾经代表学校获得过东芝杯・中国师范大学理科师范生教学技能创新大赛三等奖，他在教学中敢想敢做敢试，充分使用实验教学，常常有新的想法。前不久国家出台了课后服务将实现义务教育全覆盖的政策，X 老师所在的学校经过对学生兴趣的调研后，决定在六、七年级成立一项与实验相关且覆盖多个学科的课后服务教育活动，并确定 X 老师参与到课程的建设中来。

《义务教育物理课程标准（2022 年版）》关于跨学科实践的教学策略建议中指出：

跨学科实践要紧密结合物理教学内容，体现综合性和实践性，注重激发学生的求知欲和学习热情，促进学生学以致用，养成良好的学习习惯，提升团队意识和协作能力。

①选择具有综合性、实践性的课题。结合当地特点，围绕现实生活和社会发展的热点问题，从多学科角度观察、思考和分析问题，挖掘、选取有教育意义的素材，将其改造成跨学科实践的问题或任务。

②合理制订跨学科实践方案。以问题的解决过程为线索设计方案，将跨学科实践的课题分解为若干驱动性任务，以观察、实验、设计、制作、调查等方式设计活动，将跨学科实践的课题转化为可操作的教学设计和实施方案。

③科学引导、循序渐进实施跨学科实践。布置适当的预习任务，引导学生提前了解活动的流程和要求，以及所需知识、方法和设备等；进行合理分组，使学生能相互取长补短、共同完成活动。引导学生主动学习、独立思考、大胆设计、敢于创新，在学生遇到困难时给予适当的指导和帮助。

④重视活动成果的呈现和交流。注重活动总结，以设计作品、制作模型、撰写报告等多种形式呈现成果。根据物化形式的特点，组织开展成果展览、报告会、研讨会等多种方式的交流活动。

据此 X 老师有了一些想法，但很多又被现实情况中的种种因素推翻。教委规定课后服务内容不能替代课程计划中的课程，不能将课程计划内的课程转移到课后服务时段进行，也不得利用课后服务时段讲授新课或组织大面积补课，但是又要利用这门课程初步培养学生的科学思维和创新能力等，为今后学生学习物理等课程培养兴趣，这意味着并不能把中学物理课本上的实验照搬到课后服务中来，但实验内容也不能太过简单，否则可能提不起学生的兴趣，但也不能太难，避免打消学生的积极性。要保证实验内容有适当的挑战性，富有趣味性，和传统的实验内容有所区别，X 老师想起自己在大学期间学习的相关理论，觉得 STEM 教育是一个可以借鉴的方向。所谓 STEM 教育，即：

STEM 课程重点是加强对学生四个方面的教育：一是科学素养，即运用科学知识（如物理、化学、生物科学和地球空间科学）理解自然界并参与影响自然界的过程；二是技术素养，也就是使用、管理、理解和评价技术的能力；三是工程素养，即对技术工程设计与开发过程的理解；四是数学素养，也就是学生发现、表达、解释和解决多种情境下的数学问题的能力。

X 老师找到了一些 STEM 实验的案例，并决定将一堂课的流程划分为以下几个部分，分别是：提出问题和界定问题、发展和使用模型、计划和执行研究、分析和阐述数据、运用数学和计算思维、建构解释和设计解决方案、从证据中进行论证、获得和评估以及交流信息。在进行课程的过程中，为了让每位学生都参与到班集体中和大家一起完成项目，避免有的学生在课堂上“划水”，以上活动 X 老师打算让学生以小组为单位进行：划分为 4~6 人一组（每个班 10 组）；每个项目确定好组长、组名、组号；实行组长负责制；班长和课代表将分组名单打印好下节课交给老师；另外每次上课前找老师领取班级所用材料。

可是在分组的时候，X 老师又遇到了难题：

在对学生分组时按照随机分配原则、教师指定原则还是学生自行搭档原则呢？随机分配的整体效果比较好，但一部分学生强烈要求寻找自己熟悉的人搭配，原因是熟悉的同学默契度高、效率高；学生自行搭档就导致班级中部分默默无闻的同学总是会被各个小组落下，最后将这些同学凑到一起则不符合分组初衷。那么该如何分组呢？

X 老师求助了自己所在班级的班主任 K 老师，想从她那里得到一些建议。K 老师在日常的班级管理工作上颇有见解，针对分组问题，她认为可以在让学生自主分组的前提下，让班主任进行适当的介入，请求班主任帮助查看名单中是不是有一些学生并没有按照自己的意愿分到了不适合的小组。然后再对组别进行一定的调整，既有学生自主意识，也有老师科学干预。由此 X 老师也想到了自己大学期间去做 STEM 课堂助教的经历，觉得课堂上为了保证实验过程的安全性，材料准备不出差错和良好课堂秩序的维持，应该实行双师制，即一个老师作为主讲教师，另一个老师作为助教，既可以维持良好的课堂秩序，也可以帮助主讲教师指导学生使用一些实验过程中需要用到的工具，例如美工刀和剪刀等，一定程度上也保证了实验过程中较高的安全性。

在课程的设计过程中，X 老师不禁疑惑，大多数实验中涉及的理论、效应和定义，对于六年级的学生来说是否太难了呢？那还有必要在课堂教学过程中提及吗？

关于这个问题，X 老师请教了课程设计组中教学经验更加丰富的 J 老师，得到的答案是肯定的。J 老师道：

“这些超纲的概念和理论学生肯定是弄不明白的，但是我们还是要讲。如果说我们要给学生讲明白某一个项目或者实验所蕴含的科学原理，我们没有办法直接给学生上一节理论课，因为这是与我们设计这门课程的初衷背道而驰的，我们更多的是要展示与这个原理相关的最基础的实验现象。我们的主要目的是让学生知道有这些概念和理论的存在，如果学生对这些东西产生了兴趣，那么他会自发地去做更深层次的了解和学习，这样总好过学生连这个理论的存在都不知道，如果不提及就相当于断了学生学习新知识的途径，那这门课程的意义就减少了很多。”

### （二）绪论为始、提纲挈领

在开始正式的课程之前，X 老师准备以绪论课作为铺垫，帮助学生提前了解这门课程的内容，立好规矩，以便后续课程的顺利进行。

绪论课开始，X 老师先为同学们介绍了 MSL 课程的基本概念以及科学探究的八个要素：

MSL（Multidimensional Science Lab）即为多维科学实验室，这里的多维是指多学科、多能力、多手段、多评估方式。通过这门课程旨在培养同学们的科学思维、动手实践能力、语言表达能力、合作能力以及创新能力等，并最终以课程期末项目的形式形成成果汇报并对同学们进行综合性评价。

科学探究包含八个要素，分别为提出问题和界定问题、发展和使用模型、计划和执行研究、分析和阐述数据、运用数学和计算思维、建构解释和设计解决方案、从证据中进行论证、获得和评估以及交流信息。

介绍完基本理论后，X 老师准备先设置一个简单的主题《“保护鸡蛋”项目》来帮助同学们更好地理解科学探究的步骤和要素。

该项目要求设计一种能够保护一枚鸡蛋从高空坠落不会碎裂的装置，并分析和评估该装置的保护效果。那么提出驱动性问题为：如何保护鸡蛋，让鸡蛋即使在高空坠落时也不容易破掉？界定问题为设计一种更有效的保护装置。在发展和使用模型上，X 老师对同学们进行提问：哪些工具可以保护鸡蛋呢？

同学们想法各异，有说给鸡蛋安装降落伞的，有说给鸡蛋套外套的，还有说设置地面保护的……X 老师就“给鸡蛋套上保护外套”这一想法，提供纸杯、棉垫和支脚等材料，提出“支脚的材质和样式，影响落地保护的效果”这一假设，引导同学们制作保护套，使用不同的支脚方案，测试跌落效果。再记录和分析不同的支脚所能达到的跌落高度并收集数据，分析后得出结论，最后为项目制作一张漂亮的海报并进行总结和交流。

查阅资料后，X 老师根据六年级学生的特点，最终确定以下 26 个实验主题，如表 1 所示，每个主题的内容耗时 1 课时，并为论文写作等指导性课程以及答辩、展示预留出 5 课时。

表 1　体验式课程安排

| 课时 | 内容 | 课时 | 内容 | 课时 | 内容 |
| --- | --- | --- | --- | --- | --- |
| 1 | 绪论 | 12 | 牛顿珠链瀑布 | 23 | 阿基米德抽水机 |
| 2 | 空气炮 | 13 | 自制VR眼镜 | 24 | 简易发动机 |
| 3 | 冲浪纸飞机 | 14 | 雪糕棒连环爆 | 25 | 水晶花园 |
| 4 | 激光显微镜 | 15 | 消失的字迹 | 26 | 海市蜃楼成因 |
| 5 | 弯曲的光线 | 16 | 重力下坡装置 | 27 | 巨型耦合摆 |
| 6 | 瓶中云 | 17 | 自制健康奶茶 | 28 | 论文写作指导 |
| 7 | 彩色对流 | 18 | 静电悬浮 | 29 | 如何做科学报告 |
| 8 | 水果电池 | 19 | 看见声音 | 30 | 答辩 |
| 9 | 飞行的杯子 | 20 | 音叉共振&声速 | 31 | 答辩 |
| 10 | 电磁小火车 | 21 | 水火箭 | 32 | 项目海报展示 |
| 11 | 蓝瓶子实验 | 22 | 杯中彩虹 | | |

在教学评价的方式上，X 老师根据自己大学期间学习的教育学理论，决定以过程性评价和期末考核相结合作为考核方式。

过程性评价是在教育、教学活动的计划实施的过程中，为了解动态过程的效果，及时反馈信息，及时调节，使计划、方案不断完善，以便顺利达到预期的目的而进行的评价。过程性评价是评价功能与价值的集中体现，从教学评价标准所依照的参照系来看，过程性评价属于个体内差异评价，亦即，一种把每个评价对象个体过去与现在进行对比从而得到结论的评价过程的评价方法，目标与过程并重，及时反映学习中的真实情况，促使总结经验、纠正不足。“过程”是相对于“结果”而言的，具有导向性，关注教学过程中学生智能发展的过程性结果，如解决现实问题的能力等，及时地对学生的学习质量水平做出判断，肯定成绩，找出问题，是过程性评价的一个重要内容。

其中过程性评价占 50%（每一小项 20 分满分），合计满分 100 分，实行加减分制度，如表 2 所示。过程性考核内容分为五个部分。

表 2　评分规则表

| 纪律分 | 15 分基础，加减分制度 |
| --- | --- |
| 实验安全 | 20 分基础，减分制度 |
| 活动参与 | 15 分基础，加减分制度 |
| 作品质量 | 15 分基础，加减分制度 |
| 卫生 | 20 分基础，减分制度 |

期末考核占另外的50%：其中PPT答辩占25%，海报展示占25%。每小组组长在期末总成绩上根据整个学期表现由考核老师酌情加分。

（三）实施过程、步步为营

X老师选择以《会飞的杯子》一节为例：

**1. 目标为靶**

X老师将本节课的课程目标设置为：通过纸杯飞行器的制作及发射实验，并通过趣味实验的体验感知伯努利原理的粗浅认知；增强动手能力、兴趣产生、问题探究等科学习惯的养成，提高知识运用及反应能力。

**2. 情境导入**

X老师先实施情境导入：

每当同学们在操场上体育课时，听见“轰轰轰”声音的时候，大家会不约而同地抬头看，“哇！是飞机，飞机从天空中飞过划出了一道漂亮的弧线”。放纸飞机是同学们很喜欢玩的一个户外游戏，小小的纸飞机还承载着同学们大大的梦想。今天老师带来了一种不一样的纸飞机，也就是我手里的纸杯飞行器，我们一起来看看吧！

X老师手中拿出一个纸杯飞行器，向同学们展示：

大家看我手中的飞行器，它是由什么材料组合成的呢？

生：两个纸杯和橡皮筋。

X老师继续引导：

那同学们想想看，如果我把这个纸杯飞行器弹射出去，它将会怎么运动呢？

这时同学们开始讨论，有的同学认为飞行器会像丢出去一根粉笔一样掉到地上，有的同学认为飞行器会像纸飞机一样在空中飘一会儿再落到地上……

X老师看同学们议论纷纷，于是道：

同学们的想法各不相同，那么现在老师就来演示一下，看看纸杯飞行器到底是怎么运动的。

X老师拿出提前制作好的纸杯飞行器，拽紧橡皮筋将其弹射出去，纸杯并没有像其他物体被抛出一样成抛物线运动，而是像纸飞机一样在空中飘浮，慢慢掉落到地上，同学们发出惊叹声。

**3. 游刃有余**

接着X老师引导学生开始实验：

我们可以发现纸杯飞行器飞出的运动轨迹，不是快速飞出去，而是转着圈向上飞去，然后缓缓向前，像在空中飞翔。为什么会产生这种奇怪的现象呢？现在请同学们拿出我们课前发放给小组长的纸杯、胶带、橡皮筋和剪刀，跟着老师一起，完成这个小制作吧！

X老师展示纸杯飞行器的制作步骤：

先将两个纸杯底部相对，用胶带粘在一起；再将几根橡皮筋按图中所示的方法套在一起，增加长度；用手压住一头将橡皮筋松紧适中地缠绕在两纸杯对接的地方；一只手拿着纸杯，把纸杯放在橡皮筋上面，另一只手抓住橡皮筋的自由端，拉紧以后再发射如图 1 所示。

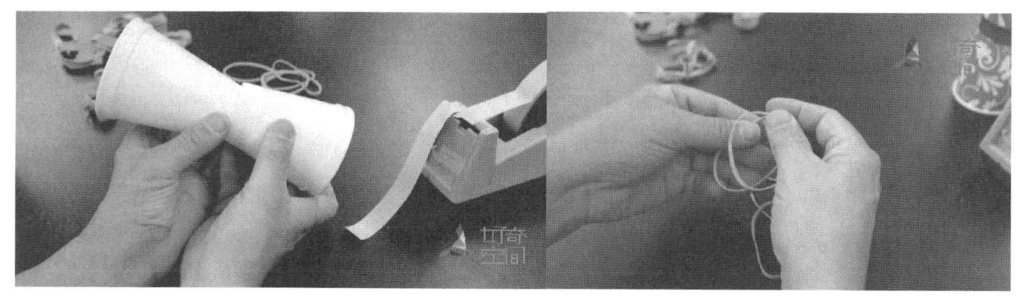

（a） （b）

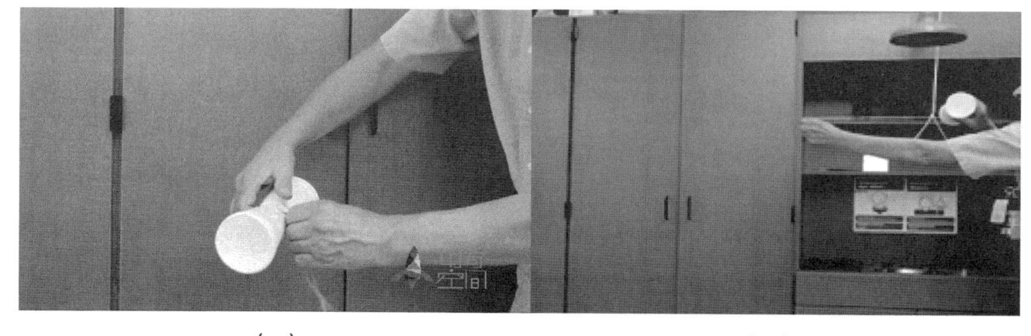

（c） （d）

**图 1 “会飞的杯子”实验过程**

接着，X 老师布置了本节课的任务：

①让学生以小组为单位制作自己的纸杯飞行器；

②制作延长的弹力橡皮筋；

③试验制作的纸杯飞行器；

④团队共同放飞。

在放飞纸杯的过程中，X 老师发现有的同学的纸杯飞行器并不能很好地在空中停留，这时，X 老师向同学们提出问题，希望同学们做出猜想：

在放飞的过程中，我们发现有的小组的飞行器不能很好地在空中停留，这是为什么呢？要想成功放飞我们的纸杯飞行器，有哪些要点呢？

生：可能是橡皮筋的弹力不够，两个纸杯没有对齐，橡皮筋绕纸杯的方向不对。

X 老师看学生回答得很不错，便继续说道：

这些原因都会导致纸杯飞行器放飞不成功，所以要想让飞行器飞得更稳更远，需要遵循这几点操作规范：

①纸杯底部要对齐；

②放飞时纸杯要在橡皮筋上方才能飞得远；

③对于较大的杯子，比如肯德基全家桶杯，应使用更粗的橡皮筋。

X老师继续提问：

我们知道纸杯飞行器飞出的运动轨迹，不是快速飞出去，而是转着圈向上飞去，然后缓缓向前。同学们知道这是为什么吗？这个实验涉及了哪些原理呢？

同学们纷纷摇头，没有同学回答X老师的问题。

**4. 思维拓展**

X老师在设计课时已经考虑到了这些问题，继续讲了下去：

这个实验涉及的原理叫作“马格努斯效应”。当一个旋转物体的旋转角速度矢量与物体飞行速度矢量不重合时，在与旋转角速度矢量和平动速度矢量组成的平面相垂直的方向上将产生一个横向力。在这个横向力的作用下物体飞行轨迹发生偏转的现象称作马格努斯效应，如图2所示。旋转物体之所以能在横向产生力的作用，是由于物体旋转可以带动周围流体旋转，使得物体一侧的流体速度增加，另一侧流体速度减小。根据伯努利定理，流体速度增加将导致压强减小，流体速度减小将导致压强增加，这样就导致旋转物体在横向的压力差，并形成横向力。同时由于横向力与物体运动方向相垂直，因此这个力主要改变飞行速度方向，即形成物体运动中的向心力，导致物体飞行方向的改变。

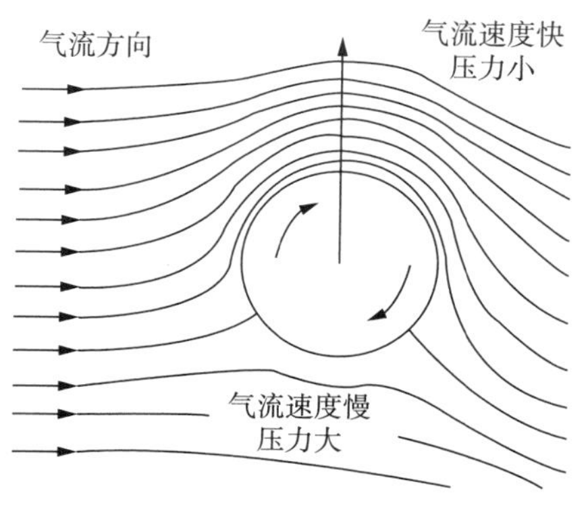


**图2 马格努斯效应原理图**

很多同学还是一脸茫然，但也有同学表现出了很好奇的样子，X老师向同学们展示了旋转下落的篮球的视频，并告诉同学们生活中还有很多与此相关的现象，课后可以查阅资料自行学习。

**5. 总结反思**

在内容拓展之后，X老师带领学生进入自由探究的环节：

刚才我们一起探讨了放飞纸杯飞行器的要点，都是一些操作上的规范。可是，纸杯飞行器的飞行距离会不会与其他因素有关呢?

学生认为可能还与纸杯的大小规格、橡皮筋的长度、放飞的方向有关。

X 老师继续给同学们布置自由探究的任务，并展示了自由探究的流程。

①提出问题：影响杯子飞行距离的因素有哪些?

②形成假设：杯子飞行的距离可能与杯子的大小、匝数、橡皮筋的长度、橡皮筋的位置、放飞的方向有关；

③制定计划；

④收集证据，自制如图 3 所示的表格，并记入数据；

⑤处理信息；

⑥表达交流。

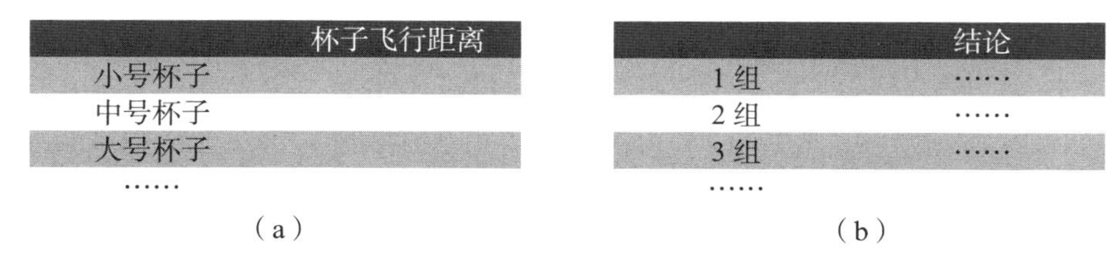

| | 杯子飞行距离 |
|---|---|
| 小号杯子 | |
| 中号杯子 | |
| 大号杯子 | |
| …… | |

（a）

| | 结论 |
|---|---|
| 1 组 | …… |
| 2 组 | …… |
| 3 组 | …… |
| …… | |

（b）

**图 3 “会飞的杯子”实验数据图**

## 二、优化升级的项目式课程

随着六年级同学升入七年级之后，X 老师发现原先针对六年级学生设计的体验式课程对七年级学生而言吸引力弱、效果不佳、无法满足学生需求。

### （一）知己知彼、百战不殆

针对这个问题，X 老师利用在校所学，认为应该从学生的认知发展水平随着年龄的改变来分析：

根据皮亚杰的认知发展阶段论感知运动阶段（0~2 岁），前运算阶段（2~7 岁），具体运算阶段（7~11 岁）以及形式运算阶段（11 岁以后）。六年级学生处于具体运算阶段，而七年级学生虽然年龄只增长一岁，但已经进入形式运算阶段。具体运算阶段的学生思维中形成了如长度、体积、重力和面积的守恒概念，并且在具体事物的支持下可以进行简单的抽象思维。而处于形式运算阶段的七年级学生已经可以认识命题之间的联系、能进行假设 - 演绎推理、具有抽象逻辑思维。

既然学生具有这样的特点，X 老师便思考如何升级原先的体验式课程。因为学生具有抽象思考问题的能力，X 老师就想让学生通过自行设计、动手实施、定量分析的形式来培养学生的科学思维、动手实践能力、语言表达能力、合作能力以及创新能力等。于是 X 老师和同事们结合跨学科教学的内涵与特征，设计出适用于七年级学生的具有多学科、多能力、多手段、多评估方式特点的项目式课程。

实施过程主要包括引入、基础知识、给出课题、成品展示、动手制作、实验测

量、记录分析、讨论改进、成果分享九个部分，如图 4 所示

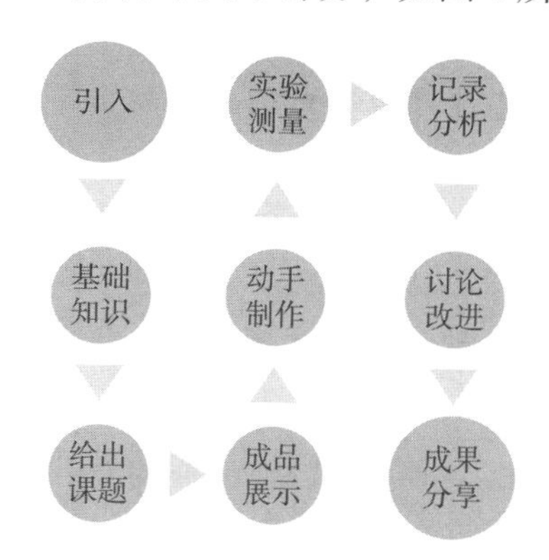


图 4　项目式课程教学模式

（二）万丈高楼、平地而起

X 老师在查阅资料的时候，发现很多有趣并且适合七年级学生动手操作的小课题，最终确定撰写“气球动力车挑战赛”“星星离我们有多远？”“噪声到底有多吵？”等 15 个项目的教学设计，如表 3 所示。规定每个项目都以小组探究的形式在两个课时内完成。

表 3　项目式课程安排

| 课时 | 内容 | 课时 | 内容 | 课时 | 内容 |
|---|---|---|---|---|---|
| 1 | 绪论课 | 12 | 摆起来 | 24 | 心脏监测 |
|  |  | 13 |  | 25 |  |
| 2 | 气球动力车挑战赛 | 14 | 星星离我们有多远？ | 26 | 噪声到底有多吵？ |
| 3 |  | 15 |  | 27 |  |
| 4 | 运动中的呼吸 | 16 | 声音跑得有多快？ | 28 | 跳绳中的科学 |
| 5 |  | 17 |  | 29 |  |
| 6 | 无风风车 | 18 | 特殊的时钟 | 30 | 色彩的往返 |
| 7 |  | 19 |  | 31 |  |
| 8 | 声音尺子 | 20 | 声音的多样性 | 32 | 期末大作业 |
| 9 |  | 21 |  |  |  |
| 10 | 醋到底有多酸？ | 22 | 太空里的声音 |  |  |
| 11 |  | 23 |  |  |  |

**1. 纲举目张**

X 老师决定将第一节课作为绪论课，其目的不在于让学生掌握过多理论知识，而是为了先抓住学生眼球，勾起学生兴趣并扩大学生知识面。X 老师列举以下两个例子：

比如说我在讲自制温度计相关课题的时候，会先讲一些温标的发展历史，如温标发展过程中华伦海特、施尔修斯等人。我会去讲他们的一些趣闻逸事，通过讲解这些学生在课本上很少了解到的东西，我就可以很大程度上把他们吸引过来。

再比如我在讲解温度计的发展过程当中会提到一个化学家叫作雷伊，我会通过

提问学生“提到雷伊你们想到什么？”这个问题和学生联动起来。因为学生们都看过赛尔号，知道雷伊是赛尔号当中的一个角色。这个时候学生自己就会感觉到这个课好像有点意思，这样对于学生学习兴趣的提高就会有非常大的帮助。因为联系到学生自己的生活经历，而且是他们所熟悉、感兴趣的领域。

再比如讲到关于水的净化的课题。以往在讲水的净化时，可能只是单纯通过“我给你一杯污浊的水，你如何想办法净化呢？”这样类似的问题来企图勾起学生的兴趣。但实际上这样的形式就类似于给学生布置了一个任务，学生可能心底会产生抵触情绪导致效果不佳。这个时候作为老师就可以联系一下生活实际最典型的水污染，让学生先看到水污染造成的一些恶劣情况（如照片或者视频）。学生会感觉非常触目惊心，从而他们自己会由心而发地思考如何将水净化。或者也可以联系热点问题，比如说之前闹得沸沸扬扬的日本核污水事件。因为学生对这些时事热点也很感兴趣并且也想在其中表达自己的想法，所以以这样的方式才会真正地使学生从被动者转变成主动者。

而对于在第一节绪论课完成之后的学生任务，X 老师也做出了具体安排。要求学生填写表格，做好课堂教学效果、学生参与度、自我教学反思、遇到的困难、学生提出意见以及其他六个方面的总结。

**2. 兵精粮足**

在绪论课结束之后，X 老师考虑到一个班级进行一个项目人数过多，于是采用组长负责制。一个班级分为 10 组，每组 4~5 人，每个项目确定好组长、组名、组号。每个组的组长由老师选出，负责组织、协调、督促本组学生，并且由组长对组员进行分工以便更好地完成任务。分组依旧按照学生自由搭配和老师科学介入并行的原则。

在项目开始之前，X 老师针对此课程做出了相应要求：

第一，对于课上新接触的部分知识做好笔记，也许这些知识并不是考试要求的，但学习不仅仅为了成绩，更重要的是增长阅历、丰富涵养。

第二，不做危险动作及行为。例如使用剪刀等危险工具时务必小心，如果无法独立完成可以求助老师。

第三，保持课堂纪律，认真听课，并做好数据记录，保证实验数据的真实性。

第四，小组所有成员要共同合作完成项目，锻炼每位学生与他人的合作能力。

第五，实验完成后及时整理好对应实验材料等。

**3. 先利其器**

目前，智能手机已经在中学物理教学中广泛使用，而 phyphox 软件基于智能手机所含有的传感器创建了辅助物理实验的工具箱，内含 29 种内置功能，如加速度、角速度、光照强度、磁场强度、压力和声音的振幅、频率、周期等基本物理量都可以测量。X 老师将此软件引入了课堂，吸引了学生兴趣，并在项目形式上做出了很大的创新。

但因为中学生对于智能手机里丰富的新鲜事物没有很强的自控力，学校一般规定学生不能将手机带进学校。针对此问题，X 老师制定出以下应对措施：

学生可以从家里准备一部安卓系统的闲置手机，要求电量充足、不允许插卡，并且在格式化后只安装 phyphox 软件。虽然项目当中会利用此软件，但并不是每位同学都可以将手机带进学校。考虑到每个项目只有两个课时，项目结束后学生会重新分组。所以小组成员提前协商由哪位同学携带手机进入课堂，上课当天能且只能由这位同学携带手机进校。

组内协商之后，在每周二、五由某同学携带手机入校，第一节课前由班长或者教师指定人选将 10 部手机收齐上交至班主任或授课老师处，做好组号标记，集中管理，上课时集中下发，此环节需在老师监督下完成。如果发现有人违规借上课的理由向家长提出携带手机进校，将视情况实施特需课停课等惩罚并上报学工部。

**4. 考核评价**

项目结束之后，学生应做好五项评价：纪律分、实验安全、活动参与、作品质量和卫生。每一小项 20 分满分，合计满分 100 分，实行加减分制度。具体同六年级体验式课程。

（三）军号吹响、如火如荼

**1. 目标为靶**

在正式上课之前，X 老师选择气球车挑战赛这一课题并对于此次跨学科活动设置的课程目标为：

引导学生借助气球动力车明白牛顿第三运动定律（作用力与相互作用力）；

通过实践活动——制作稳定可靠的气球动力车；

分析得到影响气球动力车的续航和速度的因素，使学生物理知识与日常生活的联系更加紧密。

如何达到这一目标呢，X 老师想到《学记》中所记载的启发诱导式的教学方法。根据“道而弗牵，强而弗抑，开而弗达”设计了以下几个问题引导学生回答：

（1）什么是势能？势能如何储存呢？如图 5 所示，储存方式有哪些不同呢？

（2）什么是动能？谁的动能使气球向前运动了呢？

（3）每一个动作都有一个对应且相反的反应说明什么呢？牛顿第三运动定律是什么？

（a）未充气的气球不储存任何势能

（b）充气气球以气压和拉伸橡胶的形式储存势能

**图 5　气球形状与势能关系图**

**2. 情境导入**

教学的源泉大多时候来源于生活，在日常生活中反冲现象及应用并不少见，但其中蕴含的科学原理很多同学无法清晰解释。因此在教学过程中X老师决定创设相关情境，联系生活实际，激发同学们对气球动力车的学习兴趣。做好万全准备之后，X老师自信满满地走进课堂。

首先为了让同学们了解人类在航天领域取得的伟大成就，为引出“火箭”做好铺垫，X老师提供各类航天器图片，同时向同学们发出提问：

同学们，茫茫宇宙蕴藏着无限的奥秘。从古到今，人类从未停止对太空的探索。近几十年来，人类陆续向太空成功发射了各种各样的航天器进行科学探索活动。我们一起来观看几幅图片（下图6为其中一幅图），看看你了解其中哪些航天器呢？

**图6　航天器登月图**

学生们都对这个问题很感兴趣，班级里开始七嘴八舌地讨论起来。

生1：我知道美国阿波罗11号宇宙飞船，1969年将3名宇航员送上月球。

生2：苏联在1957年10月发射了世界上第一颗人造卫星，我们中国在1970年发射了第一颗卫星“东方红一号”。

生3：我国的“嫦娥一号”“嫦娥二号”飞船成功发射到月球，开展探月活动。

X老师发现同学们都对刚刚介绍的航天器很感兴趣，于是开始了下一环节的提问。

请同学们思考这些航天器依靠什么才能飞出地球、飞向太空呢？

X老师清楚同学们对火箭并不陌生，很容易就可以想到火箭喷出的火焰可以将航天器推到太空。X老师继续提问：为什么是火箭呢，印象中火箭是什么样子的来调动学生回忆。

生1：电视上有火箭发射，将航天器送到太空的情景。火箭最后还会脱落到地面上。

生2：火箭是一个圆柱形，上端是尖的。

生3：发射时，它的下端会喷出火焰。

生 4：火箭的下方有四个推进器。

紧接着 X 老师展示火箭图片，并且询问同学们航天器通常放在火箭的什么位置？同学们通过观察图片发现航天器位于火箭顶部。通过这种方式充分调动了同学们关于“火箭”已有的经验，加深对火箭外形的了解，为后面“嫦娥二号”宇宙飞船的情境引入打下基础。X 老师播放“嫦娥二号”飞船成功发射倒计时场景，引导同学们观察火箭升空的细节并重点提问火箭喷出后的气体是朝向何方的：

生 1：我看到工作人员按下“点火”按钮后，火箭的底部喷出了火焰，还是浓浓的白烟。

生 2：火箭开始向上升得比较慢。

生 3：火箭飞到一定高度后，角度有点倾斜。

生 4：火箭飞出大气层后有一段火箭脱落了。

生 5：火箭喷出后的气体是向下喷射的。

同学们观察后势必心中有许多疑问，X 老师顺势引出同学们关于火箭上升这件事的疑问。

生 1：我想知道这么笨重的火箭为什么能飞起来。

生 2：我想研究火箭为什么能上升。

生 3：我想研究喷出来的气体是怎样把火箭推上去的。

X 老师见同学们都想研究火箭上升的原因，其中有一个同学还谈到是喷出的气体把火箭推上去的，便继续引导同学们进一步思考这个问题。

生 1：我认为是反推力的原因。火箭上升就像过年放的烟花爆竹一个道理，里面的火药燃烧，向下喷出火焰，爆竹就飞上去了。

生 2：热气球。

生 3：我觉得热气球与火箭不同。热气球里喷出的火焰向上，而火箭喷出的火焰向下。

生 4：我觉得和平时玩的吹气球有些相似。把气球吹足气后，捏住气球口，然后松开手，气球会飞出去。

X 老师发现同学们已经能在生活中寻找相似的例子来类比思考火箭上升的原理，非常了不起，兴致勃勃地向同学们展示自己带到课堂上的色彩斑斓的充满气的气球，然后提问：

气球为什么会乱飞呢？

这时同学们三三两两地回答：

因为气球中的气跑出来了，把气球往前推。

X 老师解释道：

这是因为力的作用是相互的。

X 老师进一步总结：

当你吹气球时，气球内的气压增加。这种气压拉伸橡胶气球材料，就像拉伸橡皮筋一样。气压和拉伸的橡胶都储存势能，也可以形象地解释为等待做某事的能量。当放开气球时，橡胶会收缩，空气会迅速从气球的开口处挤出来。气球内的势能通过开口转换为快速移动的空气的动能或运动能。由于空气被迅速向后推出，因此存在将气球向前推的反作用力，也就是说，对于每个动作，都有一个相等且相反的反应。

X 老师发现有的同学已经理解原理了，便开始结合 PPT 中火箭发射的视频向同学们讲解：

我国早在宋代就发明了火箭。箭杆上捆一个前端封闭的火药筒，点燃后生成的气体以很大速度向后喷出，箭杆由于反冲向前运动。喷气式飞机和火箭的飞行应用了反冲的原理，它们都是靠喷出气流获得巨大速度。对于汽车而言，需要能源才能正常前进，那能利用这种力的相互作用造出一辆只靠空气驱动的汽车吗？如果仅仅利用有限的材料我们能设计出一款行驶地更远或更快的汽车吗？

在 X 老师的讲解之后，学生们都跃跃欲试，迫不及待地想要大展身手。学生们认为：

将气球连接到汽车上时，就可以利用气球的能量推动汽车前进！

**3. 万事俱备**

X 老师面露喜色，却示意学生们不要着急。为了自己制造的汽车行驶得又稳又远，X 老师开始介绍汽车：

我们给这样的汽车取个名字，就叫气球动力汽车。组装它们很有趣，玩起来更有趣。首先汽车主要有以下三个部分：汽车的车身、车轮和车轴。这三部分都可以利用什么材料制作呢？

学生们叽叽喳喳讨论起来，每个人都热情洋溢地表达着自己的想法。X 老师要求每个小组自制一份汽车设计图（图 7）、主要材料清单（表 4），整理如下表：

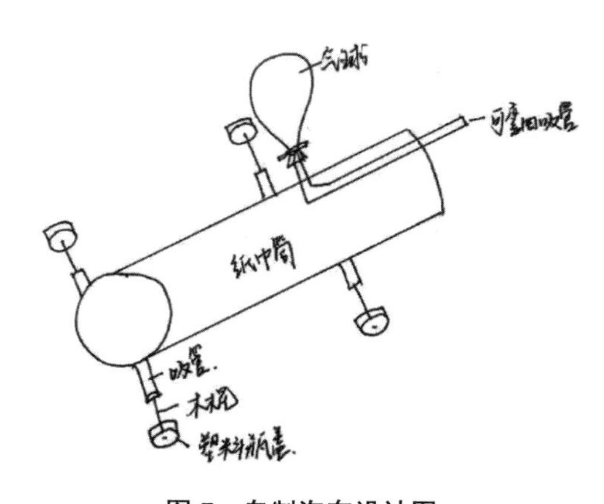


图 7　自制汽车设计图

表 4　气球车所需材料汇总表

| 材料种类 | 数量 | 备注 |
|---|---|---|
| 车身 | 1 | 塑料瓶等（开放性） |
| 车轮 | 4 | 可以是任何圆形的物体（开放性） |
| 车轴 | 2 | 可以是任何圆柱形物体（开放性） |
| 气球 | 1 | 固定尺寸 |
| 气球封口夹 | 1 | 固定气球口 |
| 打气筒 | 1 | 选配 |
| 吸管 | 多根 | 不同直径的吸管 |
| 其他配件 | 1 | 木板（车身）等 |

对于其中汽车车身、车轮、车轴的材料，X 老师决定不提前告知同学们可能需要的东西，给予同学们思考的余地，根据上述汽车构造所需材料给出以下补充：

汽车车身：塑料瓶、塑料杯、聚苯乙烯泡沫塑料®、纸板箱或瓦楞纸板；

车轮：如光盘、瓶盖或空胶带卷；

车轴：圆柱形物体，学生思考。

当每个小组确定使用的材料后，X 老师又讲到：

细节决定成败！各部分之间如何连接可以使车子更稳定呢？车轮和车轴相连接时能否固定？

车轴和车身如何连接？如何将不同物品更好地固定在一起？

X 老师注意到有的同学呈思考状，一时之间没有了答案。X 老师并不着急，而是从自己神秘的工具箱中像变戏法一般找出了各种各样的材料、工具。同学们以小组为单位开始头脑风暴，设计方案并实施。X 老师分配材料，并给出设计的具体要求：

（1）汽车应坚固，使用时不会散架；

（2）汽车应该直行；

（3）汽车应尽可能跑得更远。

**4. 巧夺天工**

做好万全准备后，X 老师一声令下，早已摩拳擦掌的同学们开始制造自己的小车。X 老师提醒学生们可以根据小组绘制的汽车设计图制造气球动力车。可是在第一步中如何将气球固定在汽车上就出现了问题，X 老师引导学生们解决问题：

我们可以如何将气球固定到车身上呢？

学生 1：直接将气球用胶带固定上去就可以了。

学生 2：直接用胶带固定气球会无法控制气球，就没办法给气球充气了。

学生 3：那可以用老师给的吸管！借助吸管把气球连接到车上。

X 老师立刻夸赞这 3 组学生的小脑筋转得真快。然后再作出总结：

用胶带固定气球的确很难给气球充气并瞄准逸出的空气。若是通过橡皮筋将气球的颈部连接到“弯曲”的吸管上，就可以更轻松地将气球连接到汽车上，同时便于给气球充气，还控制了气球中空气逸出的方向。

学生们恍然大悟，立刻开始动工。X 老师在班级内巡视，走到第 2 组这里时，发现第 2 组的学生配合默契，已经开始连接车轴的环节了。第 2 组的学生选择了长木棒作为车轴。将这两根长木棒固定到气球车上后却发现车轴无法转动。一位学生一拍脑袋，想到应该再利用其他物品，作为连接车轴和车身的桥梁。

X 老师见第 2 组学生已经独立想到办法，面露欣慰。但后面又有其他组面临着这个问题，于是他针对车轴无法转动的问题进行提问，学生们停下手中的工作展开讨论，最后得到存在摩擦的结论。X 老师肯定道：

是的，若只将木棒直接粘在纸板车上，木棒无法旋转，这是因为木棒和车身之间有摩擦。所以木棒此时无法充当车轴。若将木棒插入粘在纸板上的细管中，木棒就可以自由旋转了。

过了大约 10 分钟，X 老师发现第 5 组学生举手，于是立刻来到第 5 组学生身边查看问题所在。原来是在连接车轮和车轴时出现了问题。第 5 组学生选用 CD 盘用作车轮，但因为 CD 中间的孔对于铅笔来说太大了，所以 CD 会在轴上摆动，不能做一个好的轮子。X 老师稍加提点，学生们立刻也想到可以借助其他材料，比如填充一些黏土或海绵，CD 盘就可以固定不动了。

**5. 躬行实践**

X 老师带领全班学生来到空旷的活动室，以小组为单位开始比赛。各小组具体活动如下：

（1）通过注射器向吸管内打气；

（2）捏住气球的首端，或将手指放在吸管的末端，防止空气逸出；

（3）将小车放在较为平滑的地板上，然后放开气球。

在第一次放开气球之后，X 老师要求各组学生从以下几个方面仔细观察自己的车，图 8 为某组气球车的实物图。

①车子直行吗？

②车能走多远？学生使用卷尺记录汽车从起点到完全停止的距离，并将此距离记录。

③汽车的部件是否掉落？

（4）重复步骤多次，直到熟悉操作。

（5）利用 phyphox 软件测量汽车速度。

图 8　气球车实物图

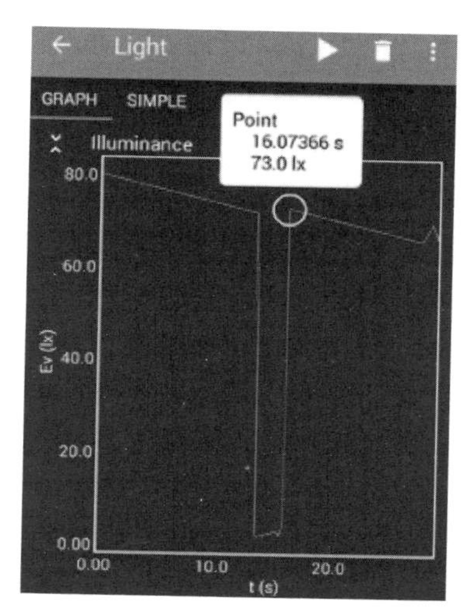

图 9　实验数据图

X 老师向同学们介绍 phyphox 软件：

Phyphox 软件可以使用智能手机内置的传感器记录数据，包括测量光线水平的光传感器（通常此传感器用于自动调节手机屏幕的亮度）。在此项目中，我们使用该应用程序来测量气球车的速度。注意光强度没有变化或只是略有变化，传感器就不会记录任何数据。一旦光强度再次变化，记录将继续。实验中可以利用光源如手电筒，以引起最小的读数波动并保持传感器处于活动状态。通过将汽车放置于手机和光源之间来实现这点。

X 老师提醒同学们如有必要，可以修改气球车的车身，使其完全阻挡光线。如果汽车车身是透明的（如塑料瓶），或车架由吸管制成使得光线大量通过车身，则可在汽车车架上贴一张不透光的纸。具体测量过程如下：

（1）将手机正面朝上放在光源下方的平滑表面上，置于汽车车轮之间。确保汽车可以直接通过手机行驶而不会撞到它或卡住。

（2）在应用程序中，打开光传感器并按播放按钮开始录制。

（3）给气球充气，使小车驶过手机。

（4）按暂停按钮停止记录并保存。如图 9 所示，如果光线读数没有明显的下降，可能需要调整手机的位置，或使用更亮的光源。

（5）使用尺子测量汽车挡光部分的长度。例如，如果车轮向前和向后伸出，那么不能将车轮计入长度，因为它们不会阻挡光线；如果气球伸出车前，阻挡光线那么可能需要测量此长度。但注意气球会随着汽车的移动而放气。因此，无论是在气球充气还是放气时测量气球，取决于开始移动时将手机相对于汽车放置的位置。

（6）使用 phyphox 中的“选取数据”工具，选择光读数下降时的数据点、光读数回升时的数据点。计算这两个时间之间的差异。如图 9 所示，读数在 13.5 秒时下降，在 16.1 秒时回升，相差 2.6 秒。

（7）使用公式 1 计算汽车的速度。

公式 1：$v$=d/t

$v$ 指速度，单位是米 / 秒（m/s）；

$d$ 指距离，单位是米（m）；

$t$ 指时间，单位是秒（s）。

（四）发现问题、解决问题

**1. 发现问题**

纸上得来终觉浅，在初步执行之后，X 老师要求同学们总结在项目过程中发现的问题：

（1）当用瓶盖作车轮时，学生发现车轮根本无法转动。因为车轮和地面摩擦力过大，即使转起来也非常吃力。这就导致气球放气之后，气球车只能往前走很小一段距离。

（2）制作过程中的误差导致气球车前面的两个轮子呈一定角度，气球放气之后，气球车无法直线运动，而是画圈跑。

（3）车身结构强度太弱。有的同学在制作过程中没有考虑到当气球车速度增大，对整个车体结构要求也会随之增高。实验中发现气球车在运动过程中轮子掉落，或者车体散架。

（4）测量某一瞬间速度时，气球车不做直线运动，不能使车子恰好通过手机，这就类似于很难使一辆卡车毫发无损地驶过一个在马路车行的直道上平躺着的人一样。

（5）在制作气球车过程中，有的同学为了让气球车跑更远的距离，将气球吹得比较大，但其实是不符合要求的。

**2. 解决问题**

发现问题之后，X 老师就引导同学们解决问题，以下是解决问题的具体方案：

（1）测速度采用相同时间比路程或相同路程比时间的方法来比较车速的大小。或者不再侧重于气球车跑得多快，而是通过另一个角度，比较气球车到底跑了多远。气球车运动距离的远近实际上反映了气球车的平稳性、结构是否牢靠。

（2）根据实验要求统一标准，在制作过程当中，把气球大小控制在一个特定的大小范围内。比如说直径只能是 10 cm 或 15 cm，超过这个额定标准就不合格。

（3）如果气球车根本无法正常工作，比如无法向前移动，或者散架，那么可观察是否因为轮子卡住？是否因为汽车太重，气球无法推动？还是需要使用更多胶带将材料固定在一起？

（4）如果气球车只向前移动一点，或者它移动但转向一侧而不是直行，则可以思考车轮或车轴是否弯曲，导致汽车转弯。车轮是否稍微卡住了，阻止了汽车快速行驶。

在解决问题的过程中X老师作为指导教师，以指导教师的身份去指导同学们对自己的作品进行优化，提升同学们在这个过程中的成就感，使他们最终能够拥有一个成功的作品。即使气球车运行良好，也可以引导他们思考可以做出哪些改进。

（五）成果分享、知识拓展

**1. 交流成果**

此环节已经接近尾声，主要包括成果交流和评价反思两个方面。X老师认为，项目式教学的成果可以分成“显性成果”和“隐性成果”两个部分：

“显性成果”主要包括学生在课堂制作的气球动力车以及通过本次项目学习到的物理学科知识；

“隐性成果”主要包括在本次项目结束之后，学生学习能力、学习态度、逻辑思维及科学观念等方面的提高。

根据显性成果和隐性成果的区别，X老师将最后的评价分为了两部分：一是各小组分组展示制作的成品——气球动力车，并且通过上台汇报实现各组之间的交流学习；二是提交书面成果，其中包括记录制作过程的实践手册和气球动力车的使用说明书，最后各位老师进行点评。

**2. 知识拓展**

在各小组展示过后，X老师向同学们介绍影响气球车行驶效率及相关因素。

气球车的效率属于机械效率，定义为有用功与总功的比值。对气球车而言，有用功是气球车所获得的动能，而所获得的动能全被气球车所受阻力消耗，即有用功也等于气球车所受阻力做的功，总功则包括在给气球充气时，气球所获得的表面能和气球内气体内能的增量，因此可定义气球车效率$\eta$为气球车所获得的动能$\Delta E_k$与气球内气体的内能变化量$\Delta U_{\text{gas}}$和气球的表面能$\Delta U_{\text{ballon}}$之和的百分比。而气球车所获得的动能$\Delta E_k$等于气球车所受阻力f所做的功，故有

$$\eta=\frac{W_{\text{有用}}}{W_{\text{总}}}=\frac{\Delta E_{\text{k}}}{\Delta U_{\text{gas}}+\Delta U_{\text{ballon}}}=\frac{\int f ds}{\Delta U_{\text{gas}}+\Delta U_{\text{ballon}}}$$

由于$\Delta U_{ballon}=4\sigma\pi r_{\text{末}}^2$，$\Delta U_{\text{gas}}=\frac{5}{2}nR\Delta T$，$\sigma$为气球单位面积的表面能。实验中发现气球内外温度差$\Delta T\approx 1$℃，则

$$\Delta U_{\text{ballon}}=4\sigma\pi r_{\text{末}}^2 \gg \Delta U_{\text{gas}}=\frac{5}{2}nR\Delta T$$

所以$\Delta U_{\text{gas}}$可作为小量略去。

由于气球为单层膜，有$p(t)-p_0=\frac{2\sigma}{r(t)}$

故
$$\eta = \frac{\int f ds}{\Delta U_{\text{ballon}}} = \frac{\int f ds}{2\pi[p(t) - p_0]r^3(t)}$$

由上式可以看出，气球车的效率与车所受的摩擦力、压强、气球半径有关。

X 老师对以上内容进行简单介绍，并说到感兴趣的同学可以通过查询资料深入探究。同时 X 老师也告诉同学们，实际中的气球不是一个理想的球体，所以这一问题还需要进行进一步讨论。

## 三、优化再升级的项目课题群

目前的课程为两课时一个主题，结束之后开始下一个主题，主题之间没有太强的相互关系。X 老师认为应该将相近课题进行综合，形成相近的课题群，持续数个星期，形成课程群。为此，X 老师查阅《义务教育物理课程标准（2022 年版）》，制定了下列课程开发原则并列举了两个例子。

### （一）设计原则

项目式教学与传统教学相比，更加注重学生的主体地位。根据项目式教学的特征，X 老师总结出本次项目课题群应该遵循主题真实、项目可行、选题趣味、教师指导和持续探究的五大原则：

第一，主题真实原则。项目选题应该与现实生活相联系，能够发现日常生活中与物理学有关的问题，提出解决方案。

第二，项目可行原则。项目的选定应符合课程标准、学科知识特点等，除此之外还应该充分考虑各年龄段学生的认知水平。如认清六、七年级学生心理发展层面的不同，才能更有效开展此课程。

第三，选题趣味原则。为致力于打造课后服务与跨学科的融合，项目选题还应顾及学生的情感世界，激发学生学习兴趣。比如制作、调试单弦琴，可以激发学生学习“声音的产生”以及“声音的传播”等物理知识。

第四，教师指导原则。虽然项目式课程以学生为主体，但教师也应时刻关注学生的学习情况。在设计项目课题时要注意项目不宜过难，否则学生太过依赖教师指导，学生主体地位无法体现；项目不宜过易，学生太容易完成则无法锻炼学生各方面的能力。

第五，持续探究原则。所选择的项目应具有启发性和循环往复性，项目结束后还能继续引发学生思考。无论是知识的延伸还是学生自身的反思都是持续探究原则的体现。

### （二）项目实例

#### 1. 探声音奥秘

《义务教育物理课程标准（2022 年版）》对“声”部分的要求是：

通过实验，认识声的产生和传播条件。

例 1 在鼓面上放碎纸屑，敲击鼓面，观察纸屑的运动；敲击音叉，观察与其接触的物体的运动。了解实验中将微小变化放大的方法。

例 2 将发声器放入玻璃罩中，逐渐抽出罩内空气，会听到发声器发出的声音逐渐变小，分析导致该现象的原因。

了解声音的特性。了解现代技术中声学知识的一些应用。知道噪声的危害及控制方法。

例 3 了解超声波在生产生活和科学研究等方面的应用，如超声雷达、金属探伤、医学检查等。

例 4 举例说明如何减弱生活环境中的噪声，具有保护自己、关心他人的意识。

虽然本项目致力于打造课后服务课程，但对于课程标准的分析也是必不可少。基于课程标准X老师在探索声音板块，初步设置形成如下的7个小课题，如表5所示，带领学生共同形成对声音板块的探索。

表 5　探索声音课程安排

| 探索声音 | | |
| --- | --- | --- |
| 课题 | 内容 | 时长 |
| 测定声速 | 开放性，主要利用声学秒表 | 2 课时 |
| 声呐测距离 | 开放性，主要利用声呐来测各种距离 | 2 课时 |
| 制作、调试单弦琴 | 研究声音的产生与传播 | 2 课时 |
| 杯中的声音 | 研究瓶子灌水时候的声音各要素变化，如音调、响度等 | 2 课时 |
| 心脏监测 | 心率如何随着运动而变化：尝试找出不同的活动在提高心率方面有何不同。使用自己的声音根据脉搏及时“说话”，并使用手机记录不同类型的活动后心率变化。让学生能对体育运动有正确认识，增强学生参加体育运动的意愿。 | 2 课时 |
| 探索嘈杂世界 | 使用手机记录和比较不同设置和位置的噪音水平，体会噪声污染的伤害程度，提高个人素养。 | 2 课时 |
| 外太空的声音 | 在真空中用蜂鸣器进行实验以模拟外层空间的条件。在实验过程中，使用手机测量声音强度并收集数据。体会宇宙的神秘。 | 2 课时 |

问题是贯穿项目式学习的灵魂，更是驱动学生主动内化知识的动力。随着 7 个课题的层层递进，学生对“声”探索愈加广泛。

**2. 初识加速度**

虽然“加速度”这一概念高中才会涉及，但 X 老师想引导学生在课后服务中初识加速度，从而使学生对加速度先有一个浅显的认知。如使用加速度计进行实验，系列课题如下，持续 8 个课时，如表 6 所示。从体验式到项目化，最终形成对加速度的更深理解。

表 6　初识加速度课程安排

| 初识加速度 | | |
| --- | --- | --- |
| 课题 | 内容 | 时长 |
| 跟上步伐 | 使用手机加速度计探索身高与步幅之间的关系，以详细了解计步器的工作原理 | 2 课时 |
| 跳绳科学 | 探索跳绳和绳子长度之间的关系，并使用手机测量你的跳跃速度 | 2 课时 |
| 调查钟摆的运动 | 调查影响钟摆摆动速度和持续时间的因素，并使手机确定摆动周期 | 2 课时 |
| 建造最高的塔 | 建造一个地震台和一座塔，然后使用手机加速度计来测量地震台摇晃的强度 | 2 课时 |

X 老师计划通过整个的课程设计和实践尝试，从体验式到项目化，再到形成基于一个主题的持续一段时间的课题群，最终实现对学生多维能力的培养。

## 四、结语

在初中物理学科核心素养的要求下，项目式学习以驱动性的问题作为出发点，强调让学生在尝试解决问题的过程中激发思维和发展能力，是一种以学生为中心的教学方法。X 老师根据学生的心理发展特点通过新鲜出炉的体验式课程到优化升级的项目式课程，最后到优化再升级的项目课题群的方式，层层递进，最终实现对学生多维能力的培养。“双减”背景下的课后服务课程，让“课后服务”牵手“跨学科”，既解决了当下教育面临的问题，又实践了新课标新课程的理念。X 老师的这个案例可推广，具有较大的借鉴意义。

## 案例思考题

1. 谈谈你对“跨学科”教育的理解。

2. 在“双减”背景下，若要通过课后服务课程提高学生的科学思维和科学探究等能力，你将如何设计该课程?

3. 在实验教学中，如何让班级内所有学生都参与到实验过程中来?

4. 说说本案例中“体验式课程”和“项目式课程”的区别。

5. 根据本案例提供的“跨学科”和“课后服务”相结合的课程，选择某一个物理知识点，分别设计一节“体验式课程”和“项目式课程”。

## 推荐阅读

[1] 蒋炜波，赵兴华. 常规教学中基于任务驱动模式的跨学科融合——以“噪声及其解决方案”为例 [J]. 中学物理，2022, 40(6):47−50.

[2] 杨恒. 基于STEAM理念的高中跨学科课程的开发与实施——以“探秘电池的奥秘”为例[J]. 中学物理 ( 高中版 )，2022, 40(4):32−34.

[3] 李亚子．基于项目学习的“跨学科实践”主题教学 [J]. 中学物理，2023, 41(2):30−32.

[4] 庄益君．“仪器嘉年华”STEM 跨学科实践活动——以“测牛奶的密度”主题活动为例 [J]. 物理教学，2022, 44(12):27−30, 35.

[5] 冯爽．中学物理课程跨学科实践主题的模型构建及实施路径 [J]. 物理教师，2022, 43(5):59−62, 65.

[6] 陈海涛．初中物理跨学科实践方案设计策略 [J]. 物理教师，2022, 43(11):45−48.

[7] 顾健，李刚．基于工程的跨学科实践——来自 STEM 的启示 [J]. 物理教师，2022, 43(10):46−48, 53.

[8] 王琦，李瑞瑞．“双减”背景下小学校内课后服务的调查与应对 [J]. 教学与管理，2023(8):16−19.

[9] 崔熹旻，朱宏宇，傅心恺，王思慧．影响气球车行驶效率及相关因素研究 [J]. 大学物理，2012, 31(8):57−61.

[10] 罗莹，谢晓雨，韩思思，郭玉英．中学物理教学新模式：基于项目的教学 [J]. 课程·教材·教法，2021, 41(6):103−109.

（本案例的作者为方伟、刘芯汝、黄晓腾、徐田敏、刘欣然）